长江三角洲城市宜居性研究

Changjiang Sanjiaozhou Chengshi Yijuxing Yanjiu

宋仲诤 主编
石岩飞 梁晓梅 副主编
当代上海研究所 编

上海辞书出版社

目　　录

第1章　长三角城市宜居性研究的时代背景

1.1　推进长三角城市高质量发展新要求

1.1.1　长三角城市发展过程中面临的问题和挑战

改革开放以来，我国在城市建设方面取得了举世瞩目的成绩。截至2020年底，中国城镇常住人口9.2亿，城市化率达到63.89%，超过世界平均水平(56.15%)，已经步入城镇化较快发展的中后期。据第七次全国人口普查公报数据测算，2020年末，长三角城镇的人口突破1.67亿，城镇化率为70.8%，比全国平均水平高6.9个百分点，整体达到了高度城镇化的水平，城市发展进入城市更新的重要时期，城市发展方式由增量扩张向存量提质改造和增量结构调整转变，从“有没有”转向“好不好”。①从国际经验和城市发展规律看，这一时期城市发展面临许多新的问题和挑战，各类风险矛盾突出。

第一，人口、资源、环境的协调可持续发展面临挑战。从国际城市群发展经验来看，产业集聚是导致人口集聚的先决条件，与此同时，产业与人口集聚均受区域资源环境承载力的约束。改革开放以来，长三角地区忽视资源环境承载力，通过对资源环境掠夺式利用实现经济高速发展，使资源短缺、环境污染成为制约长三角地区可持续发展的瓶颈问题。据2019年长江

① 王蒙徽.实施城市更新行动[J].城市道桥与防洪，2021(02)：228—231.

经济带地质环境综合调查结果显示，长江经济带有主要活动断裂带94条，岩溶塌陷高易发区23.5万平方公里，滑坡崩塌泥石流灾害隐患点10.7万余处，地面沉降严重区约2万平方公里，还存在耕地酸化、地下水污染、湿地退化等重大地质问题，这对长三角过江通道、高速铁路、城市群规划建设与绿色生态廊道建设造成严重影响。2020年，长三角三省一市创造了全国24%的GDP、25%的消费额和38.7%的出口额，尤其是苏浙沪地区经济已步入高质量发展轨道，推行人才和创新强省(市)等战略，其良好的创业环境、招才引才举措吸引了大量省(市)外人口。人口的大量涌入固然有助于长三角城市群经济的高速增长，但人口过密、交通拥挤、资源短缺、环境污染、土地退化等一系列城市病将随之进一步加重，人口、资源、环境矛盾日益突出，造成人居环境质量不高，阻碍城市高质量可持续发展。

第二，人口社会构成的复杂性对社区服务管理体制提出新挑战。第七次全国人口普查数据显示，2020年末，长三角常住人口中，浙江省流动人口数最多，达2 556万人，10年增长37.3%，其中六成多(1 619万人)来自外省。上海常住人口中，外省来沪人口达1 048万，占42.1%，占比最高。江苏有流动人口2 366万人，其中四成多(1 031万人)来自外省。安徽流动人口规模(1 387万人)为三省一市中最小，但增速最快，10年增长144.6%，其中88.8%为省内流动。随着长三角城市居民数不断增加、人口流动性持续增强，社区服务与管理面临着更严峻的困难和挑战。①在这次新冠肺炎疫情中，长三角城市的社区服务与管理问题和短板更加凸显。在社区管理主体方面，首先基层社区的自治能力不足，城市社区在疫情防控方面主要依赖基层政府一级调控，基层社区大多权力受限，能力有限，与基层政府之间缺乏有效的协同治理机制。其次缺乏专业人才队伍，社区工作人员矛盾化解能力不足。现有的社区居委会成员以中老年为主，文化水平偏低，无法熟练操作现代化信息技术软件和工具，社区工作人员队伍中缺乏专业矛盾化解人员。在社区居民方面，长三角城市居民流动活跃，外来人口数量庞大，造成了社区人口异质性增加，人员构成复杂，出现居民关系冷漠、居民间自主化解矛

---

① 王春兰，张宪英，查波，梁爱玉.长三角地区城市化健康发展问题的观察与思考[J].城市观察，2011(06)：74—83.

盾的能力变弱、居民社区意识淡薄等问题，最终导致社区居民与居民之间、居民和社区内单位之间矛盾激化。这些问题决定着长三角城市化进程能否健康稳定发展，值得高度关注并有待认真解决。

第三，城市公共服务供给不足、不均衡问题仍比较突出。近年长三角大城市的发展实践表明，城市人口集聚动力由产业跟随性向服务跟随性转换，流动人口会因大城市高水平公共服务而再沉淀甚至更加快速地集聚。据第七次全国人口普查公报数据测算，2020 年末，长三角城市常住人口总量达到 2.35 亿人，比 2010 年增加 1 961 万人，年均增长 0.87%，增幅远高于全国平均水平(0.53%)。面对长三角城市人口总量的快速增长，当前长三角城市都在积极推进城市公共服务建设，但城市公共服务供给不足的问题仍然存在。以医疗服务为例，根据中国社会科学院与香港大学合作对当代世界范围的城市现代化水平指标的研究，目前世界最现代化的城市指标体系中，每万人医生数标准应为 100 人。据上海市卫生健康统计数据显示，上海每万人医护人员数仅 56 人，与世界发达地区水平仍存在明显差距。此外，郊区总体公共服务水平与城区差距明显，例如郊区公交网络稀疏以及公交间隔时间较长的问题长期存在，居民出行、上学、就医均有诸多不便，郊区的优质教育资源也比较缺乏。城市公共服务供给不足，公共资源分配不均等问题影响了长三角城市的高质量发展。

1.1.2　城市高质量发展的科学内涵和时代特征

2017 年 10 月，党的十九大首次提出高质量发展的概念，会议指明中国特色社会主义进入新时代，我国经济已由高速增长阶段转向高质量发展阶段。2017 年 12 月，习近平总书记在中央经济工作会议上明确指出，“高质量发展就是能够很好满足人民日益增长的美好生活需要的发展，是体现新发展理念的发展”。高质量发展的要求是坚持质量第一、效益优先的原则，建立现代化经济体系。其目的是解放和发展生产力，提升经济发展的活力、创新力和竞争力，实现经济发展质量、效率和动力的全面变革。十九大召开以后，高质量发展正式上升至国家战略层面，成为制定新时代发展思路和经济政策的基本要求。随着高质量发展理论研究和实践发展的深入，高质量发展被赋予了更丰富的内涵，除了强调经济增长的质量，同时还关注宜居环境、人文制度等“经济之外”的内容。

城市作为国民经济和社会发展的基本空间单元，是国家高质量发展的基石。城市高质量发展是中国传统城市发展的“升级版”，传统城市化模式成功解决了“快不快”的问题，但新时代背景下的城市化实践更加强调高质量发展，根本在于解决城市建设质量“高不高”、城乡居民“满不满意”等关键问题。[①]鉴于当前城市化发展阶段面临的问题和挑战，过去城市传统粗放式、数量型增长模式已难以为继，必须转变城市发展方式，引入创新、协调、绿色、开放、共享的新发展理念，推动城市实现高质量发展。按照上述逻辑，城市高质量发展的科学内涵可以概括为：以创新、协调、绿色、开放、共享新发展理念为指导，以改革创新为动能，以提升城市社会经济综合竞争力和重视城市生态环境可持续性为重要途径，实现城市本真复兴，更好满足人民对美好生活的需求。城市高质量发展具有城市发展理念先进、创新动能强劲、经济水平发达、空间布局合理、城市开放融合、环境生态宜居、城乡发展协调、居民生活富裕等特征。

1.1.3 长三角城市宜居性建设符合城市高质量发展需要

高质量发展成为长三角当前及未来相当长的一段时间内城市发展的必由之路。结合长三角城市实际来看，目前各个城市结合自身特点，深入落实高质量发展相关指导意见，就深化长三角城市高质量发展进行不断探索，颁布了适应本城市高质量发展的相关政策，共同促进长三角城市高质量发展。例如，上海市2018年发布了《关于本市促进资源高效率配置推动产业高质量发展的若干意见》，旨在通过提高资源配置效率效能推动城市高质量发展进程；南京市2019年发布了《南京都市圈一体化高质量发展行动计划》，强调加快南京都市圈一体化建设，从而为长三角高质量发展起到示范作用。

宜居城市是进入21世纪以来世界各国许多城市建设新的理念与目标。宜居城市概念首次出现在《北京城市总体规划（2004年—2020年）》中，提出把北京市建设成为我国宜居城市典范的新发展目标。2007年5月，中国《宜

---

① 孙久文，蒋治，胡俊彦.新时代中国城市高质量发展的时空演进格局与驱动因素[J].地理研究，2022，41(07)：1864—1882.

居城市科学评价标准》正式发布，从社会文明度、经济富裕度、环境优美度、资源承载度、生活便宜度、公共安全度这六个方面来评价城市宜居性，对指导我国宜居城市建设具有较高的科学指导价值和实用价值。早期阶段关于宜居城市这一概念的认识是比较具体而微观的，如关注居住区、邻里环境、居住建设项目等。随着宜居城市的理论研究和实践发展的不断深入，这一概念具有了更为广泛而宏观的内容。现阶段，宜居城市不仅应该有舒适的居住环境，即良好的自然生态环境，还应具备良好的人文社会环境，即良好的人际环境、良好的社会道德风气、和谐的法治社会秩序、社会福利普及和充分的社会就业等。迈入城市高质量发展时代，在准确把握长三角城市发展中存在的问题和面临的新挑战前提下，还应明确加强长三角城市宜居性建设对推动城市高质量发展的重要意义和积极作用，从而激发和调动长三角城市宜居性建设自觉性和积极性，使其更好地适应高质量发展战略要求，跟上时代发展的节拍。因此，加强长三角城市宜居性建设是适应新时代城市发展形势和推进城市高质量发展的必然要求。主要表现在以下两个方面：

第一，城市宜居性是高质量发展时代长三角城市竞争力的重要体现。当前，随着支撑经济社会高质量发展的人口红利的消失，中国城镇化进入追求品质与美好生活的“下半场”，城市发展急需由以低价要素供给吸引资本与产业所带来的人口红利，转变为以高品质生活与高水平服务吸引人才进而带动经济发展的“人才红利”。这种“人才红利”成为推动新时代城市高质量发展的重要助力。近年来，长三角各城市出台了一系列人才引进和落户政策，掀起了激烈的“抢人大战”。然而，各种“抢人政策”之外，可以吸引人才落脚、定居收获“人才红利”的种种要素中，城市宜居性的价值不容忽视。通过加强长三角各城市宜居性建设，一方面可以促使附着在户籍背后的住房、养老、医疗、子女教育、社保等多重社会福利与之跟进并形成配套，强化外来人口对城市的归属感、安全感和幸福感，增强流动人口的居留意愿；另一方面可以提升周边城市竞争力，吸引高质量人力资源由中心城市向周边城市扩散，实现长三角地区各地人力资本的积累，解决长三角各地人力资源状况两极分化、区域发展不平衡难题，实现长三角城市的高质量、可持续发展。

第二，城市宜居性是长三角城市高质量发展的核心目标和实现路径。2015 年，中央召开了关于城市工作的会议，将宜居性城市建设上升到了战略高度。2016 年 2 月，中共中央、国务院印发《关于进一步加强城市规划建设管理工作的若干意见》，明确提出要贯彻实施创新、协调、绿色、开放、共享的新发展理念，旨在打造和谐宜居、富有活力、各具特色的现代化城市，让人民生活更美好，建设和谐宜居城市成为城市在高质量发展进程中的主要目标。在高质量、可持续发展的新阶段，面对长三角区域建设全国高质量发展样板区，率先实现打造现代化引领区和新时代改革开放新高地的目标。

长三角城市的宜居性建设，需要着力解决“城市病”等突出问题，调整优化长三角城市产业结构，提升周边区域对人口的吸纳能力，缓解中心区域的人口压力，突破资源环境瓶颈，推动长三角城市高质量均衡发展。为实现这一目标，长三角城市需要继往开来，总结国内外宜居城市建设经验，围绕当前产生的一系列“城市病”、社区服务管理滞后、公共资源和服务不均衡等突出问题，探索新时期宜居城市建设的新范式，实现长三角城市更高质量、更有效率、更加公平、更为安全的发展。一方面要加强社区专业人才队伍建设，提高城市管理服务水平，增加人民群众高度的社区认同感、幸福感和满意度，及时回应群众关切，提升城市品质；另一方面要补齐基础设施和公共服务设施短板，推动城市公共资源与公共服务空间的均衡化发展，提升城市现代化水平，提高人的生活质量，实现人的全面发展。

1.1.4 高质量发展时代长三角城市宜居性建设的时代要求

迈入城市高质量发展时代后，为推动长三角区域建设全国高质量发展样板区战略目标的实现，长三角城市宜居性建设也应符合时代要求，将新发展理念与宜居城市发展理念紧密契合。其新的时代要求主要体现在五个方面：

第一，实施创新驱动发展。创新是经济社会发展中的引擎，是提升城市高质量发展的内在动力，是突破城市发展过程中环境、人才、资源和效率瓶颈的关键。新时代长三角城市宜居性建设更应顺应城市发展新理念新趋势，在改革创新上广开思路，将创新、创意等作为新时代宜居城市发展动力，加大投入、创造条件，提高科技创新的含量和实力，改善城市生态环境，建立良性有序的竞争、开放合作的市场机制、健全的法律制度和开放包容的文化氛围等。通过营造优美的人文和自然环境、丰富且高品质的创新创业环境、舒适的生活工作环境、令人愉快的社会交流环境、完善的制度环境等，促进创新创意人才要素的集聚，丰富长三角教育科研资源，实现以要素驱动的外延式城市发展向创新驱动的内涵式城市发展转型，获得宜居城市的创新感、开放感和自信感以及对未来的憧憬感。

第二，坚持区域协调发展。区域协调发展是长三角城市高质量发展的基本要求和必由之路。由于受产业同质竞争、市场行政分割、技术瓶颈制约、创新力不足等因素影响，长三角区域内仍存在发展不均衡、不充分问题，严重影响了长三角城市高质量发展、共同富裕式发展。例如，安徽省淮南、亳州、滁州等长三角边缘区城市发展水平与长三角中心区城市相比，仍存在较大的差距。长三角区域内发展不均衡、不充分问题得不到解决，会导致长三角先进中心区域城市的城市病进一步加剧，后进边缘区城市发展与先进中心区域城市差距日益扩大，激化阶层矛盾、地域矛盾，不利于长三角城市生态宜居建设与和谐发展。因此，坚持区域协调发展是长三角新型城镇化高质量发展的具体表现，也是长三角城市宜居性建设的时代要求。新时代长三角城市宜居性建设要着力推动区域协调发展、城乡协调发展、自然生态环境和人文社会环境协调发展，产生“3＋1＞4”的协同效应，推动长三角城市生态宜居建设和高质量发展。

第三，走绿色发展之路。绿色发展是新时代中国进入高质量发展阶段必须坚守的底线和原则。绿色发展可以解决人与自然的关系问题，是实现人类美好生活向往的紧迫需求，也是实现城市高质量持续健康发展的生态保障。城市绿色发展是以城市与自然和谐共生为基本要义，以提高民生的环境福祉为根本宗旨，以经济社会与环境协调发展为目标，关键是维护生态系统的整体性、提升生态系统的服务功能。在新时代长三角城市宜居性建设中，必须坚持绿色发展的理念，一方面要全面优化升级产业结构，形成高效、高质的投入产出关系，实现经济的集约高效，生产出优质而丰富的物品，满足宜居城市建设需求；另一方面要加强城市绿色公共空间、绿色基础设施等方面的发展，全面落实绿色发展的时代要求。①

---

① 任致远.新时代宜居城市思考[J].中国名城，2021，35(03)：1—5.

第四，构建开放发展新格局。开放发展为城市高质量发展开辟新的空间和经济增长点。开放理念指的是利用好国际国内两个市场和两种资源，实现发展的内外联动。当前长三角区域处于更高起点的深化改革和更高层次的对外开放阶段，这对长三角城市宜居性建设提出了更高的要求。因此，新时代长三角城市宜居性建设需要进一步扩大开放，拓宽开放领域，不仅要实行更高质量的对外开放，更要以上海的全球开放高地的优势，整合长三角三省产业链全、基础好、要素足的互补优势，实施更大范围、更大规模的对内开放，促进国内经济循环发展，扩大内需，保障宜居城市能够得到稳定、健康、长远的发展。通过对外对内提升城市的美誉度和吸引力，可以使人民对宜居城市产生崇尚、自豪的情感，增加对城市的热爱。

第五，共享发展机遇。共享发展是城市高质量发展的出发点和落脚点。基于共享发展理念，长三角城市宜居性建设的宗旨是坚持以人为本，其根本目的是实现农业转移人口及其他常住人口与城市居民共享公共服务和市民权利，实现长三角大中小城市之间和城乡之间共享资源禀赋和发展机遇，实现当代人与下代人共享历史文化与绿色生态环境。新时代长三角城市宜居性建设要反思传统城市化建设中频发的社会矛盾激化、资源浪费严重、生态环境恶化等严重问题，探索共享式发展的模式和路径，使人民群众能够共享城市发展带来的物质财富、政治权利、文化成果、公共服务和宜居环境，使人民生活更加舒适便捷、幸福安定，从本质上提高长三角城市宜居性建设的水平，最终实现惠及全体人民的宜居城市高质量发展目标。

1.2 长三角城市群一体化战略新高度

1.2.1 长三角一体化发展历程和战略转折

长三角一体化发展最早开始于新中国成立初期。1962 年，作为长三角省市合作协调机构的华东局在上海市设立，拉开长三角一体化的序幕。此阶段的一体化发展以国家计划调整为主，用“有形之手”配置资源要素。①城市联系的自发程度较低，突出特点是产业同质竞争严重，市场行政分割明

---

① 秦汉.浅谈长三角一体化的三个阶段[J].宁波通讯，2020(07)：38.

显，合作机制不紧密，处于低层次、松散式合作期。改革开放以后，1992年先后召开“长三角及沿江地区规划座谈会”与长三角城市协作部门主任联席会议，开始了城市间合作的初步实践；1996年，上海发起成立“长江三角洲城市经济协调会”；1997年，长三角城市召开第一次市长联席会；直到2001年，苏浙沪两省一市发起成立了由常务副省(市)长参加的“沪苏浙经济合作与发展座谈会”，进入省级层面主导的协同加速发展期，形成了“高层领导沟通协商、座谈会明确任务、联络组综合协调、专题组推进落实”的省(市)级政府合作机制，标志着长三角一体化进入了建立长期性、战略性、整体性区域合作框架的新阶段。此阶段，长三角一体化逐步由国家层面推动发展演变为城市间自发合作。

尽管城市间的自发合作在继续深化，但由于受到“行政区经济”负面效应影响，长三角一体化进程仍受到行政管辖边界的束缚，需要依靠国家层面的推动来减少省市间自发合作过程中遇到的各种障碍。2010年5月，国务院批准实施《长江三角洲地区区域规划》，将长三角范围确定为苏浙沪两省一市，明确提出建设具有国际竞争力的世界级城市群。2014年，为促进长江三角洲一体化发展，国务院印发《关于依托黄金水道推动长江经济带发展的指导意见》，首次明确了安徽作为长江三角洲城市群的一部分，参与长三角一体化发展。2016年5月，国务院颁布《长江三角洲城市群发展规划》，建设包括苏、浙、皖三省部分城市以及上海市合计26个城市的长三角城市群，到2030年，全面建成具有全球影响力的世界级城市群。

伴随中国特色社会主义新时代的到来，我国经济进入高质量发展阶段，长三角一体化发展面临更高要求。2018年11月5日，在上海首届中国国际进口博览会上，习近平总书记决定将长三角区域一体化发展上升为国家战略。2019年12月1日，中共中央、国务院印发《长江三角洲区域一体化发展规划纲要》，将苏、浙、皖、沪三省一市全部区域纳入到长三角圈，明确将长三角发展成为全国发展强劲活跃增长极、全国高质量发展样板区、率先基本实现现代化引领区、区域一体化发展示范区和新时代改革开放新高地“一极三区一高地”的战略定位，赋予长三角一体化发展的重大历史使命和更高的战略定位。

通过梳理上述相关政策文件，回顾不同阶段长三角区域一体化发展差异，发现长三角一体化发展战略发生的重大转变：一是新时代长三角一体化发展战略部署涉及范围更广，长三角从雏形初现发展至今，在概念上一变再变，空间上一扩再扩；二是能够清晰地看到资源要素配置的领域由经济向其他方面不断拓展，例如共享基础设施、信息和区域品牌，政策上实现衔接和融合；三是前一时期所提的一体化事实上是传统的一体化，譬如上海主要是通过要素的辐射和扩散来促进周围不发达地区的经济和社会发展，是一种数量上的一体化，而新时代长三角一体化更加强调质量，通过深入推进市场一体化、产业融合、创新合作、生态共建等多方面的合作，推动长江经济带和华东地区形成具有区域特色的高质量发展集群，是基于新发展理念的、更高质量的一体化；四是长三角一体化从地方行为上升为国家层面的战略行为，促进省市间的深入合作，全面提速一体化进程。前一时期长三角三省一市由于行政壁垒，依靠经济一体化较难推进的领域无法深入合作，如今通过国家层面建立更高层面的协调机制将有可能解决这些问题，如生态环境共保、公共服务共享等；五是新时代的长三角一体化是一种更具有普适意义的区域协调发展模式，一体化示范区的意义不仅在于去构建一个更加强有力的行政层级，而是要建立打破区域间行政壁垒的制度和体制，形成未来可复制可推广的路径和经验。

1.2.2 长三角城市宜居性建设面临的新机遇和新挑战

经过多年的实践与发展，长三角地区已成为我国经济发展最具活力、最开放、最具创新能力的区域之一，公共基础设施、政策制度保障日益完善，人力资本不断增强，引领与示范效应逐渐显现。在我国宜居城市建设中，需要平衡生态、经济、社会三者的关系，通过在城市管理、社会治理和公共服务等领域精准施策，协同推进各方面的发展。①长三角一体化高质量发展则要建立在人口、经济与生态相协调的可持续生态环境基础之上，否则一体化发展将是缺少基础支撑的“空中阁楼”。②由此可见，长三角高质量的一体化与长三角城市宜居性建设思想和目标是契合的。

---

① 新时代宜居城市建设迈上新台阶[J].建设科技，2022(10)：1.

② 陈雯，兰明昊，孙伟，刘伟，刘崇刚.长三角一体化高质量发展：内涵、现状及对策[J].自然资源学报，2022，37(06)：1403—1412.

长三角一体化发展取得的阶段性成果为长三角城市宜居性建设创造了现实基础和必要条件。新时代长三角一体化是在更高起点上的再出发，重点围绕推动形成区域协调发展新格局、提升基础设施互联互通水平、强化生态环境共保联治等"7+2"重要任务推进高质量一体化发展目标的实现。实现长三角高质量一体化发展，需要遵循可持续发展思想指导，按照经济集中、生态安全和社会公平准则组织经济社会空间和自然保护空间，实现经济、社会、生态环境协调发展。例如，集聚开发条件优越的空间，提高空间开发效率和效益；限制脆弱生态地区的人类活动强度，加强生态保护和修复工作；通过制度创新和政策改革，推动长三角地区公共服务均等化发展，保障人人享有基本公共服务的权益。随着长三角高质量一体化实质性推进，包括国家层面在内的各方合力将更加聚焦，促使各领域的协同优化经济社会空间和自然保护空间，为长三角城市宜居性建设创造新的机遇。

前一时期长三角一体化发展阶段，以提升综合经济实力为首要目标，短期内通过效率优先的系列政策设计，实现了长三角地区整体经济实力的快速提升，但也导致了内部发展不平衡、区间交通割裂、行政壁垒尚存、流域生态协作不健全、产业协同发展不足、绿色经济体系较弱等问题。①从实践层面来看，区域高质量一体化、宜居城市建设是国家战略层面的重要关键词，共同为长三角区域提供进一步发展的内在动力，对优化空间发展格局起到至关重要的作用。在新发展格局下，长三角高质量一体化与长三角城市宜居性建设二者相互作用影响，长三角区域高质量一体化发展是完成长三角城市宜居性建设的现实基础，长三角城市宜居性建设是重构新阶段高质量一体化发展路径的内在需要。进一步厘清新发展阶段长三角城市宜居性建设与长三角区域一体化发展间的内在作用关系，如何通过长三角高质量一体化发展，从资金、基础设施、政策制度等方面为长三角城市宜居性建设提供保障，如何通过长三角城市宜居性建设为长三角可持续高质量一体化发展提供良好的创新环境、生态环境、居住环境，是长三角城市宜居性建设在新时代的战略转变和现实问题背景下面临的新要求和新挑战。

---

① 高丽娜，蒋伏心.长三角区域更高质量一体化：阶段特征、发展困境与行动框架[J].经济学家，2020(03)：66—74.

1.3 长三角人民城市建设发力方向

1.3.1 人民城市理念的发展演进

以人民为中心的人本理念最早可以追溯到古希腊思想家的论述之中，人的感受以及与自然环境的协调思想在当时城市规划建设中得到充分强调和体现。古罗马建筑师维特鲁威所著的《建筑十书》中多次提到“以人为本”的理念。工业革命后，随着西方城市化进程的加快，以霍华德、盖蒂斯、芒福德为代表的现代城市学者提出人本主义的城市规划理念，消解工业化和人口聚集带来的一系列城市病问题。以人为本的城市规划理念不仅要满足人的物质层面需求，还要满足人的精神层面需求，实现城市居民身心健康发展。

新中国成立以来，以党的领导为核心的城市建设历程，在时间维度上经历了被动紧缩、以经济建设为中心、经济体制改革与快速发展、城乡统筹和新型城镇化建设五个阶段，在规划理念上实现了从“重物轻人”到“以人为本”的规划理念转型和方向转变，并逐步升华至“以人民为中心”的人民城市理念。

第一阶段以工业建设为中心的城市被动紧缩发展阶段（1949—1978）。新中国成立后，我国采用计划经济制度，实行赶超式经济发展战略，旨在实现重工业的高速发展。这一时期我国城市建设借鉴苏联工业化发展经验，进行与重工业发展相配套的城市发展规划和城市建设。但为了实现重工业高速发展的目标，结合当时国情，制定了通过“工农价格剪刀差”方式完成农业部门对工业部门补贴的政策。为了顺利实施这一政策，通过户籍制度限制农村人口向城市流动，以保障农业部门生产，从而获得更多的工业部门利润。在此阶段，城市建设被视为国家工业化的成本负担，政府采取了压低城市工人工资、避免城市基建支出等一系列措施来缩减城市公共支出，以积累更多的资本用于工业再投资。①户籍制度的限制和城市公共支出的缩减是该时期中国城市发展受阻的主要原因，这对城市的发展产生了不利影响。1965 年至 1974 年期间受“文化大革命”等社会环境影响，城市建设出现停滞

① 邱爽，吴元君.新中国成立后中国城市发展方式的历史演变：基于经济发展高速度与高质量的视角[J].西部人居环境学刊，2022，37(01)：58—62.

和倒退。总的来看，在计划经济时期，中国城市表现出较明显的紧缩特征，城市化水平不高。

第二阶段以经济建设为中心的城市建设阶段(1978—1992)。改革开放后，党和国家的工作中心转移到经济建设上，经济体制改革的重心从农村转移到城市，政府将更多的改革措施和资源投入到城市的经济发展中，城市规划工作在此阶段才受到重视。以改革促建设成为当时城市建设的重点。1978 年第三次全国城市工作会议提出了城市整顿工作的一系列方针和政策。1982 年全国城市规划会议确立"控制大城市规模，合理发展中等城市，积极发展小城镇"的发展方针。1984 年国务院颁布了《城市规划条例》，标志着我国城市规划工作走上法制轨道。在这一阶段，城市经济体制改革全面、有效开展，为我国城市进入快速发展时期提供了制度保障。

第三阶段以社会主义市场经济为动力的城市快速发展阶段(1992—2002)。这一阶段城市发展以追求规模和数量为目标，把物质形态的工程建设作为城镇化的主要内容，而忽视改善人民群众生活条件和提高人民生活品质等系列问题。城市化发展存在较为严重的"重量轻质""重物轻人"现象。为此，江泽民提出，在城市建设中，要协调经济社会发展和人口资源环境之间的矛盾，加大对民生事业的投入，改善城镇低收入群体生活条件。从这一阶段开始强调城市建设与发展要以人为本，当时就已经提出了"人民城市人民建"的口号，但由于缺乏城市建设资金，"人民城市"的概念更侧重于集中力量办大事，强调动员和组织广大人民群众，多渠道筹措资金，全民参加义务劳动，共同参与城市建设，与新时代"人民城市"概念在本质上存在较大区别。①

第四阶段以社会和谐为导向的城乡统筹发展阶段(2002—2012)。在城市快速发展阶段，以传统的粗放型发展模式为主，出现了人口拥挤、交通拥堵、大气污染、人居环境质量下降等一系列"城市病"。在此背景下，2003 年我国首次提出"以人为本"是科学发展观的核心。2012 年党的十八大报告中提出把以人为本作为深入贯彻落实科学发展观的核心立场，始终把实现好、维护好、发展好最广大人民根本利益作为党和国家一切工作的出发点和落

---

① 陈水生，甫昕芮.人民城市的公共空间再造——以上海"一江一河"滨水空间更新为例[J].广西师范大学学报(哲学社会科学版)，2022，58(01)：36—48.

脚点。这一阶段以人为本的城市规划思想在相关规划政策和实践发展中得到体现和落实,实现了我国城市建设从“重物”到“重人”的思维转变。

第五阶段以人为核心的新型城镇化阶段(2012 至今)。针对城镇化进程中存在的问题,国家相继出台《国家新型城镇化规划(2014—2020)》《国务院关于深入推进新型城镇化建设的若干意见》系列政策,积极推进农业转移人口市民化,全面提升城市功能。我国新型城镇化一直将以人民为中心作为根本宗旨,2015 年 10 月,党的十八届五中全会明确提出,要坚持以人民为中心的发展思想,把增进人民福祉、促进人的全面发展和朝着共同富裕方向稳步前进作为经济发展的出发点和落脚点。2015 年 12 月,习近平总书记在中央城市工作会议上首次提出“人民城市”概念,强调城市工作要坚持以人民为中心的发展思想,坚持人民城市为人民。自此,城市建设与治理从“以人为本”升华至“以人民为中心”,并广泛应用于城市空间和城市语境。2019 年 11 月,习近平总书记在上海杨浦滨江考察时明确提出“人民城市人民建,人民城市为人民”的人民城市理念。“人民城市人民建”体现了各方主体的共建共治,“人民城市为人民”体现了满足人民美好生活的共享目标。这一理念深刻阐明中国特色社会主义城市发展的宗旨、主体、目标、战略格局和方法路径,成为新时代中国城市建设和治理的价值导向和实践指引。

1.3.2 人民城市理念科学内涵和主要内容

通过回顾人民城市理念的思想起源,有利于明晰人民城市理念的历史逻辑,顺应和把握中国城市发展的规律,科学认识和理解人民城市的科学内涵与时代特征。人民城市理念作为一种新的城市发展理念,是在我国城市发展达到一定水平后,推动城市向高质量发展转型升级的新思想。人民城市理念是中国特色社会主义发展道路关于城市工作一系列重要论述的高度凝练和集中体现,具有深刻的时代内涵和现实意义。①中国城市建设历史和实践证明,在城市建设过程中,坚持“以人民为中心”的宗旨是保障人民利益、促进人的全面发展、提高城市发展质量和水平的必然选择。

---

① 潘闻闻,邓智团.创新驱动:新时代人民城市建设的实践逻辑[J].南京社会科学,2022(04):49—60.

人民城市理念可以从城市建设和城市治理两个方面概括。从城市建设来看，中国城市建设实践表明，在城市建设过程中必须坚持“以人民为中心”的宗旨。只有始终坚持“人民城市为人民”，规划好、建设好、治理好人民群众日常生活、生产息息相关的民生工程和市政工程规划，不断满足人民群众的生产与生活需要，才能筑牢城市建设和发展的根基，获得城市不断向前发展的动力。始终坚持“人民城市人民建”，充分尊重和发挥人民群众的主体地位，保护和落实市民知情权、参与权和监督权，确保人民群众通过不同方式参与城市建设。因此，人民城市内涵可以概括为：建设人性化城市，公众能全过程全方位参与城市建设。要让公众参与城市建设，在城市建设过程中征询公众的意见，发挥协调管理的作用，从而实现城市建设管理和资源配置的科学性、合理性与公正性，使城市建设满足广大市民的需求。[①]从城市治理来看，城市治理的价值主线是人民性。这解答了城市发展属于谁、依靠谁和为了谁三个根本性问题。一是人民城市属人民，即通过城市现代化建设、人性化治理、城市高质量发展落实人民群众创造者身份。二是人民城市靠人民，即强调了人民的主体性，尊重人民主体地位，通过鼓励人民群众主动参与城市发展的决策、规划和实施过程，激发人民群众对城市发展的参与感和责任感，落实并发挥人民群众对城市管理和决策的监督权力，使他们成为城市发展的积极参与者和实践者。三是人民城市为人民，即通过满足人民需要，实现人的自由全面发展，彰显人民群众享有者地位。

1.3.3　新时代长三角城市宜居性建设的理念指引与路径导向

党的十九大报告指出，新时代社会的主要矛盾是人民日益增长的美好生活需要与不平衡不充分的发展之间的矛盾。随着生活条件的改善与生活水平的提高，人们对城市生活的品质越来越注重。因此，如何通过创新城市建设与治理，满足人民日益增长的美好生活需要，为人民提供更好的教育、更稳定的就业机会、更可靠的社会保障、更高水平的医疗卫生服务、更舒适的居住环境成为新时代城市宜居性建设工作的重要任务。2019 年 11 月，习近平总书记提出人民城市理念，指明了新时代中国特色社会主义城市建设

---

① 章钊铭.新时代“人民城市”理念研究述论[J].经济与社会发展，2021，19(06)：18—25.

发展“以人民为中心”的价值取向，为新时代长三角城市宜居性建设提供了理念指引。城市发展建设必须贯彻以人民为中心的人本主义，才能体现出宜居性。因此，在新的时代，必须始终坚持以人民为中心的发展思想，不断推进城市宜居性建设，将城市发展的目标定位于为人民服务、依靠人民发展、由人民共享城市发展成果，满足人民群众对宜居城市和美好生活的新期待，实现真正意义上以人民为中心的宜居城市建设。

在人民城市理念指引下，将人民宜居安居放在城市建设的首要目标，以提高人民的生活品质为核心，实现共同富裕、共同进步、共享美好生活，这就要求新时代长三角城市宜居性建设必须坚持规律性，加强人文性建设导向，着力解决人民群众最关心、最直接、最现实的利益问题，将人民城市理念落到实处，建立健全各种保障民生的公共服务、公共设施、公共交通、公共卫生、公共文化、公共体育、公共活动、公共安全等便利条件，并形成系统，供人民共同享用，增加人民共同生活的舒畅感、安定感和幸福感，把宜居城市建设发展从本质上提高到一个新的水平，推动长三角区域发展由不平衡不充分向平衡充分转变，实现人民从富裕生活走向美好生活的目标。

第一，把握以“人民为中心”的宜居城市建设规律。以“人民为中心”的宜居城市建设是一项系统工程，在人民城市的理念指引下，结合新时代社会主要矛盾，坚持用以人民为中心的发展思想推进城市宜居性建设，就要遵循城市建设的客观规律性与人的发展需求的协调统一。因此，以“人民为中心”的宜居城市建设不仅要满足人民高品质的生态环境与生活环境需求，还要关注并满足人的发展需求，就是在城市宜居性建设的现实实践基础上实现人的主观目的与社会客观发展规律的辩证统一。以“人民为中心”的宜居城市建设对人的发展需求的满足是更高层次的，与人民城市建设发展规律相统一，从而实现城市和人的共同发展。①

第二，尊重和满足人民群众多层次多方面需求。习近平总书记强调指出：“无论是城市规划还是城市建设，无论是新城区建设还是老城区改造，都要坚持以人民为中心，聚焦人民群众的需求，合理安排生产、生活、生态空间，走内

① 李渊，张明.以人民为中心：人民城市建设的底色思维[J].上海城市管理，2020，29(05)：18—23.

涵式、集约型、绿色化的高质量发展路子，努力创造宜业、宜居、宜乐、宜游的良好环境，让人民有更多获得感，为人民创造更加幸福的美好生活。”因此，在新时代以“人民为中心”的宜居城市建设过程中，必须加强对人的关怀与保护，做到充分回应满足人民群众的切身利益和不同类型的需求，切实落实为人民服务的宗旨。例如，在长三角城市化进程中，需要充分重视外来人口社会融入问题、老龄化时代和独生子女时代的一老一小的安置和抚育等问题。

第三，以人民群众的满意度作为宜居城市评价标准。城市宜居体现人民群众的本质要求和直接感受，宜居程度应当由人民群众来评价。在过去城市化进程中过度追求经济发展速度，将经济绩效作为重要衡量指标，忽视人民群众的精神文化需求，会导致人们缺乏幸福感。《经济学人》智库、美世咨询公司（Mercer）等机构每年都会发布世界城市宜居性排名，城市宜居性评价的主体往往都是政府咨询机构或国际咨询公司。随着中国城市发展到更加重视高质量发展和高品质生活的新阶段，在人民城市理念指引下，新时代以“人民为中心”的宜居城市的评价主体应该转换为人民群众，以人民群众满意不满意作为评价城市宜居性建设的重要标准，真正发挥人民在城市建设与发展中的主体地位，彰显以“人民为中心”的宜居城市建设的人性价值。

1.4　“两山”理论指导下的城市建设要求

1.4.1　“两山”理论提出的时代背景与发展历程

“两山”理念产生于世界现代化绿色发展趋势与我国经济发展同环境矛盾突出的时代背景下。工业革命以来，人类对环境的破坏越来越严重，各个国家开始相继实施绿色发展行动来应对全球生态危机。例如，美国大力发展绿色生态农业，欧盟加大对环保技术的研发及环保产业的投入，日本提出以“21世纪新地球”为主题的绿化地球百年行动计划。同时，发展中国家也加入到全球绿色行动中，中国是最早全面实行绿色发展的国家之一。[①]由此，“绿色革命”在全球范围内兴起，推动了绿色消费、绿色制造、绿色产业的发展，同时也引领了全球的“绿色现代化”发展趋势。

---

① 李静.习近平“两山理论”及实践探索研究[D].长春：东北师范大学，2020.

改革开放以来我国经济飞速发展，创造了世界经济史上罕见的发展奇迹。但过去以资源环境为代价的传统经济发展方式带来了空气污染、水污染、土地荒漠化等严重的生态环境问题。面临严峻的资源、环境、生态形势，传统经济发展方式亟待转型，以什么样的方式发展才具有可持续性成为不可回避的问题。在上述背景下，探索经济发展与生态环境的辩证关系，将“绿水青山就是金山银山”的理念融入到经济发展的战略思路和行动方案中，为我国生态文明建设指明有效途径。“两山”理论自2005年提出至今，其发展脉络和历程大致可以分为诞生、成熟完善、正式确立、与生态文明思想深化一体四个阶段，经过十余年的实践发展，已经形成了科学完整的“两山”理论体系，是中国特色社会主义建设的重要指导思想和我国新时代发展的根本遵循。

第一阶段是“两山”理论诞生阶段。2005年8月15日，习近平在浙江省安吉县余村考察期间，首次提出“绿水青山就是金山银山”的科学论断。2005年8月24日，习近平在《浙江日报》上发表《绿水青山也是金山银山》重要评论文章，进一步阐明了这一理论，提出“如果把生态环境优势转化为生态农业、生态工业、生态旅游等生态经济的优势，那么绿水青山也就变成了金山银山”。这一理论在浙江余村得到了进一步实践和探索，由此余村成为“两山”理论的诞生地。

第二阶段是“两山”理论成熟完善阶段。2006年，习近平在中国人民大学演讲时进一步完善“两山理论”，剖析了“绿水青山”与“金山银山”的内在关系，指明了“两山”的矛盾性，提出要追求“两山”的统一。而实现“绿水青山就是金山银山”，化解人与自然的矛盾，关键要把握自然规律，合理地开发利用自然，将生态优势转化为经济优势。2013年9月，习近平在哈萨克斯坦纳扎尔巴耶夫大学发表演讲时，再次阐述了经济发展与环境保护的辩证统一关系，指出“我们既要绿水青山，也要金山银山。宁要绿水青山，不要金山银山，而且绿水青山就是金山银山”。这也是习近平首次在国际上公开论述中国绿色发展理念。

第三阶段是“两山”理论正式确立阶段。随着社会主义生态文明建设实践的不断深入，“绿水青山就是金山银山”的理念内涵得到不断丰富和完善。2015年3月，中共中央、国务院颁布《关于加快推进生态文明建设的意见》，提到要充分认识加快推进生态文明建设的重要性和紧迫性，切实增强责任感和使命感，牢固树立尊重自然、顺应自然、保护自然的理念，坚持绿水青山就是金山银山，动员全党、全社会积极行动，深入持久地推进生态文明建设，加快形成人与自然和谐发展的现代化建设新格局，开创社会主义生态文明新时代。“两山”理论被正式写入中央文件，标志着“两山”理论得到正式确立，成为指导我国加快推进社会主义生态文明建设的重要思想。

第四阶段是“两山”理论与生态文明思想深化一体阶段。2017 年 10 月，党的十九大通过的《中国共产党章程（修正案）》决议，明确提出中国共产党领导人民建设社会主义生态文明，并将实行最严格的生态环境保护制度、增强绿水青山就是金山银山的意识、建设富强民主文明和谐美丽的社会主义现代化强国等内容写进党章。“两山”理论成为新时代中国特色社会主义思想和基本方略中不可或缺的重要内容。2018 年 5 月，全国生态环境保护大会正式提出和确立了习近平生态文明思想。习近平总书记强调，要自觉把经济社会发展同生态文明建设统筹起来；牢固树立绿水青山就是金山银山的理念，坚持节约优先、保护优先、自然恢复为主的方针，加快形成节约资源和保护环境的空间格局、产业结构、生产方式、生活方式，生态环境质量实现根本好转，推动新时代生态文明建设迈上新台阶。至此，“两山”理论与习近平生态文明思想深度融合，成为中国特色社会主义建设的重要指导思想和我国新时代发展的根本遵循。

1.4.2　“两山”理论科学内涵与现实意义

“两山”理论即习近平总书记所提出的“绿水青山就是金山银山”理论。“两山”理论的具体内容：一要坚决拒绝“只要金银、青山不再”的片面经济发展观；二要践行“既有金银，青山常在”的辩证科学发展观；三要努力追求“绿水青山就是金山银山”的双赢生态发展观。“两山”理论的本质揭示了要尊重自然界的客观规律，以科学合理的方式利用自然资源、生态要素。“两山”理论是人与自然双重价值的体现，有着丰富的科学内涵与非凡的现实意义。①

“两山”理论的科学内涵可以概括为三个方面：一是人与自然和谐共生。

---

① 陈建成，赵哲，汪婧宇，李民桓.“两山理论”的本质与现实意义研究[J].林业经济，2020，42(03)：3—13.

“两山”理论体现了人与自然相处所经历的三个阶段:第一阶段“用绿水青山去换金山银山”,为了创造经济财富,人类无休止地从自然界中获取所需要的资源与利益;第二阶段“既要绿水青山又要金山银山”,面对日益严重的生态环境问题,人类开始反思过去的发展理念和发展方式,开始注重保护生态环境;第三阶段“绿水青山就是金山银山”,人类越来越认识到自然生态环境本身就具有无限的价值,其本身就是金山银山。二是生态与经济相互转化。首先是如何更好地认识经济与生态之间的关系,即“两山”理论阐述了经济发展和生态环境保护的关系,解释了保护生态环境就是保护生产力、改善生态环境就是发展生产力的道理,指明了实现发展和保护协同共生的新路径。①其次是如何更好地将生态转化为经济,通过推动生态技术的研发与应用,创新生态发展方式与模式,提高对绿色资源的利用效率和环境治理水平,实现绿水青山的经济效益转化,满足人们长期可持续发展的需求。三是人民的美好生活向往。“两山”理论蕴含着以人为本的理念,无论是绿水青山还是金山银山都是为了满足人民群众对美好幸福生活的追求,致力于人类整体的永续发展。

“两山”理论的现实意义体现在三个方面:一是有利于推动经济高质量发展。迈入新时代,我国社会经济发展面临着经济下行压力增大、资源环境破坏加剧等问题,寻求一种经济发展与环境保护相协调的发展模式,实现经济增长与生态文明建设的良性循环仍然是当前面临的重要任务。因此,深入研究“两山”理论的科学内涵、生态与经济的相关转化实现路径等亟需解决的问题,既为我国经济高质量发展指明方向,又为支撑各地经济高质量发展提供生态保障。二是有利于贯彻绿色发展理念。“两山”理论是指导中国实现绿色发展的重要法宝,有助于将绿色发展理念贯彻到经济发展过程中,加大生态系统保护力度,增加促进绿色发展,调整产业结构,推动绿色生产,推广绿色生活方式和消费模式,实现生态保护与经济发展的“双赢”。三是有利于建设宜居城市。“绿水青山就是金山银山”理念与宜居城市的追求在本质上是一致的。宜居城市是生态文明建设理念在城市建设的反映,为人们的生存发展提供宜居的生态环境,满足人民群众日益增长的美好生态环

---

① 聂苗苗.“两山理论”引领乡村生态振兴研究[D].重庆:四川外国语大学,2022.

境的需要，提升广大人民群众的生活幸福感。“两山”理论的落脚点就是解决生态环境问题，改善人与自然关系，深入发掘绿色新动力，推进人与自然、人与人、人与社会的和谐发展，这一理念也是实现生态宜居城市建设的理论指导和行动指南。

1.4.3　新时代长三角城市宜居性建设的根本遵循

十八大以来，习近平总书记对城市生态宜居的规划理念格外重视，他认为：“建设人与自然和谐共生的现代化，必须把保护城市生态环境摆在更加突出的位置。”在考察调研和会议指示中他多次强调，“城市规划建设要坚持尊重自然、顺应自然、人与自然和谐相处的理念”，“让城市融入大自然”，“依托现有山水脉络等独特风光，让居民望得见山、看得见水、记得住乡愁”。高品质生态环境成为城市宜居性建设的重要指标，是城市宜居性建设的重要条件和必然追求。因此，践行“两山”理论，坚守宜居城市生态性建设，应该成为新时代长三角城市宜居性建设的根本遵循。

长三角宜居城市生态性建设就是用生态文明建设理念引领城市发展，将城市发展、人的全面发展、自然生态作为一个系统的整体来认识和构建，满足人民群众对城市美好生活的追求，实现人与自然和谐共生。过去，长三角快速推进城镇化进程中，过度开发和利用自然环境与资源，导致自然生态环境和城市人居环境质量变差，使人民产生“不宜居”的感受。为此，新时代长三角城市宜居性建设在“两山”理论指导下，首先，应注重解决好人与自然和谐共生问题，遵循人与自然和谐相处原则，遵循对原有城市和自然风貌的保持和生态环境发展规律，建立人与自然和谐共生的生态共同体。其次，在城市社会经济发展中，贯彻落实“绿水青山就是金山银山”的发展理念，实施更严格的环保标准，城市政府推出促进绿色低碳发展的战略导向、鼓励政策和地方法规，提高对绿色资源的利用效率，推动节能环保、清洁能源等绿色产业的快速发展，实现生态环境保护与经济发展的双赢。最后，在城市生态环境治理中，加强山体植树造林，保持水体清澈流畅，增加城市园林绿地，建设以自然山水环境为美的宜居城市。让人民群众在城市中望得见青山、看得见绿水、听得见鸟语、闻得到花香、记得住乡愁，享受宜居城市的美好生活。

第2章 长三角宜居城市建设的理论与实践

2.1 宜居城市的概念解构

2.1.1 宜居城市的概念

宜居城市这一概念的提出，源于城市人居环境的理论与实践，属于交叉学科和多维视角的研究，目前，国内外将其归纳入“人类聚居学”和“人居环境科学”的范畴。宜居城市，在国外常被称为 Livable City，从字面意思来看，即环境优美、社会安全、生活舒适、适宜居住的城市。

新加坡宜居城市中心(CLC)将宜居城市定义为一座具有尊重人类需求、拥有良好的自然环境并能适应气候变化的城市。但上述概念在不同的社会阶段、不同的人群中都会有不同的标准。“宜居城市”本质是居民对城市的一种心理感受，是一个内涵丰富的系统性概念。其评判标准不仅需考虑各项指标，更需注重居民对城市生活品质的诉求①，具体包括能否满足人们有其居、居得好和居得久的基本要求。

我国2009年的《宜居城市建设报告》中指出宜居城市概念包括以下六个方面，即宜居城市应该是经济持续繁荣的城市、社会和谐稳定的城市、生活舒适便捷的城市、景观优美宜人的城市、资源承载力满足的城市和具有公共

---

① Toh B K, Chen M, Oliveiro V. Urban Governance: Foresight and Pragmatism[M]. Singapore: Centre for Liveable Cities, Singapore and Civil Service College, Singapore, 2014.

安全度的城市。[1]其创造性在于把理论思考与城市发展目标通过城市规划实践进行了有机结合。

宜居城市要求以人为本，具有以下几个特征：

第一，生态环境优良宜居。良好的自然生态环境是人们赖以生存和发展的基础，也是评判一个城市是否宜居的重要标准，只有拥有良好的生态环境，人们的生活才更加舒适，城市才更加宜居。

第二，生活水平殷实富足。城市经济水平的不断提升为生态宜居城市的建设提供良好的物质基础，人们对于生活质量的追求提高，娱乐和精神生活成为人们关注的焦点，这是生态宜居城市建设要达到的目标。

第三，城市基础设施完善。基础设施建设是建设生态宜居城市的重要规划，也是不可或缺的重要基础条件。只有建设完善的基础设施，城市的各项功能才能得以体现。

第四，居民生活舒适便捷。生态宜居城市必然是交通便捷且居民生活舒适的城市，满足居民各方面的需求是城市生态宜居建设的重要考量。

第五，文化教育繁荣发展。文化，是一个城市的灵魂。对于宜居城市的高质量发展而言，文化既是重要的"软实力"，也是对外展示美好形象的"金名片"。以文化人、以文惠民、以文兴城，需要深入挖掘地域文化特色，进一步激发城市深处的内生动能和创新、创造活力，建设教育先进、文化繁盛的宜居城市。

第六，社会保障全面覆盖。社会保障是民心保障。作为民生之基，社会保障是保障和改善民生、维护社会公平、增进人民福祉的基本制度保障。2021年6月30日，人力资源和社会保障部正式发布《人力资源和社会保障事业发展"十四五"规划》。《规划》指出，"十四五"期间，要健全多层次社会保障体系，全面实施全民参保计划。

2.1.2 宜居城市的内涵

纵观宜居城市相关研究，国内外不同的机构和学者对"宜居城市"的概念和内涵有着不同的理解和侧重，至今尚未形成统一的定义。

为了使大家对各种观点有所区别，我们将其进行粗略的归类，从对各观点的主要特征的认识出发，在互相比较分析中，尝试给各主要观点予以命

① 卢杨.中国宜居城市建设报告[M].北京：中国时代经济出版社，2009：45—48.

名，希望我们的探索有助于人们对宜居城市概念和内涵的理解。

（1）国内关于宜居城市内涵的认识

关于人类聚居问题的研究，早在第二次世界大战之后，希腊学者道萨迪亚斯（Doxiadis）就提出了“人居环境科学”（Ekistics）的概念。20世纪90年代，中国学者吴良镛受此启发，系统阐述了人居环境的内涵，为后续我国宜居城市的相关研究奠定了理论基础。2005年1月，国务院批复北京城市总体规划时首次在政府文件中出现“宜居城市”概念，引起了社会及学界的高度关注和讨论。许多学者从各自的专业领域对宜居城市的内涵进行了解读，主要有以下几种观点：①公平和谐观。叶立梅、胡云等学者认为宜居城市的建设不仅在于设施建设，还涉及社会环境的公平和谐，需关注如何协调、兼顾不同群体利益和需求的公共政策的制定问题（叶立梅，2007[①]；胡云，2005[②]）。②物质环境和人文条件观。董黎明、俞孔坚等学者认为宜居城市应具备良好的物质环境和人文环境，其中物质环境除齐备的基本生活服务设施外，还应具备良好的自然生态环境（楚建群，董黎明，2007[③]；俞孔坚，2005[④]；何永，2005[⑤]）。③可持续发展观。陈牧川等学者提出宜居城市应具备可持续开发和综合利用的基础设施和住区资源，同时注重人与城市生态环境、住区环境的和谐发展（陈牧川，2005[⑥]）。④综合观。“宜居城市”不仅包含居住问题，还涉及经济、生态、安全、精神文明、社会氛围等多方面内容（周志田，2004[⑦]；张文忠，2007[⑧]；顾文选，2007[⑨]；刘维新，2007[⑩]；董晓峰等，

① 叶立梅.和谐社会视野中的宜居城市建设[J].北京规划建设，2007(01)：18—20.

② 胡云.北京构建宜居城市：公众参与及其模式探讨[J].北京规划建设，2005(06)：12—14.

③ 楚建群，董黎明.创造良好的城市宜居环境[J].北京规划建设，2007(01)：15—17.

④ 佚名.城市，你如何才能“宜居”[J].信息导刊，2005(15)：6.

⑤ 何永.理解“生态城市”与“宜居城市”[J].北京规划建设，2005(02)：92—95.

⑥ 陈牧川.论创建理想的人居环境[J].江西教育学院学报(综合)，2005(06)：86—87.

⑦ 周志田，王海燕，杨多贵.中国适宜人居城市研究与评价[J].中国人口·资源与环境，2004(01)：29—32.

⑧ 张文忠.“宜居北京”评价的实证[J].北京规划建设，2007(01)：25—30.

⑨ 顾文选，罗亚蒙.宜居城市科学评价标准[J].北京规划建设，2007(01)：7—10.

⑩ 刘维新.以“三大标准”看北京宜居之路[J].北京规划建设，2007(01)：46—47.

2010①;陆仕祥等,2012②;温婷等,2014③)。

表 2.1　国内有关宜居城市内涵的论述

相关观点	倡导者	观　点　描　述
好居观	任致远(中国城市科学研究会副秘书长)	"宜居城市"应满足人们有其居、居得起、居得好和居得久的基本要求,即"易居、逸居、康居、安居"。
利"生"的城市	中国城市科学研究会宜居城市课题组	宜居城市是一个内涵丰富的广义概念。它绝不是单纯的居住条件的适宜性和人人享有住房,而是从城镇总体增强其可持续发展能力,使我国城镇走上生产发展、生活富足、生态良好的文明发展道路。
满足不同群体需求观	叶立梅(北京市社科院)	宜居城市是一个以人为本的城市。宜居城市的建设不仅是设施建设的问题,还是如何制定公共政策来协调和兼顾不同群体的利益和需求的问题。
良好的生态与人文环境条件观	董黎明(北京大学)	宜居城市要营造良好的自然生态环境和社会环境。
	俞孔坚(北京大学景观设计研究院)	宜居城市要兼具自然条件和人文条件。
	何永(北京城市规划设计研究院)	宜居城市中的宜居环境应包括自然生态环境和社会文化环境。
	叶文虎(北京大学中国可持续发展研究中心)	"宜居城市"要有充足的就业机会、舒适的居住环境、物质环境、人际环境以及良好的精神文明环境。
可持续发展保障观	陈牧川(华东交通大学)	保障居民享有适当住房;保障居民健康和安全;人与城市环境、人居环境的和谐发展;城市基础设施和住宅资源的可持续开发。
公平和谐观	胡云(北京市社会科学院)	所谓宜居城市,就是保证生活在城市的人们舒适、和谐、各得其所。
	赵菲(《今日国土》)	宜居要求建筑必须将居住、生活、休憩、交通、管理、公共服务、文化等各个方面在时间和空间上结合,满足居民物质和精神需求。

---

① 董晓峰,杨保军,刘理臣,高峰.宜居城市评价与规划理论方法研究[M].北京:中国建筑工业出版社,2010.

② 陆仕祥,覃青作.宜居城市理论研究综述[J].北京城市学院学报,2012(01):13—16.

③ 温婷,蔡建明,杨振山,宋涛.国外城市舒适性研究综述与启示[J].地理科学进展,2014,33(02):249—258.

(续表)

相关观点	倡导者	观 点 描 述
综合观	张文忠(中科院地理科学与资源研究所)	宜居城市应该是一个安全、健康、生活便利、出行便利且具有地方特色的城市。
	李丽萍(中国人民大学)	宜居城市应是经济繁荣,社会和谐稳定,文化丰富,生活舒适便捷,景色宜人,社会治安有序,适合人们居住、生活、就业的城市。
	李康(首都规划建设委员会)	宜居城市能够适应和满足不同人群在经济社会生活、生存发展环境等方面的各种物质和精神需求,在生存、享受现代文明和历史文明、个人全面发展等方面具有可持续性,在发展过程中具有吸引力、包容性、亲和力与竞争力的高生态位城市。
	谈绪祥(北京市规划委员会)	“宜居城市”首先要环境优美;其次要有充分的就业机会;最后要保障居民安全。

(2) 国外关于宜居城市内涵的认识

国外学界早期对宜居城市的讨论主要围绕居住环境,David L. Smith从宜人环境的角度首次提出了宜居城市概念,并指出其内涵主要包括三个层面的内容:在公共卫生和污染问题等层面上的宜人;舒适和美好的生活环境带来的宜人;由历史建筑和优美的自然环境所带来的宜人(David L. Smith, 1974①)。20世纪70年代后,许多学者从人本主义视角对其进行补充,认为社会和谐、全民共享也是宜居城市的重要内涵构成,涉及内容包括:居民社会联系紧密度、社区私密性、市民对城市发展决策的参与性等社会因素(Paul L. Knox, 1995②; Henry L. Lennard, 1997③)。20世纪90年代至今,许多学者结合可持续发展理念进一步丰富了宜居城市的内涵,认为宜居城市需要在保护生态环境的前提下实现人类的生存需要,呼吁要为后代保留完整的资

① David L. Smith. Amenity and Urban Planning[M]. London: Crosby Lockwood Staples, 1974.

② Paul L. Knox. Urban Social Geography[M]. London: London Scientific & Technical, 1995.

③ Henry L. Lennard. Making Cities Livable[J]. American Journal of Public Health and the Nations Health, 1997, 18(9):1109—1114.

源、保证城市环境的可持续性、增强城市韧性(Ernesto Salazano, 1997[①]; Asami Y, 2001[②]; Peter Evans, 2002[③])。21 世纪以来,居住城市的内涵进一步延展,与时俱进地加入了"智慧城市"等内涵,Marsal 等人提出宜居城市除具备可持续性之外,还应是智慧型且可以被监测的城市。[④]

表 2.2　国外有关宜居城市内涵的论述

相关观点	倡导者	观点描述
健康城市	世界卫生组织(1961 年)	1961 年总结了满足人类基本生活要求的条件,提出了居住环境的基本理念:安全、健康、便利、舒适;1986 年提出健康城市的三大要素:健康人群、健康环境和健康社会。
	国际住房及规划联盟(IFHP, 1990 年)	提出"健康城市"9 项标准。
满足居民需要观	《大温哥华地区长期规划》(Shelter Group etc., 2003 年)	应满足所有居民的生理、社会和心理方面的需求,同时有利于居民的自身发展;可以满足和反映居民在文化方面的高层次精神需求。
市民共享城市观	Doris Hahlweg (1997 年)	享有健康的生活;享有通达的公共绿地;全民共享的城市。
可持续发展观	Ernesto Salzano (1997 年)	宜居城市是连接过去和未来的枢纽,也是一个可持续发展的城市。
	Peter Evans (2002 年)	满足宜居;符合生态可持续发展的要求。

① Ernesto Salzano. Seven Aims for the Livable City[C]. International Making Cities Livable Conferences, California: Gondolier Press, 1997.

② Asami Y. Residential Environment: Methods and Theory for Evaluation[M]. Tokyo: University of Tokyo Press, 2001.

③ Peter Evans. Livable Cities? Urban Strugglen for Livelihood and Sustainability[M]. Oakand: University of California Press, 2002.

④ Maria-Lluïsa Marsal-Llacuna, Joan Colomer-Llinàs, Joaquim Meléndez-Frigola. Lessons in Urban Monitoring Taken from Sustainable and Livable Cities to Better Address the Smart Cities Initiative[J], Technological Forecasting and Social Change, 2015.

(续表)

相关观点	倡导者	观　点　描　述
活力的城市	Henry L. Lennard (2006 年)	每个人都可以自由交谈;健全平等对话机制;城市居民应当彼此认同;具有多种功能(经济、社会和文化等)的有机体;注重城市建设中的审美、建筑美学和物质环境的深层文化内涵。
层次构成观	Mike Douglass (2000 年)	一个宜居型模型包含:环境福祉(environmental well-being)、个人福祉(personal well-being)、生活世界(life-world)。
生命有机体	国际城市可持续发展中心	将"宜居城市"比喻为"生命有机体"。

通过梳理国内外宜居城市的内涵,可以发现,虽然国内外对宜居城市的表述有所不同,但本质上是相似的。例如,国外的宜居城市概念指向"生命有机体",而国内学者则认为宜居城市是一个"综合体"。主要表现在以下两点:一方面,宜居城市的内涵可以总结为城市物质环境和城市文化环境。其中,物质环境主要从满足市民生理需求的角度出发,包括便捷安全的建筑环境、优美宜人的居住环境、可持续的生态环境等。而人文环境主要从满足市民的精神需求的角度出发,包括社会和谐、全民共享、经济繁荣、精神文明等。另一方面,在宜居城市的内涵中,以人为本的理念逐渐加强,主要表现为从早期的"环境宜居概念"不断延伸到可持续发展、维护社会公平、增进人民福祉等方面。"层次结构观""生命体观""综合观"都试图从更全面的角度来表达宜居城市的内涵。

2.1.3　宜居城市的构成

国际城市可持续发展中心(the International Center for Sustainable Cities)在一份关于宜居城市的报告(2005 年)中,将"宜居城市"比喻为"生命有机体"。①其有机体内涵如下:

宜居城市的"大脑和神经系统"是城市调控和公众参与机制、监测机制、

① 董晓峰,杨保年,刘理臣,高峰.宜居城市评价与规划理论方法研究[M].北京:中国建筑工业出版社,2010.

评价机制、城市自学习系统等。宜居城市鼓励所有居民积极参与城市建设活动。宜居城市的规划监测能力类似于生命体中神经系统的功能，主要作用是：监督和评价宜居城市建设目标的实施情况，鼓励城市建设的实验性尝试，检验新观点的有效性；吸取原有城市建设的经验和教训；时刻关注外界环境的动态变化，适时调整城市和区域发展战略；积极而迅速地应对外界的机遇和挑战。

宜居城市的“心脏”是城市公众的基本价值观、城市居民身份认同和地域认同感。宜居城市拥有反映其独特城市精神的公共地域或场所，其作用为：反映城市的基本价值观；形成和加强居民的身份认同感；缅怀城市历史；举行节日、庆典活动；帮助儿童和青年迅速地融入当地社会。

宜居城市的“组成器官”则是完整的居住社区、市中心核心区域、工业组团、绿地系统。一个宜居城市应该具备下列城市要素：多功能的社区和经济适用的住房，方便的购物、就业、休闲娱乐和交通；拥有公共空间并集中了大部分经济活动的城市中心；工业组团（基础设施共用）；绿地系统和开放空间（包括农业用地和公园）。

宜居城市的“循环系统”主要包括自然资源输入/输出流：绿色走廊能量网络、通信网络、交通网络。宜居城市通过以下途径连接成为一个有机整体：维持其日常活动所需的物质流动（用水、原料输入、排水管道和废弃物处理等）、能量的输入和输出；绿色走廊（保证城市生态多样性，满足居民休闲需要）、通信网络（包括现代信息技术和各种通信手段）、交通网络（重点照顾步行者利益，重视公共交通和物资的有效输送，符合步行化社区建设的需要）等。

从这个“生命有机体”论来看，城市宜居性既包括了城市的管理制度、文化、社会因素，也包括了经济、环境等要素，而最为核心的影响要素是心脏，即城市公众的基本价值观、城市居民身份认同和地域认同感等。

2.2　宜居城市的发展阶段

2.2.1　国外宜居城市发展阶段

通过系统的梳理和分析，我们认为，宜居城市研究进展可分为四个阶段：萌芽期、雏形期、发展期和成熟期（表 2.3）。

表 2.3　　国际宜居城市研究探索的基本阶段划分与代表性思想

<table>
<tr><th>发展分期</th><th>时代背景</th><th>特　征</th><th>人物与时间</th><th>理论或论著</th></tr>
<tr><td rowspan="11">萌芽期</td><td rowspan="11">19 世纪末至 20 世纪初，工业革命时期，城市化加速期，城市矛盾与问题加剧</td><td rowspan="11">针对城市空间发展模式，理想城市的渴望与梦想诞生，出现现代城市规划设计经典思想</td><td>1898 年霍华德</td><td>田园城市</td></tr>
<tr><td>1915 年格迪斯</td><td>城市规划以自然地区为基础</td></tr>
<tr><td>1917 年 11 月俄国十月革命</td><td>世界上第一个社会主义国家宣告诞生，颁布《和平法令》和《土地法令》等</td></tr>
<tr><td>1925 年勒·柯布西耶</td><td>集中城市</td></tr>
<tr><td>1925 年伯吉斯(E.W. Burgess)</td><td>芝加哥学派、城市社会学、城市生态空间</td></tr>
<tr><td>1929 年佩里</td><td>邻里单位</td></tr>
<tr><td>1933 年国际现代建筑协会(CIAM)</td><td>雅典宪章</td></tr>
<tr><td>1935 年赖特</td><td>广亩城市</td></tr>
<tr><td>1938 年芒福德</td><td>区域城市、自然观</td></tr>
<tr><td>1942 年萨里宁</td><td>有机疏散理论</td></tr>
<tr><td>1943 年马斯洛</td><td>需求层次理论</td></tr>
<tr><td rowspan="8">雏形期</td><td rowspan="8">一战后至 20 世纪 80 年代中期，面对资源环境挑战和发展极限困惑，工业化城市重建，联合国发展，两大阵营竞争，世界新秩序发展</td><td rowspan="8">以人的需求为核心，针对问题，探索求解，提出综合观点、尝试实践</td><td>二战后大卫·史密斯(David L. Smith)</td><td>《宜人与城市规划》</td></tr>
<tr><td>1954 年道萨迪亚斯</td><td>人类聚居学</td></tr>
<tr><td>1961 年雅各布斯</td><td>《美国大城市的死与生》</td></tr>
<tr><td>1961 年世界卫生组织(WHO)</td><td>满足人类基本生活要求的条件：安全性(safety)、健康性(health)、便利性(convenience)、舒适性(amenity)</td></tr>
<tr><td>1967 年麦克哈格</td><td>设计结合自然</td></tr>
<tr><td>1972 年</td><td>“人类环境”大会</td></tr>
<tr><td>1976 年联合国人居署</td><td>“温哥华”人类住区</td></tr>
<tr><td>1977 年国际建筑师协会</td><td>《马丘比丘宪章》</td></tr>
</table>

（续表）

发展分期	时代背景	特　征	人物与时间	理论或论著
发展期	20 世纪 80 年代末以来，信息化、全球化时代的到来，可持续发展思想的形成	宜居城市主题学术会议连续举办，人居环境成为联合国重点工作，形成议程，建立科学体系，全球共同行动	1985 年 12 月 17 日第 40 届联合国大会	确定每年 10 月的第一个星期一为"世界人居日"(World Habitat Day)，也称"世界住房日"，自 1986 年起至 2009 年已举办 24 个"世界人居日"，一年一个主题
			1985 年 Henry L. Lennard	国际宜居城市会议(The International Making Cities Livable Conference，IMCL)，至今已召开 45 次会议
			20 世纪 80 年代末	新城市主义
			1987 年联合国	《我们共同的未来》
			1989 年联合国环境署	关于可持续发展的声明，明确"可持续发展"思想
			1990 年国际住房及规划联盟(IFHP)	健康城市(Healthy Cites)
			1992 年联合国	里约热内卢《21 世纪议程》
			1996 年第二次人居大会	《人居议程》提出"城市化进程中人类居住区可持续发展"和"人人享有适当的住房"
			1990 年代中期美国	精明增长
成熟期	21 世纪以来，开始关注城市文明中的公平性	宜居城市建设步入更加高级的阶段，建设公平文明的新型城市成为世界范围内城市发展的目标之一	加拿大温哥华的《大温哥华地区 100 年远景规划》	提出"适宜的城市空间能够为市民提供公平的工作机会及生活条件，使市民拥有丰富的精神文化财富"
			2001 年《巴黎城市化的地方规划》	确保城市功能的多样性和居民公平地享有城市社会融合的权利
			2004 年《伦敦规划》	提出建设宜人城市、繁荣城市、公平城市、可达城市和绿色城市的发展目标
			2011 年联合国	建立联合国人居环境署

(1) 田园城市:宜居城市的萌芽阶段(19 世纪末—20 世纪初)

国外最早于 19 世纪末开始探索现代宜居城市。在 19 世纪末,由于工业革命兴起,欧洲城市化进程大大加快。许多农村劳动力受工业化迅速发展的刺激而进入城市,导致城市的人口规模迅速扩张,大大增加了城市用地需求,从而打破了城市旧有的人口格局。住房需求的迅猛增加带来了城市公共基础设施的不堪重负,城市建设难以满足人口迅猛增长带来的需求,导致人口问题与城市建设的矛盾。之后,人们逐渐认识到城市规划研究的重要性和急迫性,开始合理规划城市的未来发展道路。①

在上述背景下,霍华德(Ebenezer Howard)提出了“田园城市”,主张“城市发展与乡村发展相结合”,城市建设应以建设舒适、健康的生活环境为主要目标,要首先满足人口迅速增长对城市生活环境及设施的要求。1915 年,生物学家格迪斯(Patrick Geddes)提出规划研究的基本框架要将自然地区纳入其中,指出“人类社会必须和周围的自然环境在供求关系上取得平衡,才能持续地保持活力”。1925 年,伯吉斯(E.W. Burgess)在古典都市区位学的基础上提出了解释都市内部结构的同心圆假设。20 世纪以来,汽车在交通方式中的占比增长迅速,随之而来的是城市居民对居住环境和交通的质量要求越来越高。1929 年,佩里第一次提出了“邻里单位”概念。他认为城市建设的基本单位应当是城市干道所包围的区域,原来的住宅街坊逐渐扩大成为具有一定人口用地面积和规模的“邻里”。1922 年,国际现代建筑协会(CIAM)尝试运用现代形体技术手法研究适合人类生活的城市人居环境模式。1925 年,法国建筑师勒・柯布西耶(Le Corbusier)在《城市规划设计》一书中把工业化思想带入了城市规划,提出“光明城市”理论。1933 年,国际现代建筑协会(CIAM)通过了现代城市规划的大纲——《雅典宪章》,以人的发展需要出发,提出了城市居住、工作、游憩与交通的功能分区,并强调“居住是城市的第一功能”。1935 年,美国建筑师赖特(Frank Lloyd Wrignt)发表的《广亩城市:一个新的社区规划》一文提出了反集中的空间分散规划理论,强调城市中的人的个性,反对集体主义。他相信电话和小汽车的力量,认为大都市将死亡,美国人将走向乡村,家庭和家庭之间要有足够的距离,以减少接触来

① 费移山,王建国.明日的田园城市——一个世纪的追求[J].规划师,2002(02):88—90.

保持家庭内部的稳定。1938 年，刘易斯·芒福德（Lewis Mumford）发表《城市文化》（*The Culture of Cities*），强调城市规划的主导思想应重视各种人文因素，把文化储存、文化传播和交流、文化创造和发展称为“城市的三项最基本功能”，并认为“文化既是城市发生的原始机制，同时也是城市发展的最后目的”。1942 年，芬兰学者埃列尔·萨里宁（Eliel Saarinen）针对大城市过分膨胀所带来的各种弊病，提出了有机疏散理论，认为城市作为机体的内部秩序实际上和生命机体内部秩序一致。1943 年，马斯洛（Abraham Harold Maslow）提出需求层次理论。

这一时期，虽然宜居城市概念尚未被作为正式学术术语提出，但在对城市合理规模与人口增长协调问题的对策出台中，已呈现出宜居城市建设理念的最初形态。①

（2）环境宜人：宜居城市的中期阶段（20 世纪 50—70 年代）

20 世纪 50 年代末到 70 年代是宜居城市研究的中期阶段，以明确提出宜居城市概念和人类聚居学等理论为标志。

二战后，随着科学技术的迅速发展，城市建设也步入新阶段，人们对城市认知的改变使城市功能发生了巨大变化，城市逐渐成为可供人类居住、工作以及游憩等诸多活动的重要场所。宜居城市建设从萌芽期逐渐进入以环境宜人为目标的阶段。该时期，宜居城市建设将重心放在了关注人与自然的和谐发展上，旨在建立和谐的居住环境。

首先，大卫·史密斯（David L. Smith）在其著作《宜人与城市规划》中倡导宜人的重要性，并明确了城市宜人的概念。1954 年，希腊学者道萨迪亚斯提出了人类聚居学的概念，强调对人类居住环境进行综合研究。20 世纪 60 年代，简·雅各布斯在《美国大城市的死与生》中阐述了城市宜居性的环境目标，主张创建环境更适宜人类居住的城市是现代城市建设的核心思想。1961 年，世界卫生组织（WHO）总结了满足人类基本生活要求的条件，提出居住环境的基本理念，构建了居住环境评价的基本指标，凭借国际组织的影响力推动了全球的居住环境建设。1963 年，世界人居环境学会（World

① 刘燕.基于灰关联和 Delphi 主客观组合权值法的宜居重庆综合评价及研究[D].重庆：重庆师范大学，2010.

Society of Ekistics)成立。1976 年,联合国在温哥华召开首次人类住区大会,并正式接受“人类聚居”概念,在内罗毕成立了“联合国人居中心”(UNCHS),开始了广泛的关于人居环境的建设与研究工作。1977 年,国际建筑师协会通过《马丘比丘宪章》,强调“人与人相互作用与交往是城市存在的基本根据”和“同样重要的目标是争取获得生活的基本质量以及与自然环境的协调”两个主题,是城市人居环境建设的基本内容和目标。

(3) 可持续发展:宜居城市的发展阶段(20 世纪 70—90 年代)

20 世纪 70 年代后期,城市的可持续发展已经逐渐成为人们越来越关注的问题。人类生存的核心问题——城市宜居性,由此成为关注的焦点,城市的新挑战也促进了联合国人居环境事业的大发展。1982 年,第 37 届联大通过决议,正式宣布 1987 年为“安置无家可归者年”(简称“国际住房年”),旨在提醒世界各国政府和人民集中思考住房问题,并为解决这个问题制订住房建设的总体规划、相关技术、经济政策和具体措施。1985 年,第 40 届联大确定每年 10 月的第一个星期一为“世界人居日”(World Habitat Day,亦称“世界住房日”),旨在唤起人们对人类居住环境和人人享有适当住房等基本权利的关注。1985 年,由 Henry L. Lennard 发起的国际宜居城市研讨会是宜居城市思想形成的标志。会议集中了城市规划师、建筑师、政府官员与其他和城市宜居性建设有关的责任团体和个人,针对城市的宜居性建设交流经验与想法。1996 年,联合国第二次人居大会提出“城市化进程中人类居住区可持续发展”和“人人享有适当的住房”两个主题,充分体现了人类对自身生存最基本的条件和需求的关注。至此,宜居城市建设目标、执行标准及基本要求经过不断发展和完善,进入强调可持续发展的阶段。

(4) 公平文明:宜居城市的成熟阶段(21 世纪初开始至今)

21 世纪以来,国外对宜居城市建设的研究开始转向关注城市文明中的公平性。如加拿大温哥华的《大温哥华地区 100 年远景规划》明确将“公平”作为宜居城市的关键原则之一,提出“适宜的城市空间能够为市民提供公平的工作机会及生活条件,使市民拥有丰富的精神文化财富”。2001 年,《巴黎城市化的地方规划》提出,城市生活质量是巴黎城市建设的重要内容,需确保城市功能的多样性和居民公平地享有城市社会融合的权利。[①]2004 年，《伦敦规划》再次将城市建设中的“公平”作为核心内容加以论述，提出了建设宜人城市、繁荣城市、公平城市、可达城市和绿色城市的发展目标。由此，宜居城市建设步入更加高级的阶段，建设公平文明的新型城市成为世界范围内城市发展的目标之一。

2.2.2　国内宜居城市实践进展

国内关于宜居城市的研究起步较晚，主要可以分为三个阶段：萌芽探索期（1993—2004 年）、快速发展期（2005—2016 年）、创新突破期（2017 年至今）。

（1）萌芽探索期（1993—2004 年）

人居环境科学的出现是国内宜居城市研究兴起的标志。吴良镛院士一直致力于人居环境科学的开拓性探索，1993 年，他在中国科学院技术科学部学部大会上第一次正式倡导建立“人居环境科学”；1995 年 11 月在清华大学成立“人居环境研究中心”；1998 年起主编出版“人居环境科学丛书”；1999 年在清华大学开设“人居环境科学概论”课程；1999 年，宁越敏等人从理论上探讨了人居环境的内涵、变化机制和评价方法；2000 年，田银生、陶伟等对城市环境的“宜人性”创造进行了研究；2001 年，《人居环境科学导论》出版，作为改革开放以来人居科学理论与实践的综合集成，引领了我国城市发展与规划学术思想的主流方向，大量学者开始对城市人居环境进行研究；2002 年，邓清华、马雪莲提出了城市人居理想的核心内容就是安全、天人合一、宜人、平等和文化性；2004 年，周志田等人提出宜居城市是一种遵循自然规律的人工生态系统的地域组织形式。

这一时期的主要成果是在中国首次提出了宜居城市的概念，建立了中国人居环境科学研究的理论体系和框架。

（2）快速发展期（2005—2016 年）

这一时期，学者们聚焦城市宜居度不足的具体方面，提出关于城市功能和空间分布更微观的优化意见。张文忠、任致远、李丽萍等结合中国城市当

---

① 康盈.“宜居城市”理念初探[C]//经济发展方式转变与自主创新——第十二届中国科学技术协会年会(第四卷),2010.

前发展水平对宜居城市的内涵以及评价指标体系进行了研究，一些学者在此基础上对单个城市宜居度做了实证研究并提出相关改善建议。在实践方面，2005 年 7 月，国务院召开全国城市规划工作会议，明确要求各地将宜居城市作为城市规划的重要内容，至此，我国宜居城市建设全面启动，理论研究与实践探索同时展开。

《北京城市总体规划(2004 年—2020 年)》首次在规划层次上提出了"宜居城市"。该政策中的"宜居城市"指的是北京能够提供充分的就业机会，舒适的居住环境，创建以人为本、可持续发展的首善之区。这是中国城市首次把"宜居城市"提高到城市规划的高度来。此后，宜居城市概念引起了社会各界的广泛关注，使宜居城市成为理论界讨论和研究的热点，各界专家学者纷纷提出自己的观点。其他城市，如上海、天津、成都等也都在制定规划，致力于打造"宜居城市"。上海市政府对"宜居城市"的理解主要从城市居民的居住工程角度出发，在此基础上，为了营造上海"宜居城市"的良好环境，应维持上海房地产市场的可持续健康发展，这将有助于确保市民持续分享上海经济发展的成果。成都市提出了"从山水名城走向生态新城"的理念，为打造成都最佳人居环境搭建了理论框架。徐州市制定的《徐州市城市总体规划(2007 年—2020 年)》从切实改善城市人居环境、重视历史文化和风貌特色保护以及科学引导城市空间布局等方面对宜居城市进行了界定。

该阶段，国内多家研究机构也根据现有的宜居城市建设成果，提出了不同标准，选取了不同维度来评价现有城市的宜居状况，形成了具有公信力和说服力的宜居城市排名。例如，《零点宜居指数——2009 年中国公众城市宜居指数年度报告》(由零点研究咨询集团和第一财经日报共同编纂发布)，根据城市居民满意度打分，总结了中国五大宜居城市，分别为成都、厦门、南宁、杭州、昆明。中国城市竞争力研究会每年都会发布"中国十佳宜居城市"榜单。2014 年，中国十佳宜居城市分别为：珠海、成都、烟台、合肥、南宁、曲靖、金华、惠州、信阳、遂宁。2014 年 5 月，中国社会科学院对包括香港、澳门在内的中国 294 个城市进行宜居性评价后，发布了《中国宜居城市排名》报告，前十名的城市分别为珠海、香港、海口、三亚、厦门、深圳、舟山、无锡、杭州和上海。2015 年 1 月，新加坡国立大学通过调研和专家评选，认为"中国十大宜居城市"是澳门、威海、香港、烟台、厦门、台北、潍坊、南通、常州和南京。

在这一阶段，学者们在理论研究和实践研究的基础上，从经济、空间、安全、文化、社会等多个角度和视角对宜居城市进行了系统的理论研究，融入可持续发展理念，将宜居城市理论应用于城市规划实践，规划和建设宜居城市。最重要的特点是，中国大多数城市都把城市建设的目标设定为建设宜居城市。通过塑造良好的城市形象，提高城市管理水平，扩大城市品牌影响力，不断增强城市的吸引力、凝聚力和竞争力，为城市居民创造更加宜居的工作、生活和休闲环境。

(3) 创新突破期(2017年至今)

目前，我国将新时期城市理论与实践发展的重要方向定位于宜居城市规划建设。学者们除了考察城市宜居水平的演化和影响，还将其与乡村振兴战略相结合，探索宜居城市建设新路径，不断丰富宜居城市理论。如陈勇杰(2017)立足于西部欠发达地区，通过贵州省生态宜居城市发展能力评价，分析贵州省生态宜居城市发展存在的主要问题，探讨生态宜居城市的建设策略。①常爱迪(2020)根据盘山县的具体情况提出了宜居城市理论指导下棚户区改造的具体路径，将宜居城市建设与棚户区改造相融合，对盘山县特色产业进行合理的规划和设计，改善城市面貌，提高居民生活质量，进而带动经济发展建设具有盘山县特色的新县城。②大连政府对城市绿色空间与园林景观规划建设，采用多元化滨海城市的建设风格，重视建设系列化文化休闲广场，创建了良好的宜居环境。

2.2.3　长三角宜居城市现状特征

长三角城市群是“一带一路”与长江经济带的重要交汇点，在区域经济一体化和生态文明建设背景下，长三角城市群不仅是我国重要的经济增长极，还是国家生态宜居城市建设的先行者和示范者。

城市是人类与自然环境相结合的居民点，自然环境与地理区位好坏直

---

① 陈勇杰.西部欠发达地区生态宜居城市发展能力评价与提升对策研究[D].贵阳:贵州师范大学,2017.

② 常爱迪.宜居城市理论视角下盘山县棚户区改造问题研究[D].锦州:渤海大学,2020.

接影响城市宜居水平。随着科学技术的进步，自然环境不再是影响城市宜居水平的决定因素，但城市所处环境的地形、地貌、河流、气候、土壤、绿地、资源禀赋等自然要素对宜居城市建设具有直接影响。首先，地形和地貌条件影响城市交通运输和其他基础设施建设。①长三角城市群整体地形呈现出南高北低的态势，中北部地区以平原为主，路网较为密集，如上海、南京、杭州、合肥等区域中心城市地势平坦，拥有完善的交通网络体系，近年来高速铁路的快速发展进一步提升其空间可达性，对城市宜居水平的提高具有明显的促进作用。西南和正南方向，山地和丘陵分布较为广泛，如安庆、池州、宣城等城市路网相对稀疏，造成人们出行不便、活动受限等问题，进而导致城市宜居水平较低。

其次，河流、气候、土壤也在一定程度上影响和制约城市的发展。长三角城市群位于中低纬度地区，属于亚热带季风气候，降水充沛，形成了以长江和钱塘江为主的高度发达的河网体系。此外，受长江和钱塘江冲积作用，诸如上海、苏州、南京、杭州、绍兴等沿江城市土壤肥沃，农业发达，城市宜居水平居于城市群前列。再次，城市绿地系统能够对城市生态环境具有重要的调节作用。其中，南京人均绿化面积达 48.4 平方米，而上海人均绿化面积仅有 17.9 平方米，仅从城市绿化水平来看，南京人居适宜水平要高于上海。此外，资源禀赋对城市产业结构和经济发展也有重要影响。如上海、南京、苏州、杭州等城市旅游资源丰富，服务业发达，城市基础设施完善，宜居水平较高，而马鞍山、铜陵等城市分别依靠铁矿和铜矿带动了经济的迅速发展，但在产业结构调整、产能过剩以及矿产资源枯竭的背景下，这些城市经济发展活力相对较差，加之重工业发展对环境的破坏较大，城市宜居水平较低。此外，从城市地理区位来看，上海、苏州、南京、杭州、宁波等沿江沿海城市对外联系便利，利于城市经济发展和社会文化交流，宜居水平较高。而滁州、宣城、金华等城市群内陆边缘城市，经济发展水平相对落后，城市基础设施不完备，很大程度上拉低了城市宜居水平。因此，自然环境与地理区位是城市建设的基础，其好坏直接影响城市的发展，进而影响城市宜居水平的高低。

---

① Angel S. Planet of Cities[M]. Cambridge: Lincoln Institute of Land Policy, 2012.

社会经济发展是宜居城市建设的物质基础和重要保证，经济水平的不断提高可以为社会保障、基础设施建设及环境保护与治理提供充足的资金，满足城市居民对物质乃至精神方面的需求，进而影响城市宜居水平的提升。①②③④⑤因此，明确不同社会经济因素对城市宜居水平的影响程度及作用机理，对有针对性地提高长三角城市群城市宜居水平具有重要指导意义。

郭政等(2020)以 2004—2017 年长三角城市群城市宜居要素空间数据库为基础，探讨了长三角城市群城市宜居水平时空演变特征并分析其宜居水平演化的影响因素。研究结果显示在此期间长三角城市群城市宜居水平发生了明显的位序变化，尤其是处于中低水平的城市宜居水平提升较快，各城市之间宜居水平差距在不断缩小。⑥总的来看，城市宜居水平位序时间演变可以划分为以下三种类型：

平稳型，研究期内仅有上海宜居水平位序属于平稳型且一直居于城市群首位。这主要是因为上海自然地理环境及区位条件十分优越，同时又是我国最重要的经济、交通、科技、工业和金融等中心，拥有完善的基础设施和生活保障，居民生活水平高。

上升型，该类型城市宜居水平位序随时间变化呈现出波动上升态势。主要包括杭州、苏州、合肥、镇江、嘉兴、芜湖、铜陵、金华、湖州、舟山、滁州、台州、池州等 13 个城市。其中，苏州、镇江、嘉兴三市宜居水平位序提升最为

---

① 孙萍，唐莹，Robert J. Mason，张景奇.国外城市蔓延控制及对我国的启示[J].经济地理，2011，31(05)：748—753.

② 李效顺，曲福田，张绍良，汪应宏.基于国际比较与策略选择的中国城市蔓延治理[J].农业工程学报，2011，27(10)：1—10.

③ 张景奇，孙蕊.美国城市蔓延应对策略转变对中国的启示[J].经济地理，2013，33(03)：42—46.

④ 熊柴，蔡继明.我国城镇用地扩展过快吗？——基于国际比较的研究[J].河北经贸大学学报，2014，35(04)：27—33.

⑤ 焦利民，李泽慧，许刚，张博恩，董婷，谷岩岩.武汉市城市空间集聚要素的分布特征与模式[J].地理学报，2017，72(08)：1432—1443.

⑥ 郭政，姚士谋，陈爽，吴威，刘玮辰.长三角城市群城市宜居水平时空演化及影响因素[J].经济地理，2020，40(02)：79—88.

明显，分别由2004年的第8、13和14位上升至2017年的第4、8和9位。这些城市拥有较好的自然环境和区位条件，随着产业结构调整、经济快速发展及生态环境保护和民生工程的建设，城市宜居水平得到显著提升。

下降型，该类型城市宜居水平位序随时间变化呈现出波动下降状态。主要包括宁波、无锡、常州、马鞍山、南通、绍兴、安庆、扬州、泰州、盐城、宣城等11个城市。其中，绍兴、扬州和泰州3市下降最为明显，分别由2004年的第7、11和18位下降至2017年的第16、22和23位。这些城市虽然拥有良好的自然条件，但由于自身发展潜力和竞争力不足，其在长三角城市群发展过程中基础设施建设、医疗教育文化及居民生活保障等方面的相对劣势日益显现，城市宜居水平位序处于快速下降状态。

综上，长三角城市群城市宜居水平存在着明显的空间分布差异，城市宜居水平大致呈现出以上海为核心，以沿江(长江、钱塘江)城市为轴带向南北两侧递减的空间分异格局。宜居水平较高的城市大多是省会城市、交通枢纽或港口城市，宜居水平较低的城市多集中分布于城市群沿江城市的南北两侧，尤其是西北和西南地区城市，这些城市大多位于各省边远地区，受区域中心城市辐射较小，社会经济发展相对较慢，宜居水平相对较低。从城市宜居水平空间格局演变来看，上海是唯一始终处于高水平的宜居城市；杭州、苏州、南京、合肥、宁波、无锡一直在较高宜居水平城市行列；中等宜居水平城市中仅有嘉兴和南通没有发生位序变化；而较低和低水平宜居城市一直处于变化之中。总的来看，长三角城市群中等宜居水平城市数量呈现增加态势，而其他等级宜居水平城市数量总体呈现减少态势，城市宜居水平更加趋向正态分布。

以下为长三角宜居城市典型案例：

(1) 环境宜居型——杭州

杭州地处长江三角洲南翼，杭州湾西端，钱塘江下游，京杭大运河南端，是长江三角洲重要中心城市和中国东南部交通枢纽。杭州属亚热带季风性气候，四季分明，温和湿润，光照充足，雨量充沛。杭州历史悠久，曾是五代吴越国和南宋王朝两代建都地，是我国七大古都之一，近年来先后获得“国家卫生城市”“国际花园城市”“最佳人居奖”及“东方休闲之都”的美誉和奖项，这皆源于其浪漫优雅的自然环境以及和谐大气开放的人文禀赋。

① 杭州特色。杭州城市特色可以概括为四个方面：文化的品位性、景观环境的优美化、生活环境的优质性、城市功能的知识化。

② 花园式生态城市的发展思路。杭州境内群山起伏、丘陵连绵，城区在西湖之东，形成“城景相连”“三面环山一面城”的独特秀丽的城景格局。江河湖泊交融的先天环境优势则是杭州建设生态城市的优越条件和基础。深厚的文化底蕴和发达的经济基础也为生态城市的建设创造了条件。因此，杭州首先树立并实施生态城市的发展战略，制定杭州城市自然景观维护、环境保护和生态系统可持续发展计划；同时根据生态城市的战略目标构建以绿色环保产业为支柱的经济结构，优化城市功能布局，发展大容量的公共交通系统，加强节能技术和环保技术的推广和应用。这种花园式生态城市的发展思路为城市宜居性建设打下了良好的基础。

③ “住在杭州”品牌塑造。杭州市以“构筑大都市，建设新天堂”为目标，大规模建设基础设施，调整城市产业结构，组织旧城改造，推进“蓝天、碧水、绿色、清静”的城市环境改善战略，实施安居工程，树立“住在杭州”品牌，营造优美人居环境。杭州主要围绕西湖进行城市空间布局和环境治理。2001年底实施的西湖保护工程，使西湖整体环境质量得到改善，居民生活条件和宜居环境得到明显改善。西湖的免费开放，本着“还湖于民”的宗旨，实现了公共效应和社会效应的最大化和优化，也倒逼着政府去完善城市环境管理体系。2009 年，杭州成立西湖风景名胜区管理委员会，将风景区内所有的街道、社区和农村整合交由管委会托管，进行西湖的自然、人文、历史等多重价值综合保护利用，打造以“江、湖、河、海、溪”五水并存的城市水系为重心的城市空间布局，优化了城市自然环境和人文环境，提升了杭州的城市生活品质。①

④ 最具安全感的城市。2001 年，国家公安部在全国 4 个直辖市和 26 个省会城市针对当地社会治安状况、群众对公安机关、公安工作及民警服务态度的总体形象等八个方面进行随机问卷调查，结果显示杭州市为中国最具有安全感的城市之一。事实上，杭州在城市安全方面所做的工作的确能让人信服。其中，计算机信息系统的建设和应用已经深入杭州警方的各个领

---

① 李二玲.杭州宜居城市的典范[J].旅游纵览(行业版)，2011(02)：6—7.

域，走在了全国先进行列；安全警示标志图文并茂，在杭州城内的各个角落均可看见，日复一日向居民灌输着安全防范意识；社区警务状况推行良好，以社区警察、协警、保安、治安志愿者为主体的群防群治队伍共同致力营造“治安天堂”。

⑤ 城市文化。杭州在合理构建城市空间环境，尊重、保护和延续城市文化精髓的前提下，赋予城市空间丰富的历史文化意蕴，与体现时代特色的礼仪、时尚规范相融合，使二者交融、融合，赋予城市空间新的活力。同时，充分发掘城市文化底质中的合理内核，塑造完美人格，提高其适应现实能力，造就出一代具有新的文化思维模式和心理特征的现代市民。杭州城市文化建设要充分发挥杭州人主柔、重情、善思、尚文、重教、爱美的优点，继承与扬弃审美人格与诗意栖居的生存方式，塑造既柔且刚、刚柔相济，以柔的面貌展现自己，以刚的精神自律自强的新一代市民。以社会进步与发展的视角反思缺憾，勇于正视、改造和剔除城市文化底质中陈旧落后的成分，赋予其新的形态与内涵。将宋元时期形成的带有市井文化色彩的坊巷文化改造为具有市民文化色彩的现代社区文化；将旧的重商观念与消费观念改造为新型的具有现代市场经济特点的契约观念和消费观念所构成的商业文化；将旧的享乐观与消闲观改造为知识性、趣味性、科学性、人文性相结合的高尚的休闲文化。

(2) 社会宜居型——上海

上海作为中国经济最发达的城市，在向后工业社会和信息社会迈进过程中正在形成一种稳定的新城市形态与新城市文化。[①]2002 年，上海获得联合国颁发的“城市可持续发展贡献奖”，2005 年，获联合国经济与社会事务部颁发的“城市信息建设杰出贡献奖”，并在国内最大的在线服务公司携程旅行网评选的“到达人气最旺目的地城市”、《商务周刊》与零点公司评选的“国内十大宜居城市”评选中均位列第一。

上海宜居城市建设的主要成就集中在社会宜居方面。

① 城市宜居性建设发展契机——世博会。2010 年，上海世博会的主题是“城市，让生活更美好”，这更给本来就重视城市生活质量的上海提供了一

---

① 高峰.宜居城市理论与实践研究[D].兰州：兰州大学，2006.

个发展城市宜居性的契机。在同济大学提出的相关规划方案中，从“平、缓、特”的交通规划、强调“正生态和快乐生态”的生态系统规划、“叠合城市”的地下空间规划，到完善的安全体系规划、信息交流规划都围绕着“城市，让生活更美好”的主题进行，力图向全世界展现一个高水准的生活环境。同时，科技的创新、环境的优化、交通的改善都给上海的宜居城市建设带来了强大的动力。

② 生态型城市的规划建设方向。追求人和自然的高度协调，建设生态城市是上海城市规划的方向之一。通过高水平建设市域绿地系统，高标准推进污染治理，构建符合上海特点的城市生态景观；加强自然资源保护和生态功能区建设，保障上海城市生态安全；大力发展循环经济，减少经济社会发展对资源和环境的压力等措施使上海不断地向生态城市的目标迈进。

③ 居住区规划。上海是一个多元文化的城市。社会阶层、消费群体的多样性以及由此产生的生活方式的多样性导致了生活水平和生活形式的多样性。因此，运用住宅设计的新理论、新思路、新方法，提高居住环境质量和生活服务设施水平。从某种意义上说，以住房为载体的个性化居住区的设计与建设，满足了现代社会发展“格式化”的需要。它不仅成为展示海派城市文化魅力的窗口，也成为上海宜居城市建设的鲜明特色。

④ 园林绿地建设。近年的公园绿地设计引进了大量境外景观设计公司的参与，这给上海的园林设计界带来了新的思路和手法，在曲线构图、水面设计、地形结合设计等方面的大量不同手法的运用使得上海市公园绿地生机勃勃，各具特色。同时，新的绿地建设思路更多地关注功能使用、人性空间和文化内涵。环城绿地的规划强调“以人为本”和“可持续发展”的原则，贯彻“生态建设、生态种植、生态养护”的指导思想，紧扣“回归自然”的主题和时代特征，寻求生态、社会、经济三大效益的最佳结合点，使环城绿地带规划成为一个生态系统平衡，郊野特色鲜明，集“园林外貌，农林业内容”于一体的生态绿带，达到以林养林、以林养人的目标，并实现生态、生产、生活相结合。

⑤ 海派城市文化魅力。上海作为中国经济最发达的城市，已经在向后工业社会和信息社会演进，新的城市形态与新的城市文化正在趋向稳定和固化。上海是有着浓郁东方文化根基的都市，在海派文化形成与发展的几

十年中,一直遵循着一种自觉的追求,用以表现对某一传统场所精神的尊重。海派文化源于西方文化对东方文化强制性侵入,然而这种充满矛盾的传统与现代的共存,使得上海成为多种文化汇聚的结合点。海派文化是指在同一场所不同时代特征、不同地理视野、不同审美追求的文化形式融合共存。海乃“海纳百川”之喻义,上海作为西学东渐和中国近代新文化的发祥地,海派文化既有多样又兼容、敏感又合时宜、实效又富于创新的特性,还沿承了吴越文化对生活理解的细腻。它本质上是多样并立、卓尔不群的,正如罗小未先生精辟地概括:海派文化的生成不仅仅是东西方文化的融合,其更深层内涵是它的边缘文化的气质。

第 3 章　宜居城市评价的指标体系

3.1　国内外城市宜居指标体系构建

3.1.1　国外宜居城市指标构建

1961 年，世界卫生组织提出了居住环境的基本准则，即人类的基本生活应具有安全性、健康性、便利性和舒适性。[①]该准则提供了居住环境评价的基本指标，也是后续学者进行宜居城市评价指标体系构建的重要参照。

1974 年，大卫・史密斯在其著作《宜居与城市规划》中，倡导宜居的重要性，并提出评价城市宜居性的三个指标：一是公共卫生和污染问题，二是舒适性和生活环境，三是历史建筑和自然环境。[②]1995 年，Knox 对人们居住和生活环境中的美学、可达性和流通性、噪音、邻里、安全、令人烦恼的事情等 6 类影响因素进行评价。[③]1998 年，Gideon E.D. Omuta 就尼日利亚南部城市贝宁城的社区生活质量，提出住房、教育、就业、负面事件、公共设施及服务、经济社会因素等六大城市宜居性评价指标，其中经济社会因素主要包括社会经济发展水平、人口规模及结构、医疗教育、卫生发展状况等。[④]2015 年，

---

① 白丹.宜居城市园林规划设计理论与方法研究[D].北京：北京林业大学，2010.

② 杨敏.城市宜居性研究与评价[D].重庆：重庆师范大学，2012.

③ Paul L. Knox, Steven Pinch. Urban Social Geography[M]. London: London Scientific, Technical, 1995.

④ Gideon E.D. Omuta. The Quality of Urban Life and the Perception of Livability: A Case Study of Neighbourhoods in Benin City, Nigeria[J]. Social Indicators Research, 1988, 20(4).

新加坡国立大学提出的主要评价指标包括环境优美、生活舒适、社会安全、文明进步、经济和谐等。[①]2022 年，经济学人智库(EIU)进行了更加完整、详细的研究，宜居指数依据五大指标，即稳定性、医疗保健、文化与环境、教育和基础设施的 30 多个定性和定量因素为每个城市进行评级，旨在评估全球各地城市的生活条件优劣。2022 年，美国退休人员协会(AARP)利用了"AARP 宜居指数工具(AARP Livability Index Tool)"，通过"宜居性的七个方面"来考察各地，包括住房、邻里、交通、环境、机会、健康和参与，对美国 20 万个社区的 61 个不同指标进行了衡量。

国外各评价体系的提出和引入为中国宜居城市建设奠定了基础。

表 3.1　相关部门和部分学者建立指标体系中的一级指标

指标体系名称	指标体系内容
世界最佳居住城市评选指标体系	5 个大项，共 30 多个定性指标。5 大项包括社会安全指数、医疗服务、文化与环境、教育和城市基础设施。 均为定性指标(分为可接受、可容忍、不舒适、令人讨厌和无法忍受)。
大温哥华区宜居区域战略规划指标体系	4 项基本策略组成，29 个二级指标。4 项策略即保护绿色地带、建设完善社区、实现紧凑都市和增加交通选择。 均为定量指标。
美世全球城市生活质量排名	侧重于目标城市的生活质量与基准城市的对比，包括政治与社会环境、经济环境、社会文化环境、医疗和卫生情况、学校和教育、公共服务和交通、娱乐、消费品、住房、自然环境。 包括定性及定量评价的混合指标。
联合国人居环境奖评价指标体系	8 个一级指标，53 个二级指标，包括改善居住环境带来的影响、合作关系、可持续发展、领导能力和社区作用、男女平等和社会包容、创新及其可传播性。 包括定性及定量评价的混合指标。
经济学人智库	5 个指标，30 多个因子，包括稳定性、医疗保健、文化与环境、教育、基础设施。
美国退休人员协会(AARP)	7 个指标，61 个因子，分别为住房、邻里、交通、环境、机会、健康和参与。

① 吴琳.宜居城市管理[M].北京：人民出版社，2007：35—37.

（续表）

指标体系名称	指标体系内容
新加坡国立大学	5 个指标，分别为环境优美、生活舒适、社会安全、文明进步、经济和谐。
约翰斯坦，1973	3 个指标，分别为人类以外的环境要素、人与人之间的环境要素、居住区位置。
大卫·史密斯，1974	3 个指标，分别为公共卫生和污染问题、舒适和生活环境美、历史建筑和优美的自然环境。
Knox，1995	6 个指标，分别为美学、通达性、噪声、邻里、安全、令人烦恼的事情。
Gideon E.D. Omuta，1998	6 个指标，分别为住房、教育、就业、负面事件、公共设施及服务、经济社会因素。
Asami，2001	5 个指标，分别为安全性、舒适性、便利性、健康性、可持续性。①

3.1.2　国内宜居城市指标构建

我国关于城市宜居性的研究工作相对滞后。直到 20 世纪 90 年代之后，人居环境与可持续发展思想才得以提出，但发展较快，目前已有不少机构和学者建立了多方面的宜居城市评价标准。

1999 年，宁越敏选取居住条件、生态环境质量和基础设施与公共服务设施 3 个大类评价指标以及 19 个单项因子对上海中心城市人居环境进行了定量评价。②2004 年，周志田从城市经济发展水平、经济发展潜力、社会安全保障条件、生态环境水平、市民生活质量水平和市民生活便捷程度 6 个方面，选取经济发展潜力指数、生态环境指数等 18 个具体指标对我国 50 个主要城市的宜居性水平进行详细分析和测算排序。③2006 年，中国城

① Asami Y. Residential Environment: Methods and Theory for Evaluation[M]. Tokyo: University of Tokyo Press, 2001.

② 宁越敏，查志强.大都市人居环境评价和优化研究——以上海市为例[J].城市规划，1999(06):14—19+63.

③ 周志田，王海燕，杨多贵.中国适宜人居城市研究与评价[J].中国人口·资源与环境，2004(01):29—32.

市科学研究会发布《宜居城市科学评价标准》，将社会文明度、经济富裕度等六项指标定为宜居城市指标体系中的一级指标，是我国第一个宜居城市的全国性评价标准。但是这一标准只作为导向性科学评价标准，而非强制性行政技术标准。同年，建设部颁布了中国人居环境奖参考指标体系，包括 14 个定量指标和 25 个定性指标。①同年，张文忠在《中国宜居城市研究报告（北京）》一书中，从居民生活和居住环境的视角出发，对城市的安全性、健康性等内容进行了研究和评价。②李丽萍认为经济繁荣、社会稳定、文化丰富、生活舒适、景观优美、公共秩序有序是宜居、宜业的城市的判定标准。③2008 年，李嘉菲将人文环境、安全环境、生活环境、经济环境、生态环境 5 项指标作为宜居性评价指标，对大连市的宜居性进行了评价。④2009 年，董晓峰基于大量统计数据，选取安全性、幸福性等 5 类指标，作为城市宜居性的评价指标。⑤2013 年，李光全认为宜居城市以环境优美、充分的就业机会、良好的社会治安为基础。⑥2016 年，住房城乡建设部公布了新版《中国人居环境奖评价指标体系》，其中包括居住环境、生态环境、社会和谐、公共安全、经济发展和资源节约 6 个一级指标以及 65 项评价因子。2016 年，《中国宜居城市研究报告》出炉，作为首部中国宜居城市评价综合研究报告，评价指标从城市安全性、交通便捷性、公共服务设施方便性、自然环境宜人性、社会人文环境舒适性和环境健康性六大维度对中国宜居城市建设进行了全方位研究。

---

① 建设部.关于修订人居环境奖申报和评选办法的通知[EB/OL]. http://www.gov.cn/gzdt/2006-05/08/content_275355.htm.

② 张文忠.宜居城市的内涵及评价指标体系探讨[J].城市规划学刊，2007(03)：30—34.

③ 李丽萍，郭宝华.关于宜居城市的几个基本问题[J].重庆工商大学学报.西部论坛，2006(03)：54—58.

④ 李嘉菲，李雪铭.城市宜居性居民满意度评价——以大连市为例[J].云南地理环境研究，2008(04)：77—83.

⑤ 董晓峰，郭成利，刘星光，刘理臣.基于统计数据的中国城市宜居性[J].兰州大学学报（自然科学版），2009，45(05)：41—47.

⑥ 李光全.温哥华为何能成为宜居城市[J].党的生活（河南），2014(3)：15.

表3.2 相关部门和部分学者建立指标体系中的一级指标

学者或部门	指标体系中一级指标
“中国城市宜居指数”——零点研究咨询集团①	3个一级指标,分别为居住空间、社区空间、公共空间;11个二级指标和33个三级指标。
《中国城市品牌价值报告》——北京国际城市发展研究院等	5个一级指标,分别为“宜居、宜业、宜学、宜商、宜游”;15个二级指标。
《中国城市生活质量报告》——北京国际城市发展研究院等	12个一级指标,分别是居民收入、消费结构、居住质量、交通状况、教育投入、社会保障、医疗卫生、生命健康、公共安全、人居环境、文化休闲、就业几率,可概括为衣、食、住、行、生、老、病、死、安、居、乐、业。
《GN中国宜居城市评价指标体系》——中国城市竞争力研究会②	7项一级指标,分别为生态环境健康指数、城市安全指数、生活便利指数、生活舒适指数、经济富裕指数、社会文明指数、城市美誉度指数;48项二级指标和74项三级指标。
宜居城市科学评价标准——建设部③	6个一级指标,分别为社会文明度、经济富裕度、环境优美度(决定性因素)、资源承载度、生活便宜度、公共安全度;29个二级指标。
《宜居社区建设评价标准》——国房人居环境研究院	从社区空间、社区环境、社区安全、社区文化、社区服务、社区管理6个方面,选取了55条社区指标标准。
中国人居环境奖评价指标体系——住房城乡建设部	6个一级指标,包括居住环境、生态环境、社会和谐、公共安全、经济发展、资源节约;65个二级指标。
宁越敏④	3个一级指标,分别为居住条件、生态环境质量和基础设施与公共服务设施;19个二级指标。
任致远⑤	城市经济发展、城市基础设施、城市社会发展、城市文化建设、城市环境质量。

① 零点咨询集团网站[EB/OL]. http://www.idataway.com.

② 王先鹏.国内宜居城市评价研究述评[J].住宅产业,2012(09):47—50.

③ 顾文选,罗亚蒙.宜居城市科学评价标准探讨[C]//2006中国科协年会9.2分会场——人居环境与宜居城市论文集,2006:23—41.

④ 宁越敏,查志强.大都市人居环境评价和优化研究——以上海市为例[J].城市规划,1999(06):14—19+63.

⑤ 任致远.关于宜居城市的拙见[J].城市发展研究,2005(04):33—36.

（续表）

学者或部门	指标体系中一级指标
周志田①	6个一级指标，分别为城市经济发展水平、经济发展潜力、社会安全保障条件、生态环境水平、市民生活质量水平和市民生活便捷程度；18个二级指标。
李丽萍②	6个一级指标，分别为经济繁荣、社会稳定、文化丰富、生活舒适、景观优美和公共秩序有序。
刘保政、汪定伟③	城市居住条件和资源条件，城市经济水平，城市社会、政治、科教文化、医疗等条件，城市基础设施，城市公共安全保障，城市生态环境。
李雪铭④	人文环境、安全环境、生活环境、经济环境、生态环境。
梁文钊⑤	城市居住条件、城市生态环境、城市经济水平、城市社会文化、城市基础设施水平。
张安明⑥	城市经济水平、城市环境状况、城市居住状况、城市保障状况、生活便捷程度。
刘云刚⑦	居住安全、居住条件、富裕程度、便利性、舒适性。
董晓峰⑧	安全度、舒适度、幸福度、便捷度、发展度。

① 周志田，王海燕，杨多贵.中国适宜人居城市研究与评价[J].中国人口·资源与环境，2004(01)：29—32.

② 李丽萍，郭宝华.关于宜居城市的理论探讨[J].城市发展研究，2006(02)：76—80.

③ 刘保政，汪定伟.宜居城市标准的复杂性与宜居城市构建研究[C]//第24届中国控制与决策会议论文集，2012：1789—1793.

④ 李嘉菲，李雪铭.城市宜居性居民满意度评价——以大连市为例[C]//中国地理学会2007年学术年会论文摘要集，2007：79.

⑤ 梁文钊，侯典安.宜居城市的主成分分析与评价[J].兰州大学学报(自然科学版)，2008(04)：51—54.

⑥ 李虹颖，张安明.宜居城市的主成分分析与评价——以重庆市主城九区为例[J].中国农学通报，2010，26(24)：322—325.

⑦ 刘云刚，周雯婷，谭宇文.日本专业主妇视角下的广州城市宜居性评价[J].地理科学，2010，30(01)：39—44.

⑧ 董晓峰，刘星光，刘理臣.兰州市城市宜居性的参与式评价[J].干旱区地理，2010，33(01)：125—129.

（续表）

学者或部门	指标体系中一级指标
郝之颖①	城市经济、城市建设、社会环境。
张文忠②③	客观评价：安全性、健康性、方便性、便捷性、舒适性；主观评价：安全满意度、环境满意度、设施满意度、出行满意度、舒适满意度。
尹　罡④	经济因子、社会因子、环境因子。
谢华生⑤	社会安定和谐、经济优化增长、基础设施完善、生态环境优美、科学文化繁荣。
罗新阳⑥	经济富裕度、资源环境协调度、基础设施完善度、社会文明度。

3.1.3　指标构建体系总结

综观国内外机构和研究学者构建的指标体系中的一级指标，可以发现关注维度主要集中在以下方面：

（1）安全维度。安全是宜居城市的前提，主要包括工作、游憩、幸福度等。

（2）生活便捷度。这是与市民关系最密切、也最符合人本主义理念的方面，主要包括舒适、便捷、健康、居住空间、基础设施等方面。

（3）经济维度。经济是建设宜居城市的重要基础，一个发达的经济体可以提供更多的资金来改善基础设施、城市环境和发展科教文卫事业。它主要包括城市经济发展与居民富裕两个方面。

（4）社会文化维度。城市的社会文化水平关系到市民生活质量的提高，

---

① 郝之颖.对宜居城市建设的思考——从国际宜居城市竞赛谈宜居城市建设实践[J].国外城市规划，2006(02)：75—81.

② 张文忠.城市内部居住环境评价的指标体系和方法[J].地理科学，2007(01)：17—23.

③ 张文忠.宜居城市的内涵及评价指标体系探讨[J].城市规划学刊，2007(03)：30—34.

④ 尹罡.可持续发展理念下的宜居城市建设[J].资源与人居环境，2007(10)：30—33.

⑤ 谢华生，冯真真，樊在义，闫佩，李燃.天津市生态宜居城市指标体系及实现对策研究[J].天津经济，2011(02)：12—15.

⑥ 罗新阳.城市生态系统视阈下的宜居城市建设[J].未来与发展，2011，34(07)：2—7+27.

因此宜居城市的评价必不可少。主要包括社会文明、社会和谐、教科文卫发展等。

(5) 环境维度。环境状况直接影响居民的生活质量和城市形象。它主要包括环境优美、资源承载等。

需要特别指出的是,对城市进行宜居度评价时不能只套用某一评价标准,因为不同城市的自然和人文特征都有很大区别,城市居民的年龄、性别、职业以及收入状况也都存在差异。此外,在宜居城市的建设中,要注意“因城制宜”,不能只遵循一个标准。要根据城市自身的特点,建设具有特色的宜居城市。

3.2 评价方法与模型

3.2.1 层次分析法

层次分析法(AHP)①是一种将与决策对象相关的要素分解为目标、准则、方案等多个层次,并在此基础上分别进行定性和定量分析的方法。其特点是使用较少的定量信息,使决策的思维过程数学化,深入分析复杂决策问题的影响因素、性质和内在关系,从而为复杂的决策问题提供一种简单的决策方法。

(1) 层次分析法的基本步骤

第一步,问题概念化,找出研究对象所涉及的主要因素,理清规划决策所涉及的范围、实现目标的准则、策略和各种约束条件以及所要采取的措施等。

第二步,分析各因素的关联、隶属关系,构造系统的递阶层次结构。

第三步,对同一层次的各因素关于上一层次中某一准则的重要性进行两两比较,构造判断矩阵。

第四步,由判断矩阵计算被比较因素对上一层次该准则的相对权重,并进行一致性检验。

第五步,计算各层次因素相对于最高层次,即系统目标的合成权重,进

---

① 徐建华.现代地理学中的数学方法[M].北京:高等教育出版社,2002.

行层次总排序,并进行一致性检验。

(2) 在宜居城市评价中的应用

在城市宜居性评价中,层次分析法被广泛地应用于不同尺度的人居环境评价研究,主要用于确定不同指标的权重。

董晓峰在其硕士论文中曾用其开展城市形象评价研究,其专著《城市形象建设理论与实践:新世纪兰州》[①]及论文《城市形象现状评价系统与实践》中对该方法进行了实证研究。

李雪铭(2001、2006)采用这种方法评价了大连市城市居住环境质量和归属感权重。首先,以调查问卷的形式对大连市的居住小区进行调查获取数据;其次,充分考虑评价因子的代表性和多层次性的特点,选取 5 项一级指标和 25 个单项指标建立评价指标体系;最后,采用层次分析法确定各评价因子的权重,对大连市居住小区的归属感进行初步评价。[②]

赵双等(2010)运用层次分析法对开封市生态城市的建设情况进行评价,并从城市管理、基础设施、环保教育等方面提出了政策性的建议。[③]

3.2.2　熵值法

熵泛指某些物质系统状态的一种量度,某些物质系统状态可能出现的程度。1948 年,香农将统计物理中熵的概念,引用到信息通信过程中,开创信息论学科。而熵值法则是熵应用在系统论中的信息管理方法。信息量越小,不确定性越大,熵越大;信息量越大,不确定性越小,熵越小。因此,熵值法可用来判断一个事件的随机性和无序程度,以及一个指标的离散程度。离散程度越小,则该指标对综合评价的影响越小;离散程度越大,对综合评价的影响越大。因此,可根据各指标的离散程度,利用熵值法,计算出各个指标的权重,为综合评价提供有力的依据。

---

① 董晓峰,李祥源等.城市形象建设理论与实践:新世纪兰州[M].兰州:兰州大学出版社,2002.

② 李雪铭,刘巍巍.城市居住小区环境归属感评价——以大连市为例[J].地理研究,2006(05):785—791.

③ 赵双,高建华.基于 AHP 方法的开封市生态城市评价与建设研究[J].河南科学,2010,28(06):748—751.

熵值法详尽步骤如下：

第一，构建数据矩阵：

$$X=(x_{ij})_{m\times n},\ (i=1,\ 2,\ \cdots,\ m,\ j=1,\ 2,\ \cdots,\ n)$$

其中，n 表示指标个数，m 表示该指标下所有样本数据量。

第二，样本数据标准化：

首先，需要对指标评估结果进行标准化计算，其中越小越优指标计算公式如下：

$$x'_{ij}=\max(x_{ij})-x_{ij}$$

越大越优指标计算公式如下：

$$x'_{ij}=x_{ij}-\min(x_{ij})$$

某点(a)最优指标计算公式如下：

$$x'_{ij}=1-\frac{|x_{ij}-a|}{\max|x_{ij}-a|}$$

之后，为了对指标数据进行统一，需对原始数据进行标准化处理，公式如下：

$$x''_{ij}=\frac{x'_{ij}-\min(x'_{ij})}{\max(x'_{ij})-\min(x'_{ij})}$$

数据在进行标准化处理后，会出现指标数据为零，但计算熵值的时候需要取对数，这样会使得计算没有意义，所以需要对标准化的数据进行整体平移。即进行非负化处理：

$$x''_{ij}=x''_{ij}+0.000\ 01$$

指标正向化后，进行无量纲化处理，把各指标统一为无量纲单位，具体如下：

$$p_{ij}=\frac{x''_{ij}}{\sum_{i=1}^{m}x''_{ij}},\ (i=1,\ 2,\ \cdots,\ m,\ j=1,\ 2,\ \cdots,\ n)$$

第三，计算第 j 项指标的信息熵值及差异系数：

$$E_j = -\frac{\sum_{i=1}^{m} p_{ij} \ln p_{ij}}{\ln m}, \ 0 \leqslant E_j \leqslant 1$$

$$g_i = 1 - E_j$$

信息熵值越小,则差异系数越大,表示该指标在综合评价中所起作用越大,重要性越大。

第四,计算城市指标权重:

$$w_{ij} = \frac{g_i}{\sum_{j=1}^{n} g_i}$$

第五,计算单项指标得分:

$$S_{ij} = w_{ij} p_{ij}$$

计算综合指标得分:

$$S_i = \sum_{j=1}^{n} w_j p_{ij}$$

第六,计算城市 i 各指标宜居指数 L_{ij}:

$$L_{ij} = w_{ij} \left(\frac{S_{ij}}{100}\right)$$

可得到权重向量为 $w=(w_1, w_2, \cdots, w_n)^{\mathrm{T}}$,其中 $w_j \leqslant 0$,且 $\sum_{j=1}^{n} w_j = 1$。

王坤鹏(2010)从自然、人文、经济三个层面构建评价指标体系,运用熵值法对 2009 年北京、天津、上海和重庆等城市人居环境宜居度进行定量评价与比较分析。[①]

张拓宇、周婧博(2014)选取 2013 年地区生产总值排名前 30 位的中心城市,基于城市经济、城建、民生、环境等方面指标运用熵值法对城市宜居水平

① 王坤鹏.城市人居环境宜居度评价——来自我国四大直辖市的对比与分析[J].经济地理,2010, 30(12):1992—1997.

进行了分析,探讨了中心城市生态文明建设的共性问题及不同城市间的个性差异。①

朱家明等(2019)针对宜居城市的排名,将熵值法和模糊综合评价法相结合,建立宜居城市综合评价模型,结合淮海经济区八个城市相关数据,给出宜居程度排名结果,同时就徐州市给出如何更好建设宜居城市的建议。②

3.2.3 预警分析法

预警指对某一警素的现状和未来进行测度,预报不正常状态的时空范围和危害程度并提出防范措施,即预警是度量某种状态偏离预警线的强弱程度,发出预警信号的过程。

(1) 预警分析步骤

预警分析过程与步骤主要包括明确警义、寻找警源、分析警兆、预报警度和排除隐患的完整过程。

(2) 在城市宜居性评价中的应用

预警方法由于其超前性,在经济、防灾以及城市可持续发展研究等方面应用极为广泛。在城市宜居性评价中,预警方法主要用于城市人居环境研究,尤其在城市生态系统安全方面较为突出。

陈军飞、王慧敏(2005)借鉴预警的理论和思想,将预警引入城市生态系统可持续发展的研究中,探讨城市生态系统诊断预警的内涵及内容,构建了城市生态系统诊断预警指标体系及结构体系,为实施城市生态系统诊断预警的研究提供了框架基础,使城市生态系统可持续发展问题的研究从评价走向了预警。③

李娜(2006)采用预警原理,运用人工神经网络方法对兰州市城市人居环境各系统进行了预警研究,在预警分析的基础上,对兰州市城市人居环境可持续发展建设提出了几点优化建议,从而为城市规划、土地评价、景观规

① 张拓宇,周婧博.基于熵值法的中心城市宜居水平研究[J].未来与发展,2014, 38(09):52—57.

② 朱家明,胡榴榴,王杨,胡逸群,李春忠.基于熵值—模糊综合评价法的宜居城市排名研究[J].中央民族大学学报(自然科学版),2019, 28(03):42—47.

③ 陈军飞,王慧敏.城市生态系统诊断预警体系研究[J].城市问题,2005(06):7—12.

划、房地产开发等部门提供新的决策支持。

在人居环境宜居研究中，城市可持续发展的评价方法种类多样，一般都是对现状的描述，纵向比较较为简单。而预警研究对可持续发展度的评价，不仅从评价的角度进行了综合发展水平和协调度的研究，更重要的是提出了人居环境系统预警的思想，具有超前性，使可持续发展评价研究层次更加深入。

3.2.4　空间分析技术方法

遥感和地理信息系统（GIS）技术的快速发展，使得空间分析技术在城市研究中应用范围越来越广，特别是栅格数字模拟技术已成为研究城市问题的有效手段。

（1）主要特点

GIS 空间分析是指在地理信息系统里实现分析空间数据，从空间数据中获取有关地理对象的空间位置、分布、形态、形成和演变等信息并进行分析。主要包括缓冲区分析、叠加分析、路径分析、统计分类分析等内容。从技术方法上，又可将 GIS 空间分析分为两大类，即基于矢量数据的空间分析和基于栅格数据的空间分析。①

在城市宜居性研究中，借助地理信息系统（GIS）提取实时的客观数据，结合居民主观调查，利用 GIS 强大的空间分析功能，将主客观数据结合起来，是宜居性评价探寻的一种新思路、新方法。

（2）在宜居城市评价中的应用

张文忠（2006）在北京宜居性评价研究中主要采用主观评价和客观评价相结合的研究方法，运用社会调查问卷获取主观数据，客观数据通过 GIS 栅格数据提取。社会问卷调查主要是对城市宜居性满意度的调查。在问卷调查分析时可能出现一些难以解释的结果，结论可能有失客观性，而通过对客观数据的分析可以对主观评价加以修正，使评价结果更客观、公正。②

---

① 张超.地理信息系统实习教程[M].北京：高等教育出版社，2000.

② 张文忠，尹卫红，张景秋等.中国宜居城市研究报告[M].北京：社会科学文献出版社，2006：5—38.

在提取客观数据时，依托各类要素集成的北京数字城市要素平台，获得北京市行政区划、自然地理要素、土地利用、人口分布、道路交通、商业、医疗、文教与娱乐设施、公安和派出所等GIS以及北京市遥感影像资料。由于不同要素的数据来源不同，空间形态也存在差异。通过地理信息系统，采用空间分析技术，最终使各类客观数据与问卷调查数据评价单元一致。

GIS空间分析方法对空间数据的运算和分析是修正主观数据主观性过强，弥补统计数据缺乏人性化的一种有效工具。该方法的最大特色就是将评价对象的信息落实到了地域空间上，在对微观层面的城市居住区宜居性评价中尤为适用。

3.2.5 生态位方法

人居生态位体现了人与居住环境的相互关系，即通过环境因子来刻画人的特征（环境决定人的心理特征和生理特征等），从而可以通过人居生态位理论来研究人与居住环境之间的相互关系。[①]人类对环境因子都有一个适宜度阈值，如气温、空气中的含氧量以及人的心理对来自社会的各种压力的承受能力等等，人对它们都有一定的适宜范围。如果各居住环境因子处于这个范围值之外，人就不能正常生活。其人居生态位就会与适宜的生态位差距拉大。人居生态位是用来研究人类聚居环境适宜度的，或者说可以利用人居生态位对人的居住环境质量（宜人性）进行分类和比较研究从而可以利用人居生态位理论对城市宜居环境质量进行评价，“n 维超体积”的定义为人居环境质量的定量评价提供了一种新的研究方法。

陈胜在2004年硕士学位论文《生态位理论在城市人居环境质量评价中的应用》中就专门探讨了该方法在城市人居环境评价中的应用。

3.2.6 价值评价方法

宜居城市的评价中对具体城市宜居建设项目的效益评价向来是一个难点，下面的几个价值评价方法引自浅见泰司《居住环境评价方法与理论》一书，以居住环境为例来加以阐释，希冀能为城市宜居项目效益的评价提供新

---

① 吴鼎福.人口的生态位与生态现范[J].南京师大学报（社会科学版），1995(03)：22—27.

的思路。

(1) 直接支出法(DEM)

当居住环境恶化时,居民或企业为了减少恶化的影响会增加一定的支出,对增加的支出进行评价的方法称为直接支出法(Direct Expenditure Method, DEM)。根据实际的支出原因,其又分为预防支出法(Aversive Expenditure Method, AEM)和再生费用法(Eplacement Cost Method, RCMr)。并且因环境变化的阶段不同,选择的阶段替代产品在实际应用中有所变动。

(2) 消费者剩余法(CSM)

消费者剩余指的是人们愿意为某种产品付出的最大代价的总和与实际上购买该种产品所支付的价格总和之差。一个宜居项目实施成功与否与其生成的直接效益密切相关,消费者剩余法实际上评价的就是消费者的心理承受价与市场价的相差空间。当然,成功的宜居项目既可以通过提高居民的心理承受价格,亦可以通过相关政策的实施,调控市场价格。

(3) 假想市场评价法(CVM)

假想市场评价法是通过问卷调查直接向产品的直接受益者询问愿付价格(willingness to pay, WTP)或愿得价格(willingness to accept, WTA)的方法。大体来说,假想市场评价法通常采用自由回答方式、价格博弈方式、价格选择方式、正反选择方式四种方式,不论哪种方式,都容易受到各种因素的影响。其更适用于被评价的对象比较特殊的情况。

郭剑英、王乃昂在论文《敦煌旅游资源非使用价值评估》中,探讨了该方法的应用。

3.2.7 数据包络分析模型

数据包络分析(Data Envelopment Analysis, DEA)是由著名运筹学家Charnes, Cooper和Rhodes于1978年提出的,是一种常用的非参数效率评估方法。该方法的核心是借助数理方法,计算比较具有相同类型的决策单元(Decision Making Unit, DMU)之间的相对效率;通过比较决策单元偏离前沿面的程度,来判断衡量其是否有效,从而更好地对研究对象进行综合评价。

数据包络分析法在评估组织或个体方面具有先天优越性,主要有以下优势:第一,能够考虑多种输入输出指标,因此能够更全面地衡量组织或个体的效率;第二,能够对规模效应进行调整,因此能够公平地评估不同规模的组织或个体;第三,无需预先确定生产函数,能有效避免参数选择与函数模拟的困境。数据包络分析法的这一系列优点,使其在不同领域、产业都被广泛运用,并且很大程度提高了评价结果的科学性与客观性。

运用 DEA 方法对经济实体进行有效性评价的方式,丰富了经济学理论中的生产函数理论,扩展了该理论的应用范围。DEA 方法的效率评价对象可以是某个区域在不同时间结点上的输入和输出状态组成的决策单元,也可以是多个区域在同一时间结点上组成的决策单元集合。

对于城市宜居性建设的绩效评价也可以采用数据包络分析(DEA)方法,就如汤宇曦、樊宏(2007)在《基于 DEA 方法的东莞市和谐社会发展情况分析研究(1996—2005 年)》一文中所做的尝试一样。①周海霞(2011)采用 DEA 模型,从投入产出的角度对天津生态宜居城市建设能力的相对有效性进行了评价,并针对天津市存在的不足提出了对策建议。②

DEA 模型对城市宜居性的发展状况评价有同样的作用,它的优点在于不用考虑各类数据的量纲影响。

用 DEA 衡量效率可以清晰地说明投入和产出的组合,比一套经营比率或利润指标更具有综合性并且更值得信赖。③其实质就是通过投入产出的对比,来进行各类投入的效应分析,评价城市发展某一阶段的实际工作成效,从而达到排除低效,走高效之路的目的。具体应用到评价城市宜居性建设效益,这种方法更具有实际意义,可以排除低效的实施方向,利于抓住不同城市宜居性建设的重点。

---

① 汤宇曦,樊宏.基于 DEA 方法的东莞市和谐社会发展情况分析研究(1996—2005 年)[J].五邑大学学报(自然科学版),2007(03):60—64.

② 周海霞.基于 DEA 方法的天津市生态宜居城市建设能力评价研究[D].天津:天津大学,2012.

③ 魏权龄.数据包络分析[M].北京:科学出版社,2004.

第4章　长三角城市宜居指标体系设计

4.1　新时期长三角城市宜居指标选取的基本理念

4.1.1　长三角高质量发展阶段新要求

改革开放四十多年以来，中国的经济一直保持高速稳步增长，但在取得了举世瞩目成就的同时，区域经济发展不平衡、城乡收入不平衡、产业发展不平衡等一系列问题也逐渐暴露出来。这也迫使我们经济的发展需逐渐从“以量取胜”向“以质取胜”过渡，高质量发展成为我国经济社会最新前进方向，正如党的十九大报告中作出的重大战略判断，中国经济已由高速增长阶段转向高质量发展阶段。①

党的十九大以来，关于高质量发展的内涵、评价体系、实现路径等的研究成为重要议题。②高质量发展是为适应社会主要矛盾变化而提出的，以满足人民日益增长的美好生活需求为目标的公平、高效率和绿色可持续的发展。不同学者对高质量发展的内涵存在不同的理解，构建的评价指标体系也并不统一，但都遵循着“创新、协调、绿色、开放、共享”的五大新发展理念。

---

① 张军扩，侯永志，刘培林，何建武，卓贤.高质量发展的目标要求和战略路径[J].管理世界，2019，35(07)：1—7.

② 马茹，罗晖，王宏伟，王铁成.中国区域经济高质量发展评价指标体系及测度研究[J].中国软科学，2019(07)：60—67.

高质量发展是一种新型的发展理念和战略，其实质是经济的高质量发展，注重经济发展的质量，不再一味地追求经济效益，而是在坚持全面的绿色可持续发展的同时兼顾人民追求高质量生活的要求。

十九大报告指出，我国经济正处在转变发展方式、优化经济结构、转换增长动力的攻关期，想要促进我国产业迈向全球价值链中高端，推进区域一体化是最核心的内容。

2018 年 12 月 19 日的中央经济工作会议确定，要推动京津冀、粤港澳大湾区、长三角地区成为引领高质量发展的重要动力源。①2019 年 3 月 5 日，国务院政府工作报告中针对长三角地区的高质量发展提出明确指示：将长三角区域一体化发展上升为国家战略。随后 2019 年 12 月 1 日《长江三角洲区域一体化发展规划纲要》正式印发，明确指出将长三角地区定位为全国高质量发展样板区，“点上发力，带动区域联动”，通过推动长三角地区的高质量发展，带动全国高质量发展的新格局。此纲要将长三角的范围扩大至苏浙沪皖全域，并提出了以上海市等 27 个城市为中心区，辐射带动长三角一体化高质量发展的战略目标，明确了长三角“一极三区一高地”的战略布局。②

发展行动的先导是发展理念，只有确立了正确的发展理念，发展才会具有方向和思路。党的十八届五中全会上提出了“创新、协调、绿色、开放、共享”五大新发展理念，这是经济高质量发展的参照标准，也是评价长三角城市高质量发展的理论依据。

(1) 创新发展

科学技术是第一生产力。科技创新能力是可持续发展的根本驱动力，对长三角地区科技创新水平进行客观评价对于推动经济高质量发展具有重要意义。打造创新发展新高地需要提升整体创新发展水平，引入高水平创新科研机构，并为其营造良好的创新工作环境。因此针对此理念，可从创新发展的投入、产出和可持续性这三个维度来进行衡量，投入水平是科技创新

① 任保平，文丰安.新时代中国高质量发展的判断标准、决定因素与实现途径[J].改革，2018(04)：5—16.

② 陈雯，孙伟，刘崇刚，刘伟.长三角区域一体化与高质量发展[J].经济地理，2021，41(10)：127—134.

的保障，产出代表了当前科研创新水平，而可持续性则体现了其发展的动力。

（2）协调发展

区域高质量发展是需要整个区域内部与外部协同平衡的，但一个地区经济是否协调发展，这很难通过指标来分析评判。根据长三角地区“共建共享”的建设原则，本着以人民为中心的发展思想，此理念可根据民生保障工作方针，从城乡统筹建设方面来选取评定标准，以此将这一抽象概念具象化到指标，如共享发展的成果情况，人民群众的安全感、幸福感和社会参与感等。

（3）绿色发展

绿色生态环境是经济发展的基础，2019 年 11 月 19 日，国家发改委发布了《长三角生态绿色一体化发展示范区总体方案》，这是我国第一次跨省建立的以经济社会的全面高质量发展为目标的一体化发展示范区[①]，以此践行新发展理念，推动高质量发展的政策制度与方式创新，将生态优势转化为经济和发展优势。方案将生态保护和修复放在最优先的位置，坚持绿色发展，从而统筹生态、生产和生活三大空间格局，探索生态友好型高质量发展模式。

绿色生态和宜居是紧密相连的，只有做好生态环境的保护和建设，才能塑造出高品质的宜居宜业宜游的人居空间，具体可分为三方面：生态治理、绿色经济和绿色宜居。我国目前的资源环境承载力已逼近极限，过去高投入高消耗的发展方式同时也导致了高污染。示范区建设的基本目标和原则就是生态环境综合治理，这之中就包含了水资源管理、生态空间管控和固体废物治理等多个内容。依托长三角现有文化及物质资源，可将科技、人文、农业等元素融合，培育出新型绿色产业，并加强新能源的应用，培育绿色新动能，提升绿色经济发展的质量。从绿色宜居的角度出发，可打造江南水乡文化品牌，建设美丽宜居的乡村环境，推动人文与自然的融合，加强自然资源的规划与保护，打造绿色提举新高地。因此，在衡量绿色宜居水平方面，

---

① 沈周明，宁自军，刘利，陈洪波.长三角生态绿色一体化发展示范区高质量发展评价报告[J].统计科学与实践，2021(05)：4—8.

可通过城市文化建设水平、自然资源保护水平及公共基础设施服务保障水平等，来评定自然物质环境与社会人文环境是否有机结合，以及城市的人居环境是否健康和谐。

（4）开放发展

开放发展注重的就是城市的内外联动，这不仅是指国内市场城市与城市间的联动，同时也需要国际互通与合作。只有充分发挥城市本身的优势，同时又利用好国际国内市场间的配合，才能做到互利共赢，共享高质量发展的成果。城市的开放程度可通过三个维度来评定——交通、经济和旅游业。交通密度及交通枢纽的个数可体现与外部城市或国家之间交流的便利度，经济外向度和进出口生产总值比例可体现经济开放的程度，文旅企业的数量和能级可以反映当地的文旅产业发展水平。①

（5）共享发展

党的十九大报告指出，坚持在经济增长的同时实现居民收入同步增长，在劳动生产率提高的同时实现劳动报酬同步提高，拓宽居民劳动收入和财产性收入渠道。共享发展的根本目的，便是解决社会公平问题，促进人民共同富裕，因此可通过劳动者人均可支配收入及收入增长弹性等来评价。除收入差距外，消费差距也是另一个评价共享发展水平的重要标准，因此可参考城乡消费差距这一指标。

4.1.2 人民城市建设理念

2019年11月，习近平总书记在考察上海杨浦滨江时提出“人民城市人民建，人民城市为人民”的人民城市理念，强调了人民是城市的主人，更是城市建设与治理的主体。城市归根到底是人民的城市，人民对于美好生活的向往与需要，就是城市建设和治理的方向。党的十九大报告提出，新时代社会的根本矛盾是人民日益增长的美好生活需要和不平衡不充分的发展之间的矛盾。②人

① 孙浩，高广阔.长三角生态绿色一体化示范区高质量发展评价指标体系构建[J].科学发展，2021(09)：68—73.

② 何雪松，侯秋宇.人民城市的价值关怀与治理的限度[J].南京社会科学，2021(01)：57—64.

民永远都是城市建设的出发点和落脚点，城市属于人民，城市的发展为了人民，城市的治理依靠人民。新时代城市工作必须以人民为中心，全心全意为人民创造更加美好幸福的生活。

城市是人民城市的课题，它的本质属性是人的集聚，是相关经济相互影响的各种功能的集合体，是制度、权力、文化的归集。①城市实力是检验城市发展程度的关键标准，又分为硬实力和软实力。硬实力是指自然资源、经济基础、科技能力等有形的资源，软实力是指文化、吸引力、价值品格等无形的要素，将软硬实力合并起来，便是这个城市的综合实力。所谓人民城市就应当是具备综合实力的、能够体现其核心竞争力的高品质城市。同时人民城市又应当具备对于人民的关怀和温柔，让人民生活于此能够产生归属感和自豪感。

人民城市的雏形早在托马斯·莫尔的乌托邦这一理想城市模型中就被构想出来。在乌托邦中，人与城市和谐统一，资源公平合理分配给所有的劳动者，大家共同劳动打造公有的城市。在乌托邦里，为了保证人民生活环境的质量，对于人口的密度会进行统一明确的规定与限制。虽然乌托邦是理想化的，但却为人本主义城市奠定了方向——公平、和谐和宜居。

以人民为中心是宜居城市发展建设的核心与灵魂，城市的建设与管理应当处处体现人本主义，从而才能体现出宜居性。人民城市的建设中必须充满人文关怀与保护，考虑到人民的各方面需要和利益，遵从为人民服务的宗旨，并且充分调动政府、社会和人民三方的积极性，同心合力建设宜居城市。建设宜居的人民城市需从以下五个角度出发：

(1) 以人民为中心

人民是城市的主人，新时代城市建设发展的力量来源就是人民，城市建设和治理依靠广大人民群众的共同推动。因此要发挥人民主体作用，充分尊重人民对城市建设过程中决策的知情权、监督权以及参与权，鼓励大家通过各种方式参与到城市的建设治理之中。调动广大群众的积极性，让他们愿意为建设美好宜居的人民城市做出努力，汇聚人民的智慧与经验，共同建

① 潘闻闻，邓智团.创新驱动：新时代人民城市建设的实践逻辑[J].南京社会科学，2022(04)：49—60.

设治理人民城市。

以人民为中心的宜居城市应当处处考虑到城市的宜居性与舒适性，在城市的规划设计之中也应体现出以人为本的根本宗旨，设立健全的公共服务设施、公共交通系统等，为人民的日常生活、出行、居住提供一切便利，提升人民的幸福感、安定感与获得感。

(2) 坚持多样性

中国历史悠久，地大物博，不同地区有着不同的历史条件、自然资源和发展足迹，也造成了他们各自的城市文化。城市文化体现着城市的价值观念、生活习惯、人文风俗等，是城市发展过程中的灵魂之助。城市在人民城市的建设理念中，不能遵循一种固定的模式对城市进行统一拆建，却忽视了城市自有的特色资产，从而造成对城市的破坏。《宜居城市科学评价标准》中就有提到，宜居城市发展既有共性要求，又要有个性发展，这里的个性发展就是指要具有城市特色。宜居城市的建设应当因地制宜，坚持多样性，使其具有地域特色，体现其所独有的灿烂文化、自然风光，避免出现“千篇一律，百城一面”的现象，让人民从城市建设中找到文化自信，从而更加热爱自己的城市。

(3) 实现空间共享

马斯洛提出：人的需求是由五个层级构成的，分别是生理需求、安全需求、归属和爱的需求、尊重需求和自我实现需求。在社会水平已经发展到基本能够满足人民物质需求时，大家就会开始追求更加高层次的需求，而自我实现需求的外化表现，即为对美好生活的向往。随着国家经济水平的提升以及城市化进程的推进，人们对空间权力的需求逐渐增强，这也是他们对于美好生活向往的直接体现。以人为本的城市应当让人们可以平等拥有和共享空间。当前在城市空间的发展与建设中，在土地开发管控的基础上，应该更加重视人民居住生活品质的提高以及空间资源的优化配置。尤其在长三角地区，采用的是区域中心城市带动城市群建设的模式，应当更加注重城市空间的一体化整体设计，从而真正实现人民城市空间共享。

习近平总书记强调过：“城市治理的‘最后一公里’就在社区。”社区是人民生活的共同体，人民城市的新理念要求城市把工作中心放到社区，把力量聚集到社区，把资源配置到社区，使社区成为城市治理的强力支撑。《关于推进城市一刻钟便民生活服务圈建设的意见》为社区生活圈的打造和运营提供了具体思路和办法，其中包括了居住和生活设施的建设以及人与人之间的情感沟通交流。2020年10月，自然资源部发布了《社区生活圈规划技术指南》(征求意见稿)，当中指出："社区生活圈，指在一定的空间范围内，全面与精准解决生活各类需求、融合居住和就业环境、强化凝聚力和应急能力的社区生活共同体，是涵盖生产、生活、生态的城乡基本生活单元、发展单元和治理单元。"①

推动社区生活圈规划正式成为国土空间规划体系中的重要内容，国内许多城市都已经逐步在开展社区生活圈的规划设计工作。《上海市城市总体规划(2017—2035年)》中提出了"15分钟社区生活圈"的理念，并发布了《15分钟社区生活圈规划导则》，其重点在于构建15分钟步行可达，宜居、宜业、宜游的城镇社区生活圈网络。社区生活圈的规划更加以人民的需求和行为方式为出发点，从而为人们提供生活和出行所需要的设施、空间以及服务等，满足人民日常工作及生活中步行可达的社区级公共生活空间需求。社区生活圈并不孤立，社区与社区之间的资源，往往也是共享的，从而联结互通构成整个城市生活圈。

除了社区生活圈的社会功能规划，其公共绿地的规划也应当自下而上地满足和遵循人民的物质和精神需求。从整体城市空间的维度来看，社区公共绿地应当根据社区类型来定位并弹性布局，使绿色资源可以得到公平地配置。社区生活圈地绿地可以衍生出各种功能和形式，比如体育公园、慢行步道或口袋公园等，有机地融合在社区生活圈之中。在公共绿地的价值方面，应当满足人类多元的需求，落实到绿地的功能及表现形式上，从而体现公共空间的包容性。其中尤其需要关注弱势群体，例如针对老年人，社区公共绿地需具备休憩的功能，并在设施安全上多加留意。对于青年人来说，他们既需要公共绿地来满足他们休闲运动的需求，也需要空间具有缓解紧张情绪的治愈作用。对多元化人群友好的公共社区更能够吸引公众来此活

① 全国国土资源标准化委员会.社区生活圈规划技术指南(征求意见稿2020)[EB/OL]. http://www.nrsis.org.cn/mnr_kfs/file/downportal?md5=a534c9cef8c99a6d64a425a0c424f96b.

动，社区的活力更强也会让生活在此的人民更加有幸福感。

（4）保障城市安全

以人为本，放在第一位的应是人民的生命安全，建设人民城市必须坚持人民至上、生命至上的原则。一个良性的城市空间与低犯罪率有着密切的关联，人民生活于此，能够在任何时间在城市的任何地点行走，这便是一种对城市安全的信任。因此一个以人民为中心的宜居城市，应当通过一定的规划设计手段，让城市空间界限清晰。另一方面，还应在各个方面增强城市应急救援能力，并提升城市的综合承载力。例如针对具有内涝风险的城市，在城市建设中就应当注重疏浚河网水系，大力推进海绵城市的建设，并强化城市雨水收集系统，制定强降雨应急预案。[①]而在卫生防疫方面，洁净的居住生活环境应该成为日常城市建设的常规标准，并且需要在平时就合理布置医疗设施、预留医疗空间、储备完善的应急救援设施，以应对突发疫情。

（5）推进数字化转型

构建现代化宜居城市，应当加快智慧城市的建设，通过智能化让城市建设与治理更加精细化。在网络快速发展的时代，数据便是城市建设的最核心元素，城市治理必须充分依靠大数据与人工智能等科技手段，通过智慧城市赋能，引领城市建设转型升级。城市的数字化转型也应当本着以人民群众的感受为基础的理念，让城市数字化转型的过程和最终结果都是以人民为中心，最终的受益对象应当是人群。城市数字化转型以科学技术为手段，为人民群众，尤其是弱势群体提供更加多样化的服务方式。但同时也保留一定传统的服务渠道，做到人机结合，充分体现人文关怀。推动城市数字化转型的过程中，也需要提高人民的数字素养，调动大家的积极性，让人民自主参与到城市数字化转型工作之中，彰显自我价值，最终实现人人都有参与感和成就感。

4.1.3 “双碳”经济理念

随着城市工业化进程的逐步推进，城市经济得以快速蓬勃发展，但这给自然环境造成了极大负荷，随之而来的是严重的环境污染以及生态圈的破

① 缪承潮.打造人民城市建设治理的“杭州样板”[J].杭州，2022(06)：40—42.

坏，气候变化问题已经成为当今社会面临的严峻挑战。在此情势下，世界各国必须大力限制气候变化并将影响控制在一定范围内。2020 年 9 月 22 日，在第 75 届联合国大会上，中国政府向世界做出了二氧化碳排放量力争与 2030 年前达到峰值，努力争取 2060 年前实现碳中和的承诺。这是我国基于实现可持续发展和构建人类命运共同体的内在要求作出的重大战略决策，也是顺应绿色低碳发展大势、实现高质量发展的必然选择。①2021 年全国两会期间，碳达峰、碳中和首次被写入政府报告。②《中共中央　国务院关于完整准确全面贯彻新发展理念做好碳达峰碳中和工作的意见》中明确提出构建有利于碳达峰、碳中和的国土空间开发保护新格局，在城乡规划建设管理各环节全面落实绿色低碳要求。③

虽然目前我国区域经济发展还不均衡，“双碳”目标时间紧任务重，但“双碳”目标的提出也为我国的经济发展带来了新机遇。“双碳”的目标实质是对碳排放进行有效治理。城市的演进历程是其发展模式和产业结构调整与转变的过程，高质量发展是城市发展的必然方向，这也完全契合了城市发展低碳化的要求。长三角地区城市便是随着城市转型，碳排放量也逐渐减少，进而向低碳经济迈进的典型案例。由于长三角城市化的快速发展，城市的交通及产业模式都经历了转型，在此过程中，长三角地区的碳排放不但没有加重，反而得到了显著减轻。“双碳”目标将开辟出我国“双碳经济”新模式，重塑我国经济竞合新格局。④“‘双碳经济’关系到世界未来产业发展战略布局，会推进更新、更高层次的科技创新和产业变革，它开辟的不仅是一条绿色发展道路，更是一个重塑我国经济发展格局的新模式。‘双碳经济’将培育壮大低碳产业新生态，加速工业领域低碳化转型。”⑤

---

① 唐承财，查建平，章杰宽，陶玉国，王立国，王露，韩莹.高质量发展下中国旅游业“双碳”目标：评估预测、主要挑战与实现路径[J].中国生态旅游，2021，11(04)：471—497.

② 国务院.国务院政府工作报告[R].北京：人民出版社，2021.

③ 石晓冬，赵丹，曹祺文.“双碳”目标下国土空间规划响应路径[J].科技导报，2022，40(06)：20—29.

④ 证券时报两会报道组.创建“双碳”经济示范区　重塑经济竞合新格局[N].证券时报，2022-03-09(A03).

⑤ 谢岚，李昱丞.打造首个“双碳”经济示范区[N].证券日报，2022-03-07(B01).

《中共中央 国务院关于完整准确全面贯彻新发展理念做好碳达峰碳中和工作的意见》中发布了八项任务：推进经济社会发展全面绿色转型、深度调整产业结构、加快构建清洁低碳安全高效能源体系、加快推进低碳交通运输体系建设、提升城乡建设绿色低碳发展质量、加强绿色低碳重大科技攻关和推广应用、持续巩固提升碳汇能力、提高对外开放绿色低碳发展水平。[①] 而这八项任务其实可以直接归结为三个内容：绿色转型与经济发展联动、开发低碳能源与技术、增强碳汇能力。

(1) 绿色转型与经济发展联动

双碳目标和社会经济的发展应该是协同的，达成“双碳”目标需要的是环境和经济的共同推进。只有保持必要的经济发展速度，才能够达到碳减排的效果。过快或过慢地调整能源结构都会导致各种问题，因此必须保持环境与经济的动态平衡，撒手不管和揠苗助长都是无法实现“双碳”目标的。

除了依靠政府的扶持和一些鼓励政策，实现“双碳”目标还要依靠宏观经济结构的调整并深化市场改革。目前化学能源还是我国能源供给的主要来源，因此第一步便是加强市场管理，淘汰这些落后的、会造成严重污染的高消耗原始产业。通过优化能源、产业结构，转变经济发展方式，以政策倒逼市场主体优化能源结构来强化减排。同时发挥国有资本的带头作用，将资本投入绿色低碳发展体系中，通过投资、运作和管理等方式，将“双碳”经济活跃起来。

(2) 开发低碳能源与技术

我国的能源结构主要以化学能源为主，是一个能源消耗大国。在传统能源中，煤炭、石油和天然气相对安全，运输方便，且开发成本相对较低。但实现“双碳”目标需要能源能够更加具有技术经济优势。这就促进了低碳排放的新能源及技术的研发，如太阳能、风能、地热能和海洋能等新能源，以及新材料、新能源汽车、航空航天和生物技术等新型技术产业。这些新能源和新型产业与互联网、大数据及人工智能等新技术相结合，推动我国未来新产业发展。

工业、建筑业、交通运输等是我国的高能耗领域，其产业结构中制造业

---

① 安徽省经济研究院.“双碳”目标重构环境与经济关系[N/OL]. http://fzggw.ah.gov.cn/jgsz/wsdw/sjjyjy/jjgc/146517161.html.

占了极大比例，实现“双碳”目标可以先从这些产业着手，进行低碳绿色改造，节能减排，加强资源循环综合利用。钢铁、水泥、建材等高能耗高排放的产业发展空间逐步缩小，应针对这些产业项目进行等量或减量置换，并转向高质量精细化发展，全面升级产业链。大量采用大数据、5G 等新型技术，推进低碳技术与数字化相结合，提升原有产业的低碳水平，形成绿色经济体系，向“双碳”目标迈进。

（3）增强碳汇能力

实现“双碳”目标的过程中环境与经济是密不可分的，因此最主要的途径还是增加碳汇能力，也就是治理污染和进行生态保护、修复。

城市建设中落实低碳理念，可以通过建设绿色交通、营造生态景观、优化绿色基础设施、加强绿色建筑技术等方式促进碳汇作用，减少城市的热岛效应。在城市建设的全过程中，因地制宜，尽量选择可回收利用的环保材料和工艺，减少能源消耗，并加强土壤和水体的保护。积极推行海绵城市，通过绿色屋顶、雨水花园、下沉式绿地等方式对资源进行重复利用，增加碳汇，间接达到节能减排的目的。

城市交通是城市碳排放的最主要源头之一，构建城市绿色交通体系是节能减排的重要措施。①在城市交通的建设中，应在结合产业和人口分布基础上，提高公交枢纽的土地开发容量，确立 TOD 为导向的城市开发模式，形成绿色高效的交通系统。另一方面推行城市慢行交通系统，从各种方面入手提高人民采用慢行交通和使用公共交通的比例，从而实现低碳交通运输。

习总书记曾经说过：“绿水青山就是金山银山”，绿色生态环境是平衡人类社会与自然的媒介，植被吸收人类活动产生的二氧化碳，低碳环保，生态本身就是一种经济资本。对于曾经过度开发的土地，采用退耕还田、拆违还绿等方法进行修复，增加森林面积拓展绿色生态空间，强化海洋生态系统保护，恢复生态系统的固碳能力和生态经济效益。②

---

① 臧鑫宇，王峤，李含嫣.“双碳”目标下的生态城市发展战略与实施路径[J].科技导报，2022，40(06)：30—37.

② 石晓冬，赵丹，曹祺文.“双碳”目标下国土空间规划响应路径[J].科技导报，2022，40(06)：20—29.

4.2 指标选取的基本原则

通过对国内外城市宜居评价指标体系的分析可以发现,采用不同的评价指标和评价方式会导致评价结果产生很大差异,并且关于宜居城市的现有研究也存在着许多不足。因此在对长三角城市宜居指数的研究中,不能完全照搬这些宜居指标体系,而必须结合长三角城市的具体情况来对指标进行辩证地分析与选择。

构建科学完善的指标体系是评价长三角城市宜居水平的重要前提,所以对评价指标的选择至关重要。评价指标体系的选取需要尽可能客观、全面而准确地反映针对长三角这一特定地区城市宜居的根本特征,因此在选取长三角城市宜居评价指标时,引发遵循如下原则:

4.2.1 科学性原则

指标的选取应当以习近平新时代中国特色社会主义思想为指导,秉持新发展的理念,科学衡量高质量发展的进程与发展水平。将评价标准建立在对宜居的理念与内涵进行充分科学分析的基础上,结合长三角地区城市的真实特征及相关政策,客观真实地准确反映长三角城市宜居水平。指标之间需相互有关联性,但各自独立不重复。由于宜居城市本身就是一个庞大且复杂的系统,因此指标的选取,应充分考虑数据的可获取性和研究的可操作性,将概念和理论具体化、定量化,同时方便后期进行横向、纵向比较。

4.2.2 系统性原则

首先,城市本身就是一个整体,研究长三角城市宜居水平需系统地考虑其内外环境间的相互联系,充分反映经济、政治、文化、环境等各方面影响参数,从宏观和微观各个角度来进行综合全面地评价。其次,虽影响宜居水平的评价指标较多,但不可只是简单将指标一一列举,而应整体统一地对这些指标进行分析,充分考虑指标间的逻辑关系,从而形成一个清晰全面的系统。

4.2.3　动态性原则

城市是不断变化的，长三角城市的建设也是一个不断发展前进的动态过程，所以长三角城市宜居评价指标体系的选择应当“动静结合”，在充分反映城市当下宜居水平的同时，还需考虑到城市的发展趋势，从而从大的时间跨度上动态反映出城市今后的发展前景，并在今后的研究中及时对数据进行更新。

4.2.4　以人为本原则

作为人民的城市，其主体是人，建设宜居城市的目的也是为了营造一个安全舒适和便利的城市环境让人们生活和居住。在选取长三角城市宜居评价指标时，应当充分考虑以人为本，以人的需求和根本利益为出发点，体现与人们安居乐业息息相关的要素，反映人们对于适宜居住的城市环境的需求。

4.2.5　地域性原则

每个城市都有其独特的地域特征、政策环境和文化背景，因此要评价长三角城市的宜居水平，就需要从实际情况出发，充分体现长三角城市的功能和性质，全面衡量城市的经济、环境和安全等各方面因素。

4.3　宜居指标体系构建

4.3.1　基础性指标

(1) 经济富裕度

经济富裕度是一个经济发展水平的综合性指标。经济发展是城市宜居性建设的基础，城市宜居性建设反过来保障城市经济发展。只有“以经济建设为中心”，才能实现社会与个体全面发展，提高人民的生活质量，进而增强地区的综合竞争力。没有可持续的经济发展，社会发展便失去牢固的基础，如环境保护问题、资源短缺问题等，实现人口、资源、社会经济与环境相互协调可持续发展也就成了纸上谈兵。①

---

① 王建康.城市宜居性评价研究[D].福州：福建师范大学，2013.

从城市经济发展水平维度审视，城市作为区域的政治、经济和文化中心，具有极值性。经济发展是社会进步的物质基础，在现有条件下，城市人居环境建设的首要条件是城市具有雄厚的经济实力和较高的经济发展水平，这也是目前解决城市问题的必要途径。城市总体经济规模是反映城市经济发展现状的最直观指标；经济结构是经济系统中各个要素之间的空间关系，能够直接反映城市的经济实力；居民收入能大体反映一个城市经济发展的状况，特别是居民恩格尔系数的高低能直接展现城市居民的生活水平。所以本文选取经济规模、经济结构、居民收入这三个指标来衡量城市经济发展水平。

经济规模，一般指经济总量，也指社会的价值总量，包括能够用货币来计算的与不能用货币来计算的社会真正财富总量，既包括社会财富的量，也包括社会财富的质，它集中体现了一个城市的综合实力、发展水平以及综合产出状况。具体包括以下几个指标：

① GDP(地区生产总值)总量：GDP 是核算体系中一个重要的综合性统计指标，是中国新国民经济核算体系中的核心指标。它反映一个地区的经济实力和市场规模，用于国家中心城市指标体系中可以衡量城市经济处于增长还是衰退阶段。[①]

② 人口总量：指一个地区在一定时间内的人口总和，一般以人口普查的统计结果为依据。[②]城市宜居是以人为本，围绕人的发展为中心，满足人的需求为目的，人是中心城市宜居性建设的关键因素。[③]

③ 人均 GDP：指城市当年生产总值与市常住人口的比值。人均 GDP 客观地反映了一个地区社会的发展水平和发展程度，有些地方 GDP 很高，但是居民并不富裕，因为人均可支配收入等指标并不高，这样的富裕就不是宜居意义上的富裕。居民富裕状况更多取决于人均收入状况，例如长三角地区的物价水平接近，居民的收入水平越高，他们的生活满足感和幸福度也

① 廉珂.成都建设国家中心城市的综合评价及对策研究[D].成都：西南交通大学，2019.

② 人口总量，360 百科，https://upimg.baike.so.com/doc/5228422-5461070.html.

③ 姜欢.中国国家中心城市宜居性评价体系构建与测度研究[D].西安：陕西师范大学，2019.

就相对更高。

④ 城镇化率：也叫城市化率，是城市化的度量指标，一般采用人口统计学指标，即城镇人口占总人口（包括农业与非农业）的比重。根据联合国的估测，世界发达国家的城镇化率在 2050 年将达到 86%，我国的城镇化率在 2050 年将达到 71.2%。①

⑤ 一般公共预算收入：是指地方财政上划完中央、省级财政收入之后地方留成部分收入。②

经济结构是企业所在地区的生产力布局情况，是经济系统中各个要素之间的空间关系。③此外，第三产业结构对一个地方的经济模式和居民生活方式拥有极其重要的影响，特别是第三产业的发展状况，直接影响居民的生活水平和质量。④主要包括以下具体指标：

① 第三产业占 GDP 比重：第三产业即各类服务业和商业，包括金融业、交通运输业、房地产业、住宿和餐饮业等，第三产业的良好发展对于改善经济体制、扩大就业有很重要的意义，用于国家中心城市指标体系中可以了解城市产业结构稳定程度。

② 就业人口：指 16 周岁及以上、从事一定的社会劳动或经营活动、并取得劳动报酬或经营收入的人口。在我国，特指 16 岁及以上人口中具有上述特征者。在劳动年龄人口中，能够直接创造财富的是就业人口。因此，就业人口的规模、构成及分布与一个国家或地区的经济发展水平、方式密切相关：人口的就业结构不仅受到经济结构和经济增长模式的影响，而且反过来其合理与否也直接影响到经济的发展。⑤

---

① 城镇化率，百度百科，https://baike.baidu.com/item/城市化率/3034413?fromtitle=城镇化率&fromid=5103387&fr=aladdin.

② 一般公共预算收入，百度百科，https://baike.baidu.com/item/一般公共预算/15532244?fr=aladdin.

③ 经济结构，百度百科，https://baike.baidu.com/item/经济结构/3385482?fr=aladdin.

④ 胡钰蕾，周钧.基于因子分析的长三角地区城市宜居规模研究[J].经济师，2011(08)：219—221+223.

⑤ 国务院人口普查办公室、国家统计局人口和就业统计司.迈向小康社会的中国人口（全国卷）[M].北京：中国统计出版社，2014：176—184.

③ 城镇居民人均消费性支出：城镇居民个人购买商品和劳务两方面的支出。[①]人均消费支出直接反映社会消费需求，是拉动经济增长的直接因素，是体现居民生活水平和质量的重要指标。这一指标能够反映了居民消费支出的能力，同时也能反映出一个地区的经济水平。[②]

④ 城镇居民可支配收入房价比：指房价总值与居民收入的比值，一般选用某个城市的房价均价与当地居民可支配收入均值来衡量居民买房的难度。国际上通用的说法是房价收入比在3～6之间属于合理范围。据研究数据，2019年全国整体房价收入比的数值是8.8。[③]

⑤ 城乡收入均衡指数：又可称城乡居民收入差距指数，是城镇居民可支配收入与农村居民人均纯收入之比。2020年，城乡居民收入差距由上年的2.64∶1缩小到2.56∶1。[④]

⑥ 居民人均商业银行存款额：指商业银行总存款额与城市居民总人口之比。统计数据显示，2021年上半年，我国人均存款最高的五个省份分别是浙江、辽宁、江苏、广东、河北。资料显示，城市规模越大，城市居民就越热衷于把资金投资于其他的地方。[⑤]

居民收入是全面提高人民生活水平的必要衡量标准，有些地方GDP很高，但居民并不富裕，因为人均可支配收入等指标并不高，这样的富裕就不是宜居意义上的富裕。居民富裕状况更多地取决于人均可支配收入状况。[⑥]具体有以下几个指标：

① 恩格尔系数：食品支出总额占个人消费支出总额的比重。对一个国

---

① 王建康.城市宜居性评价研究[D].福州：福建师范大学，2013.

② 人均消费支出，百度百科，https://baike.baidu.com/item/人均消费支出/1041924?fr=aladdin.

③ 佳达财讯.收入房价比是考核房价高低的关键指标，国内收入房价比现在合理吗？[EB/OL]. https://www.anhuijiada.com/post/321122.html.

④ 中国发展网.农业农村部：我国粮食产量连续6年保持在1.3万亿斤以上[EB/OL]. https://baijiahao.baidu.com/s?id=1692373905439669013&wfr=spider&for=pc.

⑤ 百经观察.我国存款总额高达227.21万亿，人均存款“出炉”，你达标了吗？[EB/OL]. https://xw.qq.com/amphtml/20220506A00KAF00.

⑥ 胡钰蕾，周钧.基于因子分析的长三角地区城市宜居规模研究[J].经济师，2011(08)：219—221+223.

家而言，一个国家越穷，每个国民的平均支出中用来购买食物的费用所占比例就越大。因此，恩格尔系数是衡量一个家庭或一个国家富裕程度的主要标准之一，恩格尔系数达59%以上为贫困，50%～59%为温饱，40%～50%为小康，30%～40%为富裕，低于30%为最富裕①，这一指标反映了城市居民的生活富裕程度②。

② 城镇居民人均可支配收入：指居民家庭全部现金收入能用于安排家庭日常生活的那部分收入。城镇居民人均可支配收入指标项是反映居民家庭全部现金收入能用于安排家庭日常生活的相应收入。可支配收入水平直观地反映了居民的生活质量，是实现居民生活质量提高的物质基础。我国"十五"计划纲要提出了"进一步提高城乡居民的消费水平，改善消费环境，优化消费结构"，增加城镇居民的人均可支配收入是实现城镇居民生活水平提高和消费增加的重要途径，对实现国民经济的良性发展至关重要。因此，将城镇常住居民人均可支配收入作为衡量城市绿色民生发展满意度的评价指标具有现实意义。③

③ 社会消费品零售总额：是指企业（单位）通过交易售给个人、社会集团，非生产、非经营用的实物商品金额，以及提供餐饮服务所取得的收入金额。社会消费品零售总额包括实物商品网上零售额，但不包括非实物商品网上零售额。其是表现消费需求最直接的数据，且反映了各行业通过多种商品流通渠道向居民和社会集团供应的生活消费品总量。④

④ 城镇非私营单位就业人员平均工资：给定时期与范围内城镇非私营单位全体就业人员的工资总额与职工平均人数之比。反映了城镇就业人员的工资水平和生活水平。⑤

(2) 环境优美度

环境优美是宜居城市的前提。所谓宜居，就居民直观感受而言就是具

---

① 恩格尔系数，百度百科，https://baike.baidu.com/item/恩格尔系数/528483?fr=aladdin.

② 王建康.城市宜居性评价研究[D].福州：福建师范大学，2013.

③ 李兴苏.成渝城市群绿色发展满意度评价及实施路径研究[D].重庆：重庆大学，2017.

④ 社会消费品零售总额，百度百科，https://baike.baidu.com/item/社会消费品零售总额/3459025?fr=aladdin.

⑤ 王建康.城市宜居性评价研究[D].福州：福建师范大学，2013.

有舒适宜人的环境，要求自然与城市的融合发展，保持自然环境功能的完整性，又要求城市具有良好的生态环境。要在自然环境承载能力范围内创造出宜人的城市景观环境，满足居民的生理和心理舒适的要求。

自然环境是城市环境系统的核心组成部分，是人居环境适配判别标准的基础。气候、水文、森林等是人居环境的自然要素，不仅直接关系到人的身心健康和生活质量，而且影响人类发展与社会进步水平。在一定条件下，城市对人类活动的承载力具有临界限度，城市的经济活动超过临界限度时，负面效应将会产生，给城市可持续发展带来潜在的危害。①因此，本文选取环境质量、环境健康两个指标层着重反映城市的环境优美度。

环境质量决定环境素质优劣的程度，指在一个具体的环境内，环境的总体或环境的某些要素对人类以及社会经济发展的适宜程度。②环境质量能够直接反映一个城市的自然环境是否优美、是否宜居。具体可以从以下指标展现：

① 年均降水量：指某地多年降雨量总和除以年数得到的均值，或某地多个观测点测得的年降雨量均值。年平均降雨量是一地气候的重要衡量指标之一。我国全国平均年降水量为 630 毫米。③

② 人均水资源量：指在一个地区（流域）内，某一个时期按人口平均每个人占有的水资源量。联合国人口行动组织 1993 年提出的严重缺水国家的水资源量的标准是小于或等于 1 000 立方米/（人・年），水资源紧迫国家的标准是 1 000～1 667 立方米/（人・年）。我国水资源丰富，但人均水资源量少，不足世界人均水平的 1/3，正常年份全国年缺水量达 500 多亿立方米，近三分之二城市不同程度缺水。④

③ 人均公共绿地面积：指城镇公园绿地面积的人均占有量，包括向公众开放的市级、区级、居住级公园、小游园、街道广场绿地以及植物园、动物园、

---

① 李林衡.长江三角洲地区城市群人居环境失配度演变研究[D].宁波：宁波大学，2017.

② 环境质量，百度百科，https://baike.baidu.com/item/环境质量.

③ 年平均降雨量，百度百科，https://baike.baidu.com/item/年平均降雨量/10378656.

④ 人均水资源量，百度百科，https://baike.baidu.com/item/人均水资源量/12575481?fr=aladdin.

特种公园等①,是反映城市居民生活环境和生活质量的一项重要指标。城市规划建成区人均公共绿地面积≥10 平方米就能参评中国人居环境奖。②

④ 建成区绿化覆盖率:建成区内绿地面积占建成区总面积的百分比,反映了城市绿化状况,城市建成区绿地建设有利于改善城市环境,提高人居适宜度,优化城市生态服务功能。③根据中国人居环境奖参考指标的标准,建成区绿化覆盖率需要≥40%。④

⑤ 城市水资源总量:水资源是指可资利用或有可能被利用的水源,这个水源应具有足够的数量和合适的质量,并满足某一地方在一段时间内具体利用的需求。水资源是一个国家社会经济发展的基础资源,对人类的生产生活有着重要作用。⑤

⑥ 城市森林覆盖率:指森林面积占土地总面积的比率,是反映一个国家(或地区)森林资源和林地占有的实际水平的重要指标。2020 年底,全国森林覆盖率达到 23.04%。⑥

⑦ 城市环境空气质量优良天数:空气质量的好坏反映了空气污染程度,我国,环境空气质量标准包括六种常规污染物。空气质量指数(AQI)根据环境空气质量标准和各项污染物对人体健康、生态、环境的影响,将污染物浓度简化成为单一的概念性指数值形式。AQI 取值范围为 0~500,其中 0~50、51~100、101~150、151~200、201~300 和大于 300,分别对应空气质量指数级别为一级至六级。⑦这一指标用于国家中心城市指标体系中可以反映城市生态环境水平。

---

① 人均公共绿地面积,百度百科,https://baike.baidu.com/item/人均公共绿地面积/3033512?fr=aladdin.

② 董晓峰,杨保军,刘理臣,高峰.宜居城市评价与规划理论方法研究[M].北京:中国建筑工业出版社,2010(6).

③ 崔佳奇,刘宏涛,陈媛媛.中国城市建成区绿化覆盖率变化特征及影响因素分析[J].生态环境学报,2021, 30(02):331—339.

④ 董晓峰,杨保军,刘理臣,高峰.宜居城市评价与规划理论方法研究[M].北京:中国建筑工业出版社,2010(6):38.

⑤ 产业前景.2021 年中国水资源总量、供水量、用水量及用水结构分析[EB/OL].https://www.163.com/dy/article/H5Q94MA1055360U6.html.

⑥ 森林覆盖率,百度百科,https://baike.baidu.com/item/森林覆盖率/1665674?fr=aladdin.

⑦ 环境空气质量标准,百度百科,https://baike.baidu.com/item/环境空气质量标准/3074279.

⑧ 公园数量：公园指政府修建并经营的作为自然观赏区和供公众休息游玩的公共区域。公园一般可以分为城市公园、森林公园、主题公园、专类园等。2020年中国公园数量最多地区为广东4 300个，其次是浙江地区公园数量1 547个。[①]该项指标能够反映城市生活自然环境的质量。

⑨ 平均气温：指某一时间内，根据计算时间长短不同，可有某日平均气温、某月平均气温和某年平均气温等，可以反映城市生活环境的气候情况。2021年，中国全年平均气温为10.53 ℃，比上年上升0.28 ℃。[②]

⑩ 城市人口密度：指生活在城市范围内的人口稀密的程度，是衡量城市人口居住密集程度的一个重要指标。根据中国人居环境奖参考指标，城市规划建成区每平方公里人口密度≥10 000人。[③]

环境健康侧重于有益于人类健康的自然环境，是环境对于人体健康或人体感受的一个直观感受，可以用来评价城市人居环境。通常可以用环境健康指数(EHI)来量化人居环境，针对人居环境中与人体健康和感受有直接关联的参数进行量化评价，指数为1～100的数值，数值越大表示环境越好。城市的环境健康指标层主要包括以下几个具体指标：

① 区域内噪声平均值：城市区域环境噪声包括工业噪声、交通噪声、施工噪声、社会生活噪声等，一般认为，分贝值在55以下为良好，分贝值在55～57为轻度污染，57～60为中等污染，60以上为污染严重[④]，社会生活噪声年平均值反映了城市居住区域声环境质量状况。

② 污水处理率：经管网进入污水处理厂处理的城市污水量占污水排放总量的百分比，反映了城市污水处理程度。[⑤]城市污水处理率≥70%即可达

---

① 智研咨询.2021年中国公园数量、面积及公园绿地面积情况分析[EB/OL]. http://t.10jqka.com.cn/pid_234505856.shtml.

② 国家统计局.中华人民共和国2021年国民经济和社会发展统计公报[DB/OL]. http://www.stats.gov.cn/xxgk/sjfb/zxfb2020/202202/t20220228_1827971.html.

③ 董晓峰，杨保军，刘理臣，高峰.宜居城市评价与规划理论方法研究[M].北京：中国建筑工业出版社，2010(6)：38.

④ 区域环境噪声平均等效声级，百度百科，https://baike.baidu.com/item/区域环境噪声平均等效声级/8299933?fr=aladdin.

⑤ 王建康.城市宜居性评价研究[D].福州：福建师范大学，2013.

到中国人居环境奖的参考指标。[①]

③ 一般工业固体废物综合利用率：市地区各工业企业当年处置及综合利用的工业固体废物量（包括处置利用往年量）之和占当年各工业企业产生的工业固体废物量之和（包括处置利用往年量）的百分比。反映了城市处置工业固体废物的能力。[②]

④ 空气质量优良率：全年环境空气污染指数是指达到二级和优于二级的天数占全年天数的百分比，主要是指空气的质量，这一指标直接反映了城市空气质量状况。因为质量受限于各种污染程度，严重的空气污染会给市民带来相应的不良健康效应。[③]最重要的是，研究表明可吸入颗粒物和飘尘与居民死亡率之间呈现正比例关系。

⑤ 可吸入颗粒物（PM10）年平均值：可吸入颗粒物，通常是指粒径在 10 微米以下的颗粒物，又称 PM10。可吸入颗粒物在环境空气中持续的时间很长，对人体健康和大气能见度的影响都很大。通常来自在未铺的沥青、水泥的路面上行驶的机动车、材料的破碎碾磨处理过程以及被风扬起的尘土。国家环保总局 1996 年颁布修订的《环境空气质量标准（GB 3095-1996）》中将飘尘改称为可吸入颗粒物，作为正式大气环境质量标准。[④]该指标可以直接反映城市的大气环境质量标准。

⑥ 二氧化硫平均值：我国《环境空气质量标准（GB 3095-2012）》中规定，二氧化硫年平均浓度值≤20 $\mu g/m^3$，二级标准年平均浓度值≤60 $\mu g/m^3$。[⑤]

⑦ 二氧化氮平均值：这是根据国家环境空气质量标准（GB 3095-2012）规定，环境空气中的二氧化氮 NO_2 的年平均浓度限值为 40 $\mu g/m^3$、24 小时

---

① 董晓峰，杨保军，刘理臣，高峰．宜居城市评价与规划理论方法研究［M］．北京：中国建筑工业出版社，2010(6)：38.

② 王建康．城市宜居性评价研究［D］．福州：福建师范大学，2013.

③ 空气质量优良率，百度百科，https://baike.baidu.com/item/空气优良率/1121826?fr=aladdin.

④ 可吸入颗粒物，百度百科，https://baike.baidu.com/item/可吸入颗粒物/8890806?fr=aladdin.

⑤ 二氧化硫年日平均浓度值，百度文库，https://wenku.baidu.com/view/cbf7f2196c175f0e7cd13787.html.

平均浓度为 80 μg/m³、1 小时平均浓度为 200 μg/m³。

⑧ 年均 PM2.5 浓度：目前我国的 PM2.5 标准值为 24 小时平均浓度小于 75 μg/m³ 为达标①，是衡量城市环境空气质量的重要指标。

(3) 文化丰富度

在现代社会中，人们的文化需求越来越大，文化是一个城市的软实力，更是一个城市居民的精神食粮。②文化丰富度主要体现在现代城市文化与其历史文化底蕴之间的交融，包括城市能够为居民提供的文体条件、教育条件、城市旅游的发展以及城市的文化竞争力这四个指标。城市能够为居民提供的文化和体育设施条件在一定程度上可以反映居民对于文化产品体育活动需求的不断提升，也能反映城市对于居民文化生活的重视程度。城市的教育条件是当下家长们最为关注的问题，调查显示，在家庭的意愿支出中，排第一位的就是子女教育支出，可见家庭对教育的重视。③城市的旅游发展能够全方位反映一个城市的文化发展状况，包括城市旅游资源和旅游服务的能力，旅游发达的城市不仅能够为本市居民提供文化旅游景观，还能够为外市居民展现城市的文化丰富度。城市的文化竞争力能够反映一个城市的物质和精神活动，它是一个城市文化系统的内生因素，能非常直观地展示城市的文化丰富度。因此，本文选取了文体条件、教育条件、旅游发展、文化竞争力这四个指标层来体现城市的文化丰富度，作为一个城市宜居性的内在体现。

文体条件。文体设施是营造城市文化环境必不可少的要素。文以载道，文以兴城，城市的文体设施指标能够反映城市的文化底蕴，为居民提供的文化公共服务质量，主要包括以下指标：

① 公共图书馆图书藏量：反映了城市的文化丰富程度。一个城市的居民对于公共图书的需求，恰恰体现了城市居民的文化水平以及城市对于居民文化需求的满足程度。2021 年“十四五”规划纲要明确提出，要深入推进

---

① PM2.5 标准范围，百度知道，https://zhidao.baidu.com/question/945461641997832452.html.

② 王建康.城市宜居性评价研究[D].福州：福建师范大学，2013.

③ 胡钰蕾，周钧.基于因子分析的长三角地区城市宜居规模研究[J].经济师，2011(08)：219—221+223.

全民阅读，建设“书香中国”。在我国，作为城市公共资源的图书馆，一定程度上也能够反映一个城市的经济发展。

② 每年举办大型文化活动数：能够提高城市居民的文化素养，并通过活动提高居民之间的沟通意识，同时能够反映城市为居民提供的文化条件。

③ 人均体育设施用地面积：到 2021 年低，我国人均体育场地面积达到 2.41 平方米。①

④ 每万人拥有公共图书馆、文化馆、博物馆数量：博物馆是为社会发展提供服务，以学习、教育、娱乐为目的的社会公共机构，可以一定程度反映城市公共文化设施水平。公共图书馆是国家或地方政府管理、资助和支持的，免费为社会公众服务的图书馆，可以反映城市公共文化设施水平。②

⑤ 影剧院数量：影剧院是播放文化、艺术、生活的介质，也是沟通世界的桥梁。2019 年中国影剧院机构数量为 615 个，同比增长 0.8%。③

⑥ 电视台及电台数量：电视台是指通过无线电信号、卫星信号、有线网络或互联网播放电视节目的媒体机构。它由国家或商业机构创办的媒体运作组织，传播视频和音频同步的资讯信息，这些资讯信息可通过有线或无线的方式为公众提供付费或免费的视频节目。④电台是无线电台的通称，指为开展无线电通信业务或射电天文业务所必需的一个或多个发信机或收信机，或它们的组合（包括附属设备）。⑤该指标能在一定程度上反映城市的媒体传播功能。

教育条件。教育是国之大计，党之大计。良好的教育能够增强城市就业人群应付环境变化的能力，提高居民生活质量的物质基础，且对社会人群的主观感受及精神生活有很大影响，是实现全社会精神文明建设的重要保障，主要包括以下具体指标：

---

① 堆绿.国家体育总局公布：2021 年我国人均体育场地面积 2.41 平方米[EB/OL]. https://www.sohu.com/a/558284067_719429.

② 廉珂.成都建设国家中心城市的综合评价及对策研究[D].成都：西南交通大学，2019.

③ 智研观点.2019 年中国影剧院数量、演出场次、观看人次及演出收入分析[EB/OL]. https://www.chyxx.com/industry/202010/904680.html.

④ 电视台，360 百科，https://upimg.baike.so.com/doc/1528128-1615540.html.

⑤ 电台，360 百科，https://upimg.baike.so.com/doc/5414836-5652978.html.

① 每万人拥有小学中学数：小学中学属于基础教育，不仅能够反映一个城市的基础教育水平，而且还能反映出其对其他城市人口的吸引力。

② 小学教师学生比：根据教育方面的规定，小学老师学生比为 1∶23，但是工作人员的比例不应超过教师总数的 5%。[①]此项指标是测算小学师资需求量的数量指标，也反映了城市小学的学校人力。

③ 中学教师学生比：根据国务院办公厅转发中央编办、教育部、财政部关于制定中小学教职工编制标准意见的通知。高中教职工与学生比为 1∶12.5，初中为 1∶13.5。各地根据当地情况和师生学校教育政策分析而有所不同。[②]

④ 大学生在校人数：城市中高等学校大学生的数量，能够在一定程度上反映城市的文化素质情况。[③]

⑤ 人均教育经费支出：一个国家在一定时间(通常为 1 年)内按人口平均的教育费用。人均教育经费及其在人均国民收入中所占的比重，是反映一国教育发展水平的一个重要标志。人均教育经费的多少取决于一个国家一定时期教育经费的总量和人口的数量。它同教育经费总量成正比，同人口数量成反比。在人口数量一定的条件下，教育经费总量越多，人均教育经费就越多；反之，则越少。在教育经费总量一定的条件下，人口越多，人均教育经费就越少；反之，则越多。[④]

旅游业发展。城市旅游业的发展不仅能够体现其文化底蕴，更能体现城市的活力，城市旅游业不仅涵盖自然景观，还包括人文景观。旅游业收入占城市 GDP 的比重也是衡量一个城市定位的重要指标。该项指标层包括以下几个具体指标来反映城市的旅游业发展情况：

① 历史文化遗存数量：特别是世界遗产，其是被联合国教科文组织和世界遗产委员会确认的人类罕见的、目前无法替代的财富，是全人类公认

---

① 小学师生比例标准是什么，百度知道，https://zhidao.baidu.com/question/377502417649792884.html.

② 初中师生比例怎样才算正常，百度知道，https://zhidao.baidu.com/question/2061491169744785147.html.

③ 王建康.城市宜居性评价研究[D].福州：福建师范大学，2013.

④ 吴忠观.人口科学辞典[M].成都：西南财经大学出版社，1997.

的具有突出意义和普遍价值的文物古迹及自然景观，可以衡量城市的文化价值。①

② 5A级景区数量：5A级景区为我国旅游景区质量等级划分的景区级别，5A级为中国旅游景区最高等级，代表着中国世界级精品的旅游风景区等级。据2022年7月21日中华人民共和国文化和旅游部官网查询系统显示，全国共有318家5A级景区。②此项指标能够反映出一个城市旅游业发展的情况。

③ 旅游收入占GDP比重：经核算，2020年全国旅游及相关产业增加至为40 628亿元，比上年下降9.7%，占国内生产总值(GDP)的比重为4.01%，比上年下降0.55个百分点。③

④ A级景点数量：我国的旅游景区质量等级划分为五级，从高到低依次为AAAAA、AAAA、AAA、AA、A级旅游景区。A级是其中一个旅游景区质量等级。国家A级旅游景区是由国家旅游景区质量等级评定委员会授权省旅游局，依照《旅游景区质量等级管理办法》国家标准进行评审，颁发"国家A级旅游景区"标志牌，是一项衡量景区质量的重要标志。④

⑤ 游客量：指一定时期内地区接待游客的数量。可以反映出城市的旅游行业对于外部人群的吸引力。

⑥ 星级酒店数量：星级酒店是由国家(省级)旅游局评定的能够以夜为时间单位向旅游客人提供配有餐饮及相关服务的住宿设施，是要达到一定的条件一定规模的。所取得的星级表明该饭店所有建筑物、设施设备及服务项目均处于同一水准。根据我国星级酒店评定标准，将酒店按等级标准是以星级划分，分为一星级到五星级5个标准。星级以镀金五角星为符号，用一颗五角星表示一星级，两颗五角星表示二星级，三颗五角星表示三星级，四颗五角星

① 廉珂.成都建设国家中心城市的综合评价及对策研究[D].成都：西南交通大学，2019.

② 5A级景区，百度百科，https://baike.baidu.com/item/国家AAAAA级旅游景区/3575094?fromtitle=5A级景区&fromid=17580177&fr=aladdin.

③ 国家统计局.2020年全国旅游及相关产业增加至占GDP比重为4.01%[DB/OL].https://www.gov.cn/xinwen/2021-12/content_5665349.htm.

④ A级景区，百度百科，https://baike.baidu.com/item/国家A级旅游景区/1646969?fr=aladdin.

表示四星级，五颗五角星表示五星级，五颗白金五角星表示白金五星级。最低为一星级，最高为白金五星级。星级越高，表示旅游饭店的档次越高。[①]

文化竞争力。文化竞争力是城市综合竞争力的重要组成部分，增强城市综合竞争力不仅仅指提升城市的经济增长能力，而是应该被理解为经济、社会、文化、自然的、全面的、综合的、协调的发展，被理解为综合能力的提高，不能忽视文化竞争力在增强城市实力过程中的重要作用。具体指标如下：

① 政府文化和旅游局年预算：2022 年，我国文旅部的财政拨款收支总预算为 69.29 亿元。其中，文化旅游体育与传媒支出月 42.04 亿元，占财政拨款支出总预算的 60.67％。[②]这项指标可以反映城市对于旅游业发展的重视程度。

② 公共文化财政支出：指财政投入公共文化服务的部分。“十三五”期间，全国一般公共预算文化旅游体育与传媒支出累计 1.83 万亿元。[③]

③ 城市文化体育娱乐单位从业人员比重：城市中从事文化体育娱乐单位的人员占总就业人员的比例。这是衡量一个城市文化体育娱乐产业繁荣与否的重要标志，也能反映城市为居民提供文娱活动的能力。

④ 文化产业占 GDP 比重：一个城市文化产业在所有产业中所占比重，反映了城市的文化产业的发达程度。文化产业是一种特殊的产业形态，同时具备文化和经济属性，主要生产和提供精神产品，以满足人们的文化需要。改革开放以来，我国文化产业发展迅猛，恰恰也反映出了我国国民文化程度不断提高，对文化产业的需求也呈增长态势，故一个城市的文化产业占比也能够展现出其发达程度。

（4）生活便利度

宜居性的直接体现是居住环境的便利度。宜居城市本质就是宜人居住、生活和发展的城市，人是主体。所以，我们强调“以人为本”的根本出发点，系

---

① 星级酒店，百度百科，https://baike.baidu.com/item/旅游饭店星级的划分与评定/381657?fromtitle=星级酒店&fromid=1821226&fr=aladdin.

② 环球网. 文旅部公布 2022 年度预算[EB/OL]. https://cul.huanqiu.com/article/47O2ANpcJBK.

③ 中华人民共和国财政部.“十三五”财政 1.83 万亿元投入公共文化[EB/OL]. http://www.mof.gov.cn/zhengwuxinxi/caijingshidian/zgcjb/202011/t20201103_3615867.htm.

统要素选择人的心理感受和城市实体构成有机结合，与国际接轨，更突出我国城市环境和文化特色，科学性、可持续性、系统性和实践性也是我们重视的方面。①随着我国发展观念改变，城市的发展不单单是以 GDP 论胜负，良好的生态环境和居住条件是城市各项功能发挥的基本保证，也是城市可持续发展的根本动力。②于居民而言，工作生活等社会活动处处离不开基础设施的服务，且随着经济的快速发展，人们对其要求也越来越高。不断完善基础设施的建设，并注重其与自然基地的保护性开发是城市一直以来面临的重要课题。③

城市居民的生活便利度可以从硬环境和软环境两方面来体现。硬环境主要包括：城市的区域交通是否便利能够直接反映区域交通环境的优劣以及居民出行的舒适度；城市为居民提供的基础设施建设不仅能够不断完善城市的基础功能，还能够为居民的各种活动提供良好的条件。软环境主要包括：住房与社区是居民在一个城市生活必须考虑的因素，能够在城市中拥有住房并且有良好的社区服务是提高居民生活便利、舒适度的直接体现；随着我国人口总量持续增长，老龄化进程加快，卫生服务需求不断提高。一个城市是否拥有适应人民健康需求的、比较完善的医疗卫生服务体系，能否满足当地的医疗卫生需求，也是影响居民生活便利度的一大因素。④所以在这一维度上，本文采用交通出行、市政基础设施、住房与社区、医疗与卫生四个指标层来展现一个城市的生活便利度。

交通出行。现代城市的发展和经济运行越来越依赖于城市内外的交通基础设施的完善程度和发达程度。交通状况的好坏决定了城市以物流、人流、信息流为主要标志的内外部市场容量和市场结构，城市的内外部市场容量和结构决定其要素和产业的聚集，从而决定着城市的规模。⑤具体包括以下指标：

① 每万人拥有公共汽车数量：每万人平均拥有的公共交通车辆标台数。

---

① 董晓峰，杨保军，刘理臣，高峰.宜居城市评价与规划理论方法研究[M].北京：中国建筑工业出版社，2010(6)：46.

② 廉珂.成都建设国家中心城市的综合评价及对策研究[D].成都：西南交通大学，2019.

③ 王建康.城市宜居性评价研究[D].福州：福建师范大学，2013.

④⑤ 胡钰蕾，周钧.基于因子分析的长三角地区城市宜居规模研究[J].经济师，2011(08)：219—221+223.

反映了城市公共交通情况①,同时也能够在一定程度上反映出城市的交通设施情况、居民出行的便捷程度。

② 每万人拥有出租车数量:人均设备普适指标,用来描述一定规模城市内出租车的人均占有量,用来评价该城市出租车供求匹配的状况。国家对城市出租车拥有量的标准中并没有上限规定,现行的《城市道路交通规划设计规范(GB 50220-95)》仅给出了出租车拥有量的下限,即大城市不少于每千人 2 辆,小城市不少于每千人 0.5 辆,中等城市可在其间取值。②

③ 每万人地铁长度:城市轨道交通通常是指地铁和轻轨,轨道交通具有运量大、速度快、班次密、安全舒适等众多优点,是城市公共服务的重要组成部分,用于国家中心城市评价体系中可以反映国家中心城市公共交通发育成熟度。③

④ 人均城市道路面积:城市中每一居民平均占有的道路面积,又称人均道路占有率,最能综合反映一个城市交通的拥挤程度④,反映了城市道路面积的合理性⑤,对城市居民的出行起着至关重要的作用。一般来说,人均城市道路面积越大,居民能够自由活动的空间越大,越能够提高居民在城市中生活的舒适度。如果城市人均拥有道路面积≥11.5 平方米,即可达到中国人居环境奖的标准。⑥

⑤ 机场数量:城市机场数量越多,该城市航空枢纽对外联系越密切。

⑥ 高铁/火车站数量:高铁火车站数量越多,证明城市对外交往联系越密切,用于城市评价指标体系中能够反映城市铁路枢纽等级。⑦

市政基础设施。对于任何受欢迎的城市来说,可靠和充分的基础设施

---

①⑤ 王建康.城市宜居性评价研究[D].福州:福建师范大学,2013.

② 出租车万人拥有量,百度百科,https://baike.baidu.com/item/出租车万人拥有量/18611532?fr=aladdin.

③⑦ 廉珂.成都建设国家中心城市的综合评价及对策研究[D].成都:西南交通大学,2019.

④ 人均道路面积,百度百科,https://baike.baidu.com/item/人均道路面积/7024743?fr=aladdin.

⑥ 董晓峰,杨保军,刘理臣,高峰.宜居城市评价与规划理论方法研究[M].北京:中国建筑工业出版社,2010(6):38.

都不可或缺，因为它们构成了经济活动的基础。不可否认的是，信息和通信技术这类基础设施在城市居民活动中发挥着越来越重要的作用。[①]这一指标层包括以下具体指标：

① 用水普及率：指城市用水人口数与城市人口总数的比率。这用来反映城市供水覆盖范围内的城市供水普及与便捷的平均水平指标。[②]

② 管道燃气普及率：用气总人口与城市总人口的比值。反映了城市居民的用气情况。[③]"十三五"末，城市燃气普及率已达到97.9%。[④]而中国人居环境奖的参考标准则为≥95%。[⑤]燃气作为城市居民生活的必需品，在提升生活便利度方面有着重要的作用，一个城市的燃气普及率越高，说明城市居民生活越便利。

③ 固定互联网、宽带接入用户数：用上互联网的人在所有人口中所占的比重，反映了城市的网络利用情况。随着电脑、智能手机等高科技产品的出现和广泛运用，中国网民规模快速增长，一个城市互联网入户率越高越能够体现其城市的互联网信息发展速度，同时也展现了其为城市居民提供的良好服务设施资源。

④ 建成区排水管道密度：指一定区域内排水管道分布的疏密程度。[⑥]该指标反映了城市建成区道路排水管道分布情况。

住房与社区。良好的住房和社区环境、服务是城市规划的基石。由于城市化进程不断加快，预计未来城市密度将大幅增加，因此对于城市规划者

---

① 沈开艳，陈企业，王红霞，张续垚，毛可.中国城市宜居指数[M].上海：上海社会科学院出版社，2020：194.

② 国家统计局.指标解释[EB/OL]. http://www.stats.gov.cn/zt_18555/ztsj/hjtjzl/2010/202303/t20230302_1921607.html.

③ 王建康.城市宜居性评价研究[D].福州：福建师范大学，2013.

④ 博燃资讯.又一份"十四五"规划！城市管道燃气普及率指标出炉！[EB/OL]. https://www.sohu.com/a/573282582_360037.

⑤ 董晓峰，杨保军，刘理臣，高峰.宜居城市评价与规划理论方法研究[M].北京：中国建筑工业出版社，2010(6)：38.

⑥ 排水管道密度，百度百科，https://baike.baidu.com/item/排水管道密度/1253395?fr=aladdin.

来说，关于城市空间及社区服务的安排将成为越来越重要的考虑因素。①具体可以从以下指标反映：

① 市区房价均价：城市一年中每月公布的房价平均值。反映了城市居住用房的价格。②

② 人均住房使用面积：居住人口计算的平均每人拥有的住宅使用面积。反映了市民居住用房情况，2005 年 1 月，国务院首次在中央人民政府文件中提到"宜居城市"这个概念，同时颁布《依据城市科学评价标准》，也在一定程度上代表了未来城市居住生活质量。③如果城市人均住宅建筑面积≥25 平方米，就可以达到中国人居环境奖的标准。④

配套设施。一般来说，配套设施是指与小区住宅规模或者人口规模相对应的配套建设的公共服务设施、道路和公共绿地的总称。⑤具体包括以下指标：

① 综合零售企业数：指的是销售商品几乎覆盖百姓生活的大部分物品。如：超市、百货公司、大型商店等都属于综合零售。⑥

② 社区超市覆盖率：指城市中社区超市面积占建成区总面积的比率，是反映一个城市对社区居民的超市需求满足程度的重要指标。

③ 每万人拥有公厕数：指按城市非农业人口计算的平均每万人拥有的公厕数量。⑦能够反映城市为居民提供的公共服务质量及便利程度。

④ 高等学校数量：城市中高等学校的数量。据统计各省高等学校（机

---

① 沈开艳，陈企业，王红霞，张续垚，毛可.中国城市宜居指数[M].上海：上海社会科学院出版社，2020：194.

② 王建康.城市宜居性评价研究[D].福州：福建师范大学，2013.

③ 郑晓伟，黄明华.城市居住组团公共绿地面积约束下容积率极限值估算[J].西安建筑科技大学学报（自然科学版），2018，50(06)。

④ 董晓峰，杨保军，刘理臣，高峰.宜居城市评价与规划理论方法研究[M].北京：中国建筑工业出版社，2010(6)：38.

⑤ 知乎.一个社区内需要有哪些配套设施？[EB/OL]. https://www.zhihu.com/question/28630274/answer/2539807410.

⑥ 零售业和综合零售区别，百度知道，https://zhidao.baidu.com/question/1646800412342528500.html.

⑦ 每万人拥有公厕数，百度百科，https://baike.baidu.com/item/每万人拥有公厕/1254196?fr=aladdin.

构)普通高校超100家的省份有12个,各省高等教育学校(机构)普通高校本科数量超50家的省份有12个。[①]

⑤ 国际学校数量:相关数据显示,2021年就读于国际学校、国际班的人数较2019年提升了28.57%。调查显示,越来越多的家长希望孩子提前接触国际化教育。在地区分布方面,上海、广东、江苏三个省市在全国大幅领先,国际学校数量均超百所,四川、湖北、河南等省市则增长迅速,国际学校数量超过20所。粤港澳大湾区、长三角地区、雄安新区以及海南省等地区潜力巨大。[②]

⑥ 社区卫生服务中心数:社区卫生服务中心是社区建设的重要组成部分,其是在政府领导、社区参与、上级卫生机构指导下,以基层卫生机构为主体,全科医师为骨干,合理使用社区资源和适宜技术,以人的健康为中心、家庭为单位、社区为范围、需求为导向,以妇女、儿童、老年人、慢性病人、残疾人、贫困居民等为服务重点,以解决社区主要卫生问题、满足基本卫生服务需求为目的,融预防、医疗、保健、康复、健康教育、计划生育技术服务功能等为一体的,有效、经济、方便、综合、连续的基层卫生服务。[③]该项指标反映城市居民接受社区卫生服务的便利度。

医疗与卫生。具有高度宜居性的城市应向城市居民提供基本的医疗卫生服务,并根据个人的支付能力来进行费用分配。此外,一个良好的医疗卫生系统还应确保城市有能力在短时间内控制任何重大疾病的暴发。[④]城市的医疗卫生服务水平及医疗卫生资源可以从以下几个指标反映:

① 每万人拥有医院、卫生院床位数:拥有医院床位数与常住人口的比值,能够反映一个地方医疗资源的情况[⑤],健康状况是有效保障个体体验生

① 一甲金榜.2022年各省高等教育学校(机构)数量排行榜[EB/OL]. https://baijiahao.baidu.com/s?id=1739737388269442880&wfr=spider&for=pc.

② 知乎专栏.《2021年度全国留学报告》出炉:国际学校数量增长迅速! [EB/OL]. https://zhuanlan.zhihu.com/p/460263054.

③ 社区卫生服务中心,百度百科,https://baike.baidu.com/item/社区卫生服务中心.

④ 沈开艳,陈企业,王红霞,张续垚,毛可.中国城市宜居指数[M].上海:上海社会科学院出版社,2020:194.

⑤ 王建康.城市宜居性评价研究[D].福州:福建师范大学,2013.

活质量的前提，同教育因素一样，其对城市绿色民生发展效率的提高也有较大的影响[①]。这一指标用于城市评价指标体系中可以反映城市医疗机构服务水平和能力。[②]

② 每万人拥有医师数：城市拥有的医师数与常住人口的比值。反映了一个地方医疗资源的情况。[③]

③ 卫生技术人员数：指卫生事业机构支付工资的全部职工中现任职务为卫生技术工作的专业人员数量，包括中医师、西医师、中西医结合高级医师、护师、中药师、西药师、检验师、其他技师、中医士、西医士、护士、助产士、中药剂士、西药剂士、检验士、其他技士、其他中医、护理员、中药剂员、西药剂员、检验员和其他初级卫生技术人员。[④]

(5) 安全保障度

宜居城市是拥有较高生活质量且居住舒适宜人的城市，具有环境健康安全、自然宜人、社会和谐、生活方便、出行便捷等特征。[⑤]如果居民生活在具有恐怖主义历史的城市之中，那么他们可能会担心且面临经济日常运作中断等情况。自然灾害和各种事故的发生也可能扰乱城市居民的日常生活，降低其安全感。[⑥]同时，城市的安全保障度对城市构建和谐社会起着至关重要的作用。

城市的社会保障主要指社会保险、社会救济、社会福利等在内的社会保障体系，它是维持城市经济可持续发展的重要支柱，是协调社会各阶层利益关系、缓解社会矛盾、维护安定团结的稳定器；城市为公民提供运行有效、民主法治、公平正义的社会稳定环境，也是提升居民幸福感和满意度的重要措施；[⑦]城

---

①② 廉珂.成都建设国家中心城市的综合评价及对策研究[D].成都：西南交通大学，2019.

③ 王建康.城市宜居性评价研究[D].福州：福建师范大学，2013.

④ 卫生技术人员，百度百科，https://baike.baidu.com/item/卫生技术人员/1326138?fr=aladdin.

⑤ 张文忠.宜居城市建设的核心框架[J].地理研究，2016，35(02)：205—213.

⑥ 沈开艳，陈企业，王红霞，张续垚，毛可.中国城市宜居指数[M].上海：上海社会科学院出版社，2020：194.

⑦ 李林衡.长江三角洲地区城市群人居环境失配度演变研究[D].宁波：宁波大学，2017.

市为居民提供的社会福利能够展现城市对居民的人文关怀，作为社会保障的一部分，它能够突出反映居民生活在城市中生活得是否有安全感。因此安全保障这一维度可以用社会保障、社会公平、社会福利三个指标层来表达。

社会保障，是以国家或政府为主体，依据法律，通过国民收入的再分配，对公民在暂时或永久丧失劳动能力以及由于各种原因而导致生活困难时给予物质帮助，以保障其基本生活的制度。本质是追求公平，责任主体是国家或政府，目标是满足公民基本生活水平的需要，同时必须以立法或法律为依据。①城市对居民的社会保障可以从以下指标反映：

① 基本医疗保险覆盖率：参加基本医疗保险人数与常住人口的比值。反映了城市基本医疗保险的覆盖程度。②

② 基本养老保险覆盖率：参加基本养老保险人数与常住人口的比值。反映了城市基本养老保险的覆盖程度。③

③ 社会保障和就业投入：反映政府在社会保障和就业方面的投入，具体包括社会保障和就业管理事务、民政管理事务、财政对社会保险基金的补助、补充全国社会保障基金、行政事业单位离退休、企业改革补助、就业补助、抚恤、退役安置、社会福利、残疾人事业、城市居民最低生活保障、其他城镇社会救济、农村社会救济、自然灾害生活救助、红十字事务等支出。④反映了城市对于社会保障和就业方面的重视程度。

社会公平，体现的是人们之间一种平等的社会关系，包括生存公平、产权公平和发展公平。追求社会公平公正一直是社会主义的一个基本目标和核心价值，也是社会主义的魅力所在，更是建设社会主义必不可少的重要因素。⑤一个城市能够为居民提供的社会公平程度也反映了城市法治建设水平。具体从以下几个指标得以反映：

① 城镇登记失业人数：城镇登记失业人口指有非农业户口，在一定的劳

---

① 社会保障，百度百科，https://baike.baidu.com/item/社会保障/489?fr=aladdin.

②③ 王建康.城市宜居性评价研究[D].福州：福建师范大学，2013.

④ 其他社会保障和就业支出是什么意思，百度知道，https://zhidao.baidu.com/question/505375284458400044.html.

⑤ 社会公平，百度百科，https://baike.baidu.com/item/社会公平.

动年龄内(16 周岁至退休年龄),有劳动能力,无业而要求就业,并在当地就业服务机构进行求职登记的人员。①对失业人员的再次就业帮扶是社会公平的体现。

② 失业保险参保人数:失业保险是指国家通过立法强制实行的,由用人单位、职工个人缴费及国家财政补贴等渠道筹集资金建立失业保险基金,对因失业而暂时中断生活来源的劳动者提供物质帮助以保障其基本生活,并通过专业训练、职业介绍等手段为其再就业创造条件的制度。②对失业人员给予基础保障,是社会公平和效率的体现。

公共安全,是指社会和公民个人从事和进行正常的生活、工作、学习、娱乐和交往所需要的稳定的外部环境和秩序。③公共安全是国家安全的重要组成部分,是经济和社会发展的重要条件,是人民群众安居乐业与建设和谐社会的基本保证。安全关系到每一个人,除了要防止各种产业事故,也须避免日常生活的灾害,例如交通事故、家庭事故等,公共安全具体包括以下指标:

① 公安机关立案刑事案件数:指公安机关在发现犯罪事实或者接到报案后对立案材料进行一定的审查后予以立案的案件数。反映了城市的犯罪率及稳定程度。

② 政府公共安全支出:是保证国家机器正常运转、维护国家安全、巩固各级政府政权建设的支出,能够维护社会稳定。2022 年中央公共安全支出 1 949.93亿元,较之前增长了 4.77%。④

③ 交通事故死亡人数:在一定空间和时间范围内,按机动车拥有量所平均的交通事故死亡人数。反映了城市交通安全状况。⑤

④ 生产安全事故数:表示某时期内,因生产造成的安全事故的数量。反映了社会安全状况。⑥

社会福利,是指面向广大城市居民并改善其物质和文化生活的一切措

① 城镇登记失业人口,百度百科,https://baike.baidu.com/item/城镇登记失业人口.

② 失业保险,百度百科,https://baike.baidu.com/item/失业保险.

③ 公共安全,百度百科,https://baike.baidu.com/item/公共安全.

④ 北京青年报.今年全国一般公共预算支出 26.71 万亿[EB/OL]. https://baijiahao.baidu.com/s?id=1726481153116844925&wfr=spider&for=pc.

⑤⑥ 王建康.城市宜居性评价研究[D].福州:福建师范大学,2013.

施，是社会成员生活的良好状态；能确保人民各种功能得到有效发挥，不断提升人民的生活质量；尽量减少社会不平等的现象，创造平等和谐的社会环境；能不断挖掘人类的潜能，使之得到最大化发展。①具体可以从以下指标得以反映：

① 教育资源预算公共支出：指国家用于教育事业的各项费用开支，是财政支出的重要组成部分。是衡量一个国家教育发展水平的重要标志，也是影响一国经济社会发展的重要因素。②

② 养老服务机构数：养老机构是社会养老专有名词，是指为老年人提供饮食起居、清洁卫生、生活护理、健康管理和文体娱乐活动等综合性服务的机构。2020 年中国各类养老机构和设施共计 32.9 万个。③

③ 人均寿命：指若当前的分年龄死亡率保持不变，同一时期出生的人预期能继续生存的平均年数。它并非一个实际数据，而是一个基于生命表来衡量特定国家和地区人口健康状况的重要指标，与出生率和死亡率有着重要关系。④一个城市的人均寿命越高，可以反映出该城市医疗卫生条件越高，给予居民的社会福利待遇越好。

4.3.2　创新性指标

（1）低碳城市

低碳城市指以低碳经济为发展模式和方向、市民以低碳生活为理念和行为特征、政府公务管理层以低碳社会为建设标本和蓝图的城市。⑤2020 年 9 月，我国明确提出 2030 年“碳达峰”与 2060 年“碳中和”目标，而城市在实现“双碳”目标中扮演着十分重要的角色。城市是能源消耗和温室气体排

---

① 社会福利，百度百科，https://baike.baidu.com/item/社会福利/85247.

② 李嘉兴、苏建昌、赵来富.我国教育支出在财政支出中的情况分析[EB/OL]. https://wenku.baidu.com/view/2080fddefa0f76c66137ee06eff9aef8941e48d3.html.

③ 网易新闻.2021 年中国养老机构发展现状分析：养老服务机构数量达 4 万个[EB/OL]. https://3g.163.com/dy/article/H5QA8KLS055360RU.html.

④ 全国人口平均期望寿命，百度百科，https://baike.baidu.com/item/全国人口平均期望寿命/8098094?fr=aladdin.

⑤ 低碳城市，百度百科，https://baike.baidu.com/item/低碳城市/2026061?fr=aladdin.

放的主要发生地，相关研究表明，城市排放的二氧化碳已经占据全球排放总量的75%，因此城市也是实施“双碳”战略目标的主体。建设低碳城市，转变思想观念是基础，因为低碳城市是由一个个低碳家庭、低碳社区、低碳单位等组成的，要在全社会营造低碳生活的氛围，站在全局高度，做好系统谋划。具体来说就是要积极倡导城市居民在日常生活中节约资源，因为自然资源污染和枯竭会产生严重的后果，我们有必要进行资源部署，确保城市的可持续发展。

人均生活用电量及人均生活用水量指标能够直观地反映出城市中对资源的利用情况，是建设低碳城市的重要问题。

① 居民人均生活用电量：指一个国家或地区居民家庭平均每人每年消耗的电量。可反映家庭电气化程度，而家庭电气化程度是生活质量提高的重要标志。[①]

② 城镇居民日人均生活用水量：指每一用水人口平均每天的生活用水。数据统计，2021年，中国全年人均用水量419立方米，增长1.8%。[②]

(2) 开放城市

严格意义上是指国家在关税、外国人出入、原材料和产品进出口、土地买卖和租赁、金融货币及其他税收管理等方面实行优惠政策的沿海和边境口岸城市。这些城市作为国家引进技术、资金、管理和知识的窗口，通过辐射和扩散作用，带动内地经济发展。[③]无论城市是否处于边境或者口岸，在其发展的过程中都应当将视野放宽至全国乃至全球。无论我国沿海城市还是全球发达城市，开放都是其显著特征。根据世界银行的数据表明，贸易壁垒每降低5%，随之而来的就是发展中国家的收入增长加快三倍。[④]所以经济的开放是开放城市发展过程的应有之义，经济开放程度的提升有助于引进先

---

① 人均生活用电量，百度百科，https://baike.baidu.com/item/人均生活用电量/54194822?fr=aladdin.

② 人均日生活用水量，百度百科，https://baike.baidu.com/item/人均日生活用水量/1253163.

③ 开放城市，百度百科，https://baike.baidu.com/item/开放城市/9446371?fr=aladdin.

④ 沈开艳，陈企业，王红霞，张续垚，毛可.中国城市宜居指数[M].上海：上海社会科学院出版社，2020:194.

进技术、高科技人才、参与高水平经济竞争以及拓宽经济发展的市场，从而促进城市经济高质量的发展。经济的开放不仅表现在金融交易、旅游等方面，也表现在吸引外省市乃至其他国家人口的能力方面，故采用了人口迁入与流失情况、进出口总额、旅游外汇收入总额、外国入境过夜旅游人数及外商直接投资金额这五项指标来反映城市的经济开放程度。

① 人口迁入与流失情况：指城市人口的空间流动。人口的迁入与流失的情况能够直观反映出城市对于人口的吸引力以及城市的对外开放程度。

② 进出口总额：即实际进出我国国境的货物总金额，进出口总额能够反映城市对外贸易方面的总规模。①

③ 外国入境过夜旅游人数：可以衡量城市国际地位和国际知名度。②2019 年，全国入境过夜旅游人数 6 573 万人次，比上年同期增长 4.5%。③

④ 外商直接投资金额：对外直接投资是对外间接投资的对称，指的是一国国际直接投资的流出，即投资者直接在外国创办并经营企业而进行的投资。据商务部、外汇局统计，2021 年，中国对外全行业直接投资 9 366.9 亿元人民币，同比增长 2.2%（折合 1 451.9 亿美元，同比增长 9.2%）。④

（3）创新城市

创新城市指主要依靠科技、知识、人力、文化、体制等创新要素驱动发展的城市，对其他区域具有高端辐射与引领作用。⑤2018 年 11 月 1 日，根据中国创新城市排名，北京、深圳、上海位列前三。⑥创新是城市经济可持续发展的内生动力，更是城市经济的发展潜力。城市的发展不仅有经济总量的基础性要求，对科学技术在市政、环境等方面的应用也应当提出更高的要求，城市的创新能力不仅能够促进科学技术应用率的提高，还能不断提高其发

---

①② 廉珂.成都建设国家中心城市的综合评价及对策研究[D].成都：西南交通大学，2019.

③ 风闻.2019 年中国入境出境旅游数据[EB/OL]. https://user.guancha.cn/main/content?id=447465.

④ 舒雪清.2021 中国在欧洲直接投资情况：消费品和汽车是最大的投资目标领域[EB/OL]. https://baijiahao.baidu.com/s?id=1735570620862283386&wfr=spider&for=pc.

⑤ 创新型城市，百度百科，https://baike.baidu.com/item/创新型城市/2537596?fr=aladdin.

⑥ 金融界.中国创新城市 TOP10 出炉 北京深圳上海位列前三[EB/OL]. https://baijiahao.baidu.com/s?id=1615917406000171107&wfr=spider&for=pc.

展的潜力。城市的创新能力一方面体现在创新的阶层，如科学研究、科技从业人员的数量，另一方面也体现在其科技创新产业的发展上，如政府科研经费支出占 GDP 的比重等。专利的授权量也是能够体现城市创新能力的一个非常直观的数据指标。

① 科研经费支出占 GDP 比重：也可以用 R&D 支出占 GDP 比重表示，它是目前国际通用的衡量科技活动规模、科技投入水平和科技创新能力高低的重要指标。[①]

② 科技从业人员数量：截至 2019 年，中国高新技术企业从业人员达 3 437万人。其中东部地区高新技术企业从业人员为 2 332.07 万人，中部地区 595.14 万人，西部地区 390.02 万人，东北地区 119.73 万人。[②]此项指标可以反映出一个城市的科技创新水平与活力。

③ 发明专利授权量：指报告年度由专利行政部门对申请无异议的专利做出授权专利权决定，发给专利证书，并将有关事项予以登记和公告的专利数。反映一个城市创新成果产出。[③]

(4) 人民城市

随着城市化水平不断提高，新时代城市的政府主要职责转变为提升城市发展质量和治理效能以满足人民对更高生活品质的需求。[④]2019 年 11 月，习近平总书记考察上海时提出了“人民城市人民建，人民城市为人民”[⑤]的重要理念，指明城市治理既要服务人民也要依靠人民。在“以人为本”城市发展理念的促使下，衡量城市的宜居性不仅要考察城市宜居性建设的客观表征，更要重视城市居民的主观感受和评价。因为城市居民对自己所居住城市宜居性的主观评价可以直接反映出一座城市的宜居性建设带给其居

① 廉珂.成都建设国家中心城市的综合评价及对策研究[D].成都：西南交通大学，2019.

② 泽信网.中国国家高新技术企业数量、从业人员数量及经营情况统计[EB/OL]. http://www.gwzexin.com/news/1301.html.

③ 廉珂.成都建设国家中心城市的综合评价及对策研究[D].成都：西南交通大学，2019.

④ 刘红波，姚孟佳.人民城市理念下城市治理众包模式研究[J].城市观察，2022(04)：75—85+161—162.

⑤ 人民网.习近平：人民城市人民建，人民城市为人民[EB/OL]. https://baijiahao.baidu.com/s?id=1649155391062669587&wfr=spider&for=pc.

民的实际感受是怎样的，是对城市宜居性客观度量的补充，同时又能够充分体现人民城市的核心价值，这种主观评价可以用“满意度”的高低（或大小）来反映，从而为宜居城市建设及政策设计与改进提供具有现实意义的参考借鉴。

4.3.3　客观评价指标体系及内容

本书基于宜居城市的内涵以及客观评价体系构建的原则，并结合国内外相关研究，设计出经济富裕度、环境优美度、文化丰富度、生活便利度和安全保障度 5 个准则层、21 个指标层、96 个具体指标，构成城市宜居性评价指标体系框架。准则层是总括，指标层是说明，具体指标是对指标层的进一步细化，共同体现宜居性的内涵与特点。

表 4.1　　客观评价指标体系

准则层	指标层	具　体　指　标	单　位
经济富裕度	经济规模	GDP 总量	亿元
		人口总量	万人
		人均 GDP	万元
		城镇化率	%
		一般公共预算收入	亿元
	经济结构	第三产业占 GDP 比重	%
		就业人口	万人
		城镇居民人均消费性支出	元
		城镇居民可支配收入房价比	%
		城乡收入均衡指数	比值
		居民人均商业银行存款额	万元
	居民收入	恩格尔系数	%
		城镇居民人均可支配收入	元
		社会消费品零售总额	亿元
		城镇非私营单位就业人员平均工资	万元

(续表)

准则层	指标层	具体指标	单位
经济富裕度	创新能力	科研经费支出占GDP比重	%
		科技从业人员数量	万人
		发明专利授权量	件
	经济开放	人口迁入与流失情况	万人
		进出口总额	亿元
		外国入境过夜旅游人数	万人
		外商直接投资金额	亿美元
环境优美度	环境质量	年均降水量	毫米
		人均水资源量	立方米
		人均公共绿地面积	平方米
		建成区绿化覆盖率	%
		城市水资源总量	亿立方米
		城市森林覆盖率	%
		城市环境空气质量优良天数	天
		公园数量	个
		平均气温	摄氏度
		城市人口密度	人/平方千米
	环境健康	区域内噪声平均值	分贝
		污水处理率	%
		一般工业固体废物综合利用率	%
		空气质量优良率	%
		可吸入颗粒物(PM10)年平均值	微克/立方米
		二氧化硫平均值	微克/立方米
		二氧化氮平均值	微克/立方米
		年均PM2.5浓度	微克/立方米
	资源节约	居民人均生活用电量	千瓦时
		城镇居民日人均生活用水量	升

（续表）

准则层	指标层	具　体　指　标	单　位
文化丰富度	文体条件	公共图书馆图书藏量	万册
		每年举办大型文化活动数	次
		人均体育设施用地面积	平方米
		每万人拥有公共图书馆、文化馆、博物馆数量	个
		影剧院数量	个
		电视台及电台数量	个
	教育条件	每万人拥有小学中学数	个
		小学教师学生比	%
		中学教师学生比	%
		大学生在校人数	万人
		人均教育经费支出	元
	旅游业发展	历史文化遗存数量	个
		5A 级景区数量	个
		旅游收入占 GDP 比重	%
		A 级景点数量	个
		游客量	万人次
		星级酒店数量	个
	文化竞争力	政府文化和旅游局年预算	亿元
		公共文化财政支出	亿元
		城市文化体育娱乐单位从业人员比重	%
		文化产业占 GDP 比重	%
生活便利度	交通出行	每万人拥有公共汽车数量	辆
		每万人拥有出租车数量	辆
		每万人地铁长度	米/万人
		人均城市道路面积	平方米
		机场数量	个
		高铁/火车站数量	个

（续表）

准则层	指标层	具体指标	单位
生活便利度	市政基础设施	用水普及率	%
		管道燃气普及率	%
		固定互联网、宽带接入用户数	万户
		建成区排水管道密度	千米/平方千米
	住房与社区	市区房价均价	元/平方米
		人均住房使用面积	平方米
	配套设施	综合零售企业数	个
		社区超市覆盖率	%
		每万人拥有公厕数	个
		高等学校数量	个
		国际学校数量	个
		社区卫生服务中心数	个
	医疗与卫生	每万人拥有医院、卫生院床位数	张
		每万人拥有医师数	人
		卫生技术人员数	人
安全保障度	社会保障	基本医疗保险覆盖率	%
		基本养老保险覆盖率	%
		社会保障和就业投入	亿元
	社会公平	城镇登记失业人数	万人
		失业保险参保人数	万人
	公共安全	公安机关立案刑事案件数	起
		政府公共安全支出	亿元
		交通事故死亡人数	人
		生产安全事故数	起
	社会福利	教育资源预算公共支出	亿元
		养老服务机构数	个
		人均寿命	岁

4.3.4 主观评价指标体系及内容

主观性与客观性相结合具有非常重大的理论和实践意义。为充分体现“以人为本”的理念，通过居民对城市宜居性满意度的调查，反映居民日常生活的真实感受，提高研究的科学性、真实性、完整性以及全面性，我们在客观指标的基础上，提出了居民对城市满意度的综合指标。

主观指标评价是对客观指标评价的补充，有助于具体全面地对宜居城市进行研究。在构建居民满意度指标体系时，主观指标评价相对于客观指标评价，其侧重点在于了解居民对城市满意度，经调查后整理得出排名，进而进行综合分析。

长三角地区居民对当前长三角城市宜居性满意度，主要基于五个维度，即经济发展满意度、环境优美满意度、文化丰富满意度、生活便利性满意度及安全保障满意度。

经济发展满意度主要反映居民对城市经济发展的直观感受，能直接体现居民幸福生活的指数，反映城市经济发展水平。选取城市经济实力满意度、物价满意度、可支配收入满意度、房价满意度、城市创新能力满意度以及开放程度满意度、城市经济发展总体满意度这七个指标能够更加全面展现城市居民对所在城市经济的真实感受，因为这几项指标与居民的经济生活息息相关，可支配收入影响居民生活水平的高低，房价影响着居民是否具有稳定的住所，城市的创新能力和开放程度能够反映城市的活力，从而影响居民的就业及工作情况。

环境优美满意度主要反映居民生活在城市中对周围自然环境的直观感受。城市居民选择在一座城市定居，优美的环境是一项非常重要的参考因素，同时也能够反映一座城市的治理水平。城市居民对地区气候满意度、地区水质满意度、地区空气质量满意度、地区噪声污染治理程度满意度、城市绿化满意度、城市垃圾处理满意度以及城市环境总体满意度这七项指标能够全面体现居民生活在城市中对周围自然环境的感受。如果一座城市的气候不适宜人居住，空气质量、水质长期较差，那么这不仅不利于城市经济发展，而且城市居民也无法正常生活，同时水质、空气质量以及噪声污染程度也直接影响着城市居民的身体健康；城市绿化和垃圾处理不仅反映城市是否美观，同时也影响着居民生活的幸福程度，因为人民总是愿意生活在鸟语花香、干净整洁的城市中。

文化丰富满意度在一定程度上反映了城市居民是否享受了城市经济发展的红利，城市的全方面发展是否满足居民日益增长的文化需求。居民的文化丰富满意度包括了市民文化素质满意度、城市归属感满意度、城市文化设施满意度、旅游景区类型满意度、历史文脉保护满意度以及文化总体情况满意度这六项具体指标，全方位展现了城市居民生活在城市中的文化需求。市民的文化素质直接体现在居民的日常生活中，一座城市的居民都彬彬有礼、礼貌谦和，将为这座城市增添许多文明城市的力量，城市中的居民也能感受到生活在文明城市的舒适；同时居民生活在城市当中是否有归属感也影响着其是否长期稳定居留在城市中，因为归属感是一种很重要的社会关系；城市的文化设施是城市能够满足居民文化需求的最直接体现，包括影剧院、展览馆及文化馆设施的建设与发展，此项数据可以直接反映居民对于城市文化设施的评价情况；城市居民在日常的休闲娱乐中，也对居住城市的旅游景区的建设、历史文脉的保护有一定的了解，并有一定的需求，城市对居民这一文化需求的满足情况也影响着居民对城市文化丰富满意度的评价。

生活便利性满意度是最能够体现居民在一座城市生活的状态，因为生活是否便利是居民能够时时刻刻感受到的。居民的生活便利性满意度主要包括公共交通便利性满意度、购物设施便利性满意度、餐饮设施便利性满意度、休闲娱乐设施便利性满意度、医疗设施便利性满意度以及生活便利总体情况满意度这六项具体指标，其能够较为全面反映居民生活是否便利。公共交通的出行与每个居民都息息相关，出行的便利能够提高居民工作生活的效率，地铁、公交的线路多少，居民通勤时间的长短都直接影响着居民的日常工作生活；购物、就餐以及其他休闲娱乐是居民享受业余生活的主要活动，城市满足居民这些需求的程度也直接影响居民生活便利的满意度；医疗设施作为城市居民生活必不可少的设施，是城市建设的重要组成部分，也是提高居民生活便利性的重要一环，医疗设施的多少以及居民享受到医疗资源的多少将直接影响到居民对城市便利性的感受程度。

安全保障满意度主要体现居民生活在城市中的安全感，这个维度主要包括治安情况满意度、交通安全满意度、紧急避难场所满意度、就业保障满意度、医疗救治满意度、养老设施便利性满意度以及安全保障总体情况满意度这七项具体指标。城市的治安、交通安全事关城市居民的生命健康安全，是影响城市居民安全感的重要因素，城市的治安情况良好、交通安全井然有序对于营造和谐稳定的社会环境至关重要；紧急避难场所对于城市发生自然灾害时的避难、救助等也是十分有必要的，居民对城市的紧急避难场所的数量、地点的了解和满意度也能够提高居民生活的安全感；城市政府对居民的就业保障充足能够在一定程度上缓解居民的经济生活压力，并且能够提高其在城市生活的安全感；医疗救治作为城市提供给居民的安全保障，在居民的日常生活中十分重要，特别是在新冠肺炎疫情期间，各个医疗机构对生病居民的救治情况直接影响到居民生活在城市中的安全感和幸福感；同时，养老问题作为每个城市都会面临的问题也直接影响到城市居民的感受，城市为居民提供多种养老方式以及养老院、老年活动中心的设施建设主要能够提升老年居民的幸福指数，同时也为老年人的子女减轻一定的经济和生活负担。

表 4.2　　主观评价指标体系

满意度调查	问　　题
经济发展满意度	城市经济实力满意度
	物价满意度
	可支配收入满意度
	房价满意度
	城市创新能力满意度
	开放程度满意度
	城市经济发展总体满意度
环境优美满意度	地区气候的满意度
	地区水质满意度
	地区空气质量满意度
	地区噪声污染治理程度满意度
	城市绿化满意度
	城市垃圾处理满意度
	城市环境总体情况满意度

（续表）

满意度调查	问　　题
文化丰富满意度	市民文化素质满意度
	城市归属感满意度
	城市文化设施满意度
	城市旅游景区类型满意度
	历史文脉保护满意度
	文化总体情况满意度
生活便利性满意度	公共交通便利性满意度
	购物设施便利性满意度
	餐饮设施便利性满意度
	休闲娱乐设施便利性满意度
	医疗设施便利性满意度
	生活便利总体情况满意度
安全保障满意度	治安情况满意度
	交通安全满意度
	紧急避难场所满意度
	就业保障满意度
	医疗救治满意度
	养老设施便利性满意度
	安全保障总体情况满意度

4.4　数据处理与评价方法

在决策问题的求解过程中，属性的权重起到至关重要的作用，被用来反映属性的重要性。指标权重表示被测对象各个考察指标在整体中价值的高低和相对重要程度以及所占比例大小量化值。在统计学原理中，某种事物所含有的各个指标权重之和被视为 1，其中，每个指标的权重用小数表示，称为权重系数。目前已有许多确定属性权重的方法，分为三大类，即主观赋权法、客观赋权法和主客观综合赋权法（组合赋权法）。主观赋权法则是人们研究史最长、较为成熟的一种方法，是通过决策者对属性的主观思想上的重视程度对属性权重进行赋值，以此来反映属性的重要程度，缺点在于客观性较差，具有一定的局限性。常用的主观赋权法包括层次分析法（AHP）、TACTIC 法、二项系数法和专家调查法（Delphi 法）等。其中，层次分析法是在实际研究中应用最多的一种主观赋权法，能够将问题层次化。熵值法和主成分分析法则属于客观赋权法，其中熵值法应用最多，使用决策矩阵确定属性权重，反映属性值得到离散程度。运用客观赋权法确定权重系数具有较强数学理论依据，但没有考虑决策者意向。因此，根据主、客观赋权法的优缺点，为减少赋权主观随意性，且考虑决策者的偏好意见，本文采用层次分析法和熵值法相结合，用综合赋权方法进行指标赋权。

4.4.1　熵值法价值的计算

熵泛指某些物质系统状态的一种量度，某些物质系统状态可能出现的程度。1948 年，香农将统计物理中熵的概念，引申到信息通信过程中，开创信息论学科。熵值法是熵应用在系统论中的信息管理方法。信息量越大，不确定性越小，熵也越小；信息量越小，不确定性越大，熵也越大。故熵值法可用来判断一个事件的随机性及无序程度，也可用来判断某个指标的离散程度。离散程度越大，该指标对综合评价的影响越大；离散程度越小，对综合评价的影响越小。[①]因此，可根据各指标的离散程度，利用熵值法，计算出各个指标的权重，为综合评价提供有力的依据。

---

① 熵值法，智库百科，https://wiki.mbalib.com/wiki/%E7%86%B5%E5%80%BC%E6%B3%95.

熵值法详尽步骤如下：

在数据指标中，大部分指标越大越优，但是部分指标越小越优，部分指标某点为最优。

越小越优的指标有：城镇登记失业人数，公安机关立案刑事案件数，交通事故死亡人数，生产安全事故数，人口分布密度，区域内噪声平均值，可吸入颗粒物（PM10）年平均值，二氧化硫平均值，二氧化氮平均值，年均PM2.5浓度，居民人均生活用电量，城镇居民日人均生活用水量，恩格尔系数。

某点最优的指标有：平均气温（18～24，取中间值21）。

数据集共有26个待评价城市，96个评价指标，因此可以构成矩阵：

$$X=(x_{ij})_{26\times 96}$$

其中越小越优的指标和某点最优的指标都需要进行处理，其中越小越优的指标计算公式：

$$x'_{ij}=\max(x_{ij})-x_{ij}$$

某点最优的指标计算公式：

$$x'_{ij}=1-\frac{|x_{ij}-a|}{\max|x_{ij}-a|}$$

其中 a 为最优值。

在进行计算之前需要进行数据标准化（归一化），其公式为：

$$x''_{ij}=\frac{x'_{ij}-\min(x_j)}{\max(x_j)-\min(x_j)}$$

其中为了避免归一化之后的数值为0，归一化结果区间设置为[0.002, 1]。在对数据进行归一化计算之后，需要计算数据矩阵不同指标的信息熵，对某个指标 r_j 来说，信息熵为 E_j：

$$E_j=-\frac{1}{\ln m}\sum_{i=1}^{m}p_{ij}\ln p_{ij}$$

其中 p_{ij} 计算如下：

$$p_{ij}=\frac{x''_{ij}}{\sum_{i=1}^{m}x''_{ij}}$$

信息熵计算结束之后可以计算权重和待评价城市得分，其中权重 W_{ij} 为：

$$W_{ij}=\frac{(1-E_j)}{\sum_{j=1}^{n}(1-E_j)}$$

待评价城市得分 S_i 为：

$$S_i=\sum_{j=1}^{n}W_j x''_{ij}$$

这样即可得到城市的二级类别得分和整体综合得分。为了能够更好地对城市宜居度进行分析，须再将各自的得分按各自的权重进行归一化，则各指标的相对宜居度值 L_{ij}：

$$L_{ij}=W_{ij}\left(\frac{S_{ij}}{100}\right)$$

这样即可得到不同指标的相对宜居度值，依据该值的城市宜居度排名与根据评分的城市宜居度排名一致。

4.4.2　层次分析法及评价指标权重的确定

层次分析法，简称 AHP，是一种层次权重决策分析方法，由美国运筹学家匹茨堡大学教授萨蒂于 20 世纪 70 年代初提出。此方法是指将一个复杂的多目标决策问题作为一个系统，将目标分解为多个准则，进而分解为多准则的若干层次，通过定性指标模糊量化方法算出层次权数和总排序，以作为决策的系统方法。具体如下：

第一，依据熵值法的结果构建判断矩阵。

表 4.3 **输出结果 1:指标指数**

	经济规模	经济结构	居民收入	创新能力	经济开放	环境质量	环境健康	资源节约	交通出行	市政基础设施
经济规模	1	1.454 348	2.139 642	2.143 622	0.747 616	0.755 605	1.213 504	1.145 933	1.157 723	2.771 996 463
经济结构	0.687 594	1	1.471 204	1.473 941	0.514 056	0.519 549	0.834 398	0.787 936	0.796 043	1.906 006 799
居民收入	0.467 368	0.679 715	1	1.001 86	0.349 411	0.353 146	0.567 153	0.535 572	0.541 082	1.295 542 04
创新能力	0.466 5	0.678 453	0.998 143	1	0.348 763	0.352 49	0.566 1	0.534 578	0.540 078	1.293 136 72
经济开放	1.337 586	1.945 315	2.861 955	2.867 279	1	1.010 687	1.623 166	1.532 784	1.548 554	3.707 783 337
环境质量	1.323 443	1.924 746	2.831 694	2.836 961	0.989 426	1	1.606 003	1.516 576	1.532 18	3.668 578 316
环境健康	0.824 06	1.198 469	1.763 193	1.766 473	0.616 08	0.622 664	1	0.944 317	0.954 033	2.284 291 008
资源节约	0.872 651	1.269 139	1.867 162	1.870 635	0.652 408	0.659 38	1.058 966	1	1.010 288	2.418 986 819
交通出行	0.863 765	1.256 214	1.848 147	1.851 585	0.645 764	0.652 665	1.048 182	0.989 816	1	2.394 352 684
市政基础设施	0.360 751	0.524 657	0.771 878	0.773 313	0.269 703	0.272 585	0.437 773	0.413 396	0.417 649	1
住房与社区	0.298 083	0.433 516	0.637 791	0.638 978	0.222 852	0.225 233	0.361 725	0.341 583	0.345 098	0.826 285 306
配套设施	1.446 683	2.103 98	3.095 383	3.101 141	1.081 562	1.093 121	1.755 555	1.657 801	1.674 857	4.010 199 238
医疗与卫生	0.529 487	0.770 058	1.132 913	1.135 02	0.395 853	0.400 083	0.642 534	0.606 756	0.612 999	1.467 735 773
社会保障	0.721 379	1.049 136	1.543 493	1.546 364	0.539 314	0.545 078	0.875 397	0.826 652	0.835 157	1.999 660 45
社会公平	0.410 562	0.597 099	0.878 455	0.880 089	0.306 942	0.310 223	0.498 218	0.470 476	0.475 317	1.138 075 582
公共安全	0.626 973	0.911 836	1.341 497	1.343 993	0.468 735	0.473 744	0.760 834	0.718 469	0.725 861	1.737 966 28
社会福利	0.589 264	0.856 995	1.260 814	1.263 16	0.440 543	0.445 251	0.715 074	0.675 257	0.682 204	1.633 438 116
文体条件	0.970 455	1.411 38	2.076 428	2.080 29	0.725 528	0.733 281	1.177 652	1.112 077	1.123 518	2.690 099 132
教育条件	0.757 015	1.100 962	1.619 74	1.622 753	0.565 956	0.572 004	0.918 64	0.867 488	0.876 413	2.098 441 769
旅游业发展	0.460 083	0.669 121	0.984 413	0.986 244	0.343 965	0.347 641	0.558 313	0.527 224	0.532 649	1.275 348 4
文化竞争力	0.317 064	0.461 121	0.678 403	0.679 665	0.237 042	0.239 575	0.384 758	0.363 334	0.367 072	0.878 900 199

住房与社区	配套设施	医疗与卫生	社会保障	社会公平	公共安全	社会福利	文体条件	教育条件	旅游业发展	文化竞争力
3.354 769 16	0.691 237	1.888 620 91	1.386 234	2.435 687	1.594 966	1.697 032	1.030 444	1.320 979	2.173 520 9	3.153 937 7
2.306 717 53	0.475 29	1.298 603 49	0.953 165	1.674 763	1.096 688	1.166 868	0.708 527	0.908 296	1.494 498 9	2.168 627 1
1.567 911 27	0.323 062	0.882 680 7	0.647 881	1.138 362	0.745 436	0.793 138	0.481 596	0.617 383	1.015 833 8	1.474 049 1
1.565 000 26	0.322 462	0.881 041 9	0.646 678	1.136 249	0.744 052	0.791 666	0.480 702	0.616 237	1.013 947 8	1.471 312 4
4.487 291 88	0.924 588	2.526 192 66	1.854 206	3.257 941	2.133 403	2.269 926	1.378 307	1.766 922	2.907 270 9	4.218 662 5
4.439 844 55	0.914 812	2.499 481 43	1.834 601	3.223 493	2.110 846	2.245 924	1.363 734	1.748 239	2.876 530 3	4.174 055 6
2.764 530 59	0.569 62	1.556 336 67	1.142 339	2.007 152	1.314 347	1.398 456	0.849 148	1.088 565	1.791 111 4	2.599 033 4
2.927 544 27	0.603 209	1.648 107 83	1.209 699	2.125 506	1.391 849	1.480 917	0.899 218	1.152 754	1.896 726 3	2.752 288 4
2.897 731 16	0.597 066	1.631 324 06	1.197 38	2.103 861	1.377 675	1.465 836	0.890 061	1.141 015	1.877 410 7	2.724 26
1.210 235 73	0.249 364	0.681 321 54	0.500 085	0.878 676	0.575 385	0.612 206	0.371 734	0.476 544	0.784 099 5	1.137 785 6
1	0.206 046	0.562 965 98	0.413 213	0.726 037	0.475 432	0.505 857	0.307 158	0.393 761	0.647 889 9	0.940 135 5
4.853 286 4	1	2.732 235 13	2.005 44	3.523 667	2.307 409	2.455 067	1.490 725	1.911 037	3.144 395 1	4.562 747
1.776 306 28	0.366 001	1	0.733 993	1.289 665	0.844 513	0.898 556	0.545 607	0.699 441	1.150 850 8	1.669 968 6
2.420 060 52	0.498 644	1.362 411 74	1	1.757 054	1.150 575	1.224 203	0.743 341	0.952 926	1.567 932 7	2.275 184 9
1.377 339 73	0.283 795	0.775 395 41	0.569 134	1	0.654 832	0.696 736	0.423 061	0.542 343	0.892 364 5	1.294 886
2.103 348 89	0.433 387	1.184 113 87	0.869 131	1.527 11	1	1.063 993	0.646 06	0.828 218	1.362 738 4	1.977 433
1.976 845 17	0.407 321	1.112 896 58	0.816 858	1.435 263	0.939 856	1	0.607 204	0.778 405	1.280 778	1.858 502 4
3.255 654 09	0.670 814	1.832 822 49	1.345 278	2.363 726	1.547 843	1.646 894	1	1.281 951	2.109 305 3	3.060 756 1
2.539 609 21	0.523 276	1.429 713 58	1.049 399	1.843 851	1.207 412	1.284 678	0.780 061	1	1.645 387 1	2.387 576 8
1.543 472 2	0.318 026	0.868 922 34	0.637 782	1.120 618	0.733 817	0.780 775	0.474 09	0.607 76	1	1.451 073 1
1.063 676 42	0.219 166	0.598 813 64	0.439 525	0.772 269	0.505 706	0.538 068	0.326 717	0.418 835	0.689 145 2	1

第二，计算出特征向量和对应的权重值。

表 4.4　　输出结果 2：AHP 层次分析结果

AHP 层次分析结果				
项	特征向量	权重值	最大特征根	CI 值
经济规模	1.516 6	0.065 2	21	0
经济结构	1.042 8	0.044 9		
居民收入	0.708 8	0.030 5		
创新能力	0.707 5	0.030 4		
经济开放	2.028 5	0.087 2		
环境质量	2.007 1	0.086 3		
环境健康	1.249 7	0.053 8		
资源节约	1.323 4	0.056 9		
交通出行	1.309 9	0.056 3		
市政基础设施	0.547 1	0.023 5		
住房与社区	0.452 1	0.019 4		
配套设施	2.194	0.094 4		
医疗与卫生	0.803	0.034 5		
社会保障	1.094	0.047 1		
社会公平	0.622 6	0.026 8		
公共安全	0.950 8	0.040 9		
社会福利	0.893 6	0.038 4		
文体条件	1.471 7	0.063 3		
教育条件	1.148 1	0.049 4		
旅游业发展	0.697 7	0.03		
文化竞争力	0.480 8	0.020 7		

层次分析法（方根法）的权重计算结果显示，经济规模的权重得分为 0.065 2，经济结构的权重得分为 0.044 9，居民收入的权重得分为 0.030 5，创

新能力的权重得分为 0.030 4，经济开放的权重得分为 0.087 2，环境质量的权重得分为 0.086 3，环境健康的权重得分为 0.053 8，资源节约的权重得分为 0.056 9，交通出行的权重得分为 0.056 3，市政基础设施的权重得分为 0.023 5，住房与社区的权重得分为 0.019 4，配套设施的权重得分为 0.094 4，医疗与卫生的权重得分为 0.034 5，社会保障的权重得分为 0.047 1，社会公平的权重得分为 0.026 8，公共安全的权重得分为 0.040 9，社会福利的权重得分为 0.038 4，文体条件的权重得分为 0.063 3，教育条件的权重得分为 0.049 4，旅游业发展的权重得分为 0.03，文化竞争力的权重得分为 0.020 7。

第三，一致性检验判断。

由于判断对象的复杂性以及人的思维判断的差异性，判断者对判断时所采用的标度和所比较的对象有时缺乏清楚的认识，可能会使各要素之间存在矛盾或不一致的情况，故需对权重进行一致性检验。

定义一致性指标为

$$CI=\frac{\lambda_{\max}-n}{n-1}$$

其中，$\lambda_{\max}$表示带偏差的最大特征根，n 表示指标数量。$CI=0$，有完全一致性；CI 接近于 0，有满意的一致性；CI 越大，不一致越严重。构建一致性检验系数 CR。

$$CR=\frac{CI}{RI}$$

得出结果

表 4.5　　一致性检验结果

一致性检验结果				
最大特征根	CI 值	RI 值	CR 值	一致性检验结果
21	0	1.638 5	0	通过

层次分析法的计算结果显示，最大特征根为 21.0，根据 RI 表查到对应的 RI 值为 1.638 5，因此 $CR=CI/RI=-0.0<0.1$，通过一次性检验。

最后，得出综合评分。

在计算得到层次分析法中 n 项指标的各自权重 w 之后，进行加权得分的计算，首先对每一个维度的数据进行归一化得到数据值 x，与熵值法的归一化方法一致。之后与权重相乘获得不同城市的宜居程度评分。

$$S=\sum_{i=1}^{n}W_i x_i$$

4.4.3 输出结果

通过熵值法和层次分析法的结合，得出各层级指标权值。根据具体指报查询数据，各指标数据来源翔实，研究数据来源于各省市统计年鉴、各市统计公报、专项研究报告、政府官网、各部门官方网站、普查数据、抽样调查数据、地理信息数据以及其他文献资料数据。

表 4.6 最终权值结果

一级分类	整体权重	二级分类	整体权重	三级分类	整体权重
经济富裕度	0.258 243	经济规模	0.065 229	GDP 总量	0.014 769
				人口总量	0.010 993
				人均 GDP	0.010 622
				城镇化率	0.004 924
				一般公共预算收入	0.023 921
		经济结构	0.044 851	第三产业占 GDP 比重	0.008 512
				就业人口	0.010 338
				城镇居民人均消费性支出	0.007 060
				城镇居民可支配收入房价比	0.008 129
				城乡收入均衡指数	0.005 627
				居民人均商业银行存款额	0.005 185
		居民收入	0.030 485	恩格尔系数	0.002 920
				城镇居民人均可支配收入	0.007 289
				社会消费品零售总额	0.013 442
				城镇非私营单位就业人员平均工资	0.006 834

（续表）

一级分类	整体权重	二级分类	整体权重	三级分类	整体权重
经济富裕度	0.258 243	创新能力	0.030 429	科研经费支出占 GDP 比重	0.004 065
				科技从业人员数量	0.012 263
				发明专利授权量	0.014 101
		经济开放	0.087 249	人口迁入与流失情况	0.010 000
				进出口总额	0.027 571
				外国入境过夜旅游人数	0.029 235
				外商直接投资金额	0.020 443
环境优美度	0.196 996	环境质量	0.086 323	年均降水量	0.006 236
				人均水资源量	0.016 746
				人均公共绿地面积	0.002 631
				建成区绿化覆盖率	0.004 728
				城市水资源总量	0.009 404
				城市森林覆盖率	0.010 629
				城市环境空气质量优良天数	0.008 315
				公园数量	0.019 536
				平均气温	0.004 113
				人口分布密度	0.003 985
		环境健康	0.053 751	区域内噪声平均值	0.024 317
				污水处理率	0.003 500
				一般工业固体废物综合利用率	0.003 971
				空气质量优良率	0.003 789
				可吸入颗粒物(PM10)年平均值	0.006 081
				二氧化硫平均值	0.002 175
				二氧化氮平均值	0.007 760
				年均 PM2.5 浓度	0.002 158
		资源节约	0.056 922	居民人均生活用电量	0.022 487
				城镇居民日人均生活用水量	0.034 435

（续表）

<table>
<tr><th>一级分类</th><th>整体权重</th><th>二级分类</th><th>整体权重</th><th>三级分类</th><th>整体权重</th></tr>
<tr><td rowspan="21">文化丰富度</td><td rowspan="21">0.163 377</td><td rowspan="6">文体条件</td><td rowspan="6">0.063 302</td><td>公共图书馆图书藏量</td><td>0.019 774</td></tr>
<tr><td>每年举办大型文化活动数</td><td>0.000 808</td></tr>
<tr><td>人均体育设施用地面积</td><td>0.009 982</td></tr>
<tr><td>每万人拥有公共图书馆、文化馆、博物馆数量</td><td>0.012 911</td></tr>
<tr><td>影剧院数量</td><td>0.016 623</td></tr>
<tr><td>电视台及电台数量</td><td>0.003 204</td></tr>
<tr><td rowspan="5">教育条件</td><td rowspan="5">0.049 378</td><td>每万人拥有小学中学数</td><td>0.001 679</td></tr>
<tr><td>小学教师学生比</td><td>0.003 341</td></tr>
<tr><td>中学教师学生比</td><td>0.019 048</td></tr>
<tr><td>大学生在校人数</td><td>0.022 695</td></tr>
<tr><td>人均教育经费支出</td><td>0.002 617</td></tr>
<tr><td rowspan="6">旅游业发展</td><td rowspan="6">0.030 010</td><td>历史文化遗存数量</td><td>0.000 351</td></tr>
<tr><td>5A 级景区数量</td><td>0.000 322</td></tr>
<tr><td>旅游收入占 GDP 比重</td><td>0.001 795</td></tr>
<tr><td>A 级景点数量</td><td>0.007 843</td></tr>
<tr><td>游客量</td><td>0.008 62</td></tr>
<tr><td>星级酒店数量</td><td>0.011 079</td></tr>
<tr><td rowspan="4">文化竞争力</td><td rowspan="4">0.020 681</td><td>政府文化和旅游局年预算</td><td>0.000 681</td></tr>
<tr><td>公共文化财政支出</td><td>0.011 91</td></tr>
<tr><td>城市文化体育娱乐单位从业人员比重</td><td>0.001 612</td></tr>
<tr><td>文化产业占 GDP 比重</td><td>0.006 478</td></tr>
</table>

(续表)

一级分类	整体权重	二级分类	整体权重	三级分类	整体权重
生活便利度	0.228 219	交通出行	0.056 341	每万人拥有公共汽车数量	0.010 496
				每万人拥有出租车数量	0.005 471
				城市地铁	0.021 041
				人均城市道路面积	0.004 091
				机场数量	0.010 215
				高铁/火车站数量	0.005 027
		市政基础设施	0.023 532	用水普及率	0.001 209
				管道燃气普及率	0.001 396
				固定互联网、宽带接入用户数	0.017 191
				建成区排水管道密度	0.003 736
		住房与社区	0.019 443	市区房价均价	0.013 345
				人均住房使用面积	0.006 098
		配套设施	0.094 364	综合零售企业数	0.019 095
				社区超市覆盖率	0.003 366
				每万人拥有公厕数	0.006 793
				高等学校数量	0.020 732
				国际学校数量	0.028 411
				社区卫生服务中心数	0.015 967
		医疗与卫生	0.034 538	每万人拥有医院、卫生院床位数	0.003 640
				每万人拥有医师数	0.015 793
				卫生技术人员数	0.015 105
安全保障度	0.153 168	社会保障	0.047 054	基本医疗保险覆盖率	0.013 811
				基本养老保险覆盖率	0.011 942
				社会保障和就业投入	0.021 301

（续表）

一级分类	整体权重	二级分类	整体权重	三级分类	整体权重
安全保障度	0.153 168	社会公平	0.026 780	城镇登记失业人数	0.015 088
				失业保险参保人数	0.011 692
		公共安全	0.040 897	公安机关立案刑事案件数	0.025 573
				政府公共安全支出	0.003 284
				交通事故死亡人数	0.001 429
				生产安全事故数	0.010 611
		社会福利	0.038 437	教育资源预算公共支出	0.016 061
				养老服务机构数	0.014 336
				人均寿命	0.008 040

第5章　长三角城市宜居性的综合评价

5.1　基于客观指标的评价结果

5.1.1　客观排名结果

长三角各城市客观指标排名如下表，客观综合排名依次为：上海、杭州、苏州、南京、宁波、绍兴、无锡、台州、金华、嘉兴、南通、合肥、常州、舟山、湖州、扬州、盐城、芜湖、镇江、宣城、泰州、安庆、池州、铜陵、马鞍山、滁州。

表5.1　　客观评价结果

排名	城　市	综合宜居度	经济富裕度	环境优美度	文化丰富度	生活便利度	安全保障度
1	上　海	0.916	0.249	0.156	0.159	0.212	0.141
2	杭　州	0.852	0.213	0.186	0.124	0.193	0.136
3	苏　州	0.820	0.220	0.137	0.135	0.192	0.136
4	南　京	0.797	0.210	0.132	0.142	0.183	0.130
5	宁　波	0.763	0.199	0.163	0.106	0.170	0.124
6	绍　兴	0.741	0.184	0.165	0.116	0.169	0.108
7	无　锡	0.727	0.200	0.125	0.118	0.173	0.111
8	台　州	0.719	0.175	0.177	0.105	0.155	0.107
9	金　华	0.714	0.180	0.170	0.109	0.156	0.100

（续表）

排名	城　市	综合宜居度	经济富裕度	环境优美度	文化丰富度	生活便利度	安全保障度
10	嘉　兴	0.713	0.198	0.155	0.105	0.149	0.107
11	南　通	0.699	0.189	0.136	0.098	0.162	0.114
12	合　肥	0.696	0.198	0.108	0.117	0.176	0.097
13	常　州	0.694	0.196	0.113	0.120	0.163	0.103
14	舟　山	0.667	0.174	0.172	0.111	0.125	0.085
15	湖　州	0.666	0.174	0.158	0.101	0.133	0.101
16	扬　州	0.655	0.173	0.120	0.107	0.157	0.097
17	盐　城	0.620	0.166	0.132	0.101	0.114	0.106
18	芜　湖	0.617	0.163	0.124	0.097	0.138	0.095
19	镇　江	0.600	0.172	0.112	0.098	0.126	0.093
20	宣　城	0.596	0.133	0.172	0.077	0.128	0.087
21	泰　州	0.595	0.173	0.111	0.090	0.124	0.098
22	安　庆	0.593	0.129	0.163	0.093	0.120	0.088
23	池　州	0.585	0.127	0.172	0.087	0.116	0.083
24	铜　陵	0.576	0.138	0.129	0.092	0.135	0.081
25	马鞍山	0.570	0.162	0.115	0.086	0.127	0.080
26	滁　州	0.555	0.142	0.117	0.085	0.124	0.086

5.1.2　空间特征分析

上海是全国最大的综合性工业城市，也是全国重要的科技中心、贸易中心、金融和信息中心。长三角各城市经济评分表明，长三角宜居城市中，上海市总体经济发达。由长三角宜居城市环境评分可知，上海环境评分较高，但不及浙江省部分城市的环境评分。从长三角宜居城市生活便利性评分可以看出，上海生活评分高，是长三角地区生活便利度最高的一座城市，生活水平超过长三角地区其余城市。长三角宜居城市安全保障评分显示，上海市安全评分高，是长三角地区安全系数最高的一座城市。在长三角宜居城市文化评分中，上海市文化评分高，是一座文化底蕴极其深厚的城市。从长三角各城市综合评分来看，上海市综合评分最高，综合实力最强，是宜居城市综合得分最高的城市。

江苏省经济综合竞争力居全国前列，是中国经济最活跃的省份之一。长三角宜居城市经济评分表明，苏南地区整体经济较为发达，其中苏州经济规模较大，居民收入发展好，经济得分最高，南通、无锡和常州的经济结构较为完善，经济实力都位列前位；苏北地区经济相对较弱，经济得分较低。其次，由长三角宜居城市环境评分可知，苏南地区环境评分普遍偏高；苏北地区环境评分中等，环境质量较高，环境较为健康。从长三角宜居城市生活便利性评分可以看出，苏南地区生活评分较高，苏州市配套设施多，交通出行方便，生活条件最为便利；苏北地区除扬州市外，其余城市生活评分中等，便利度一般。长三角宜居城市安全保障评分显示，苏南地区城市安全保障度较高，其中以苏州市和南京市最为安全；苏北地区普遍安全评分中等，安全保障度较高。长三角宜居城市文化评分表明，苏南地区城市文化评分高，文化底蕴深厚，其中南京市拥有众多景点，旅游也发展较好，文化水平最高；苏北地区文化评分多数偏低，例如泰州市旅游资源相对较少。从长三角各城市综合评分看，江苏省总体评分由苏南向苏北递减，宜居性由苏南向苏北地区减弱。

浙江省是长三角地区重要省份之一，属于景色优美的沿海省份。长三角宜居城市经济评分表明，浙江地区整体经济较为发达，以杭州市和宁波市经济较为突出；内部地区整体经济发展较为均匀。由长三角宜居城市环境评分可知，杭州居浙江省环境评分之首，其环境宜居性较高，景色最为优美，台州、嘉兴、湖州、金华、宁波等地环境评分均较高，整体环境较好。从长三角宜居城市生活便利性评分可以看出，生活评分最高的城市为杭州，其生活便利度最高。沿海城市生活便利度比内陆城市高出一些，嘉兴、湖州等地区由于部分区域高铁数量较少，便利度综合较为一般。长三角宜居城市安全保障评分显示，整体安全评分均较高，沿海城市以宁波市安全程度最高；内陆地区以杭州市最高。长三角宜居城市文化评分表明，内陆地区城市文化水平较高，杭州市的文化底蕴最为深厚；沿海地区城市文化评分普遍中等，文化价值有待进一步挖掘。从长三角各城市综合评分看，浙江省综合评分普遍较高，杭州市评分最高，是浙江省最为宜居的城市。

安徽省位于中国经济最发达的华东地区，是长三角的重要组成部分。长三角宜居城市经济评分表明，安徽省除合肥市外，其余城市经济水平普遍相对偏低，大部分城市均低于苏浙沪地区城市。由长三角宜居城市环境评分可知，池州市与宣城市环境水平较高，安庆市紧随其后。从长三角宜居城市生活便利性评分可以看出，合肥市生活评分较高，生活较为便利，其余城市生活评分均较低，总体生活便利度低于苏浙沪城市。长三角宜居城市安全保障评分显示，合肥市与芜湖市较为安全，其余城市安全系数相对较低，需重视其余城市的安全建设。长三角宜居城市文化评分表明，合肥市的文化评分最高，其余城市文化评分相对较低，需进一步挖掘城市文化，加强城市的文化建设。从长三角各城市综合评分看，安徽省中除合肥市评分高以外，其余城市评分普遍偏低，总体而言，合肥市较为宜居。

5.1.3 具体指标分析

（1）经济富裕度

经济富裕度排名依次为：上海、苏州、杭州、南京、无锡、宁波、嘉兴、合肥、常州、南通、绍兴、金华、台州、舟山、湖州、泰州、扬州、镇江、盐城、芜湖、马鞍山、滁州、铜陵、宣城、安庆和池州。（见图 5.1）

经济富裕度第一梯队中，最高城市为上海，苏州位列第二，第三、四、五名分别为杭州、南京和无锡。

上海作为国际金融中，经济富裕度第一理所当然。首先，上海经济规模大。据上海市统计局发布的上海国民经济运行情况，上海市 GDP 规模自 2017 年突破 3 万亿元，2021 年 GDP 总量更是高达 38 700.58 亿元。此情况说明上海经济持续稳定恢复，经济发展韧性增强，实现了“十四五”发展良好开局。且上海就业人口高达 1 050.89 万人，人才引进程度高。其次，上海经济结构完整。第三产业贡献不断提高，从而使得上海市产业结构呈现“以第三产业为主，第二产业为辅”的格局。其中第三产业占 GDP 比重为73.15%，

2016—2021年，上海市第三产业增加值占比从70.5%增加到了73.3%。由此可见第三产业在上海经济结构占有较大的比重，第三产业的贡献仍在不断提升之中。此外，上海居民收入发展较快。2011年至2021年十年中，全市居民人均可支配收入从3.86万元提高到7.8万元。上海市政府还着力保障和改善民生，人民生活水平进一步提升。另外，上海的创新能力不断提高，科技创新能力蝉联全国第一。至2020年，上海科技从业人员数量高达32.04万人，高于其余城市多倍。除此之外，上海经济开放程度极大。其中，上海2020年进出口总额高达33 713.66亿元，由此可见，上海进出口额极高，且发展极为迅速。

有长三角"第二城"美誉的苏州经济富裕度也是极高，仅次于上海。苏州的经济规模同样极大。数据显示，2021年，苏州GDP达到了2.27万亿元，增长8.7%，可见苏州经济规模大的同时发展也极为迅速。[①]且苏州的经济结构极其完整。就业人口虽不及上海高，但高达751.8万人的就业人口在长三角地区也是极高。第三产业在苏州的经济结构中占比极高，至2020年，苏州第三产业增加值11 655.8亿元，增长8.1%。除此之外，苏州居民收入发展好，人均可支配收入高。2020年，苏州城镇居民人均可支配收入高达70 966元，截至2020年，苏州的人均收入在全国范围内也是排在了第五位，因此苏州居民收入在长三角地区乃至全国都位列前位。同时，苏州创新能力强。科技从业人数高达21.88万人，仅次于上海。近年来苏州推进中科院苏州医工所、长光华芯争创全国重点实验室，开工建设太湖科学城国际创新社区，提高综合创新能力。[②]此外，苏州的经济开放程度仅次于上海，进出口总额高达22 321.43亿元。《苏州市开放型经济"十四五"发展规划》发布，更是促进苏州开放型经济的形成。

杭州经济富裕度领先浙江各市。杭州经济规模大、经济结构完善。杭州市2020年GDP为1.61万亿元，第三产业占GDP比重为68.04%，仅次于

① 财联社.苏州2022年GDP预计增长5.5%　数字经济比重达15%[EB/OL]. https://baijiahao.baidu.com/s?id=1728731831711452350&wfr=spider&for=pc.

② 中国江苏网.苏州高新区着力在"产业层次高、创新能力强"上有更大作为[EB/OL]. https://baijiahao.baidu.com/s?id=1740706132587045984&wfr=spider&for=pc.

上海。作为“电商之都”,杭州市 2021 年第三产业的增加值占据了浙江全省超过四分之一的比重,达到近 1.23 万亿元,浙江省第三产业增加值约为 4.01 万亿元。[①]此外,杭州 2020 年城镇居民人均消费性支出高达 41 916 元,接近全国平均水平的两倍,说明杭州城镇居民消费能力强,消费升级也成了必然趋势,高端购物中心、综合体成为促进消费升级的“助推器”。杭州的创新能力强,29 项科技成果获 2020 年度国家科学技术奖,由《国家创新型城市创新能力评价报告 2021》发布的排名中,杭州创新能力排名全国第二,创新能力可见一斑,同年杭州全球创新指数排名跃升至全球第 21 位,创历史最佳。杭州经济开放程度高,近年来,杭州不断提升开放型经济水平,推动经济高质量发展。据杭州市商务局数据,2021 年 1 到 9 月,杭州进出口 5 007.7 亿元,增长了 24.1%,其中,进口额达 1 836.6 亿元,增长了 21.2%,可见其开放型经济水平高。

南京作为江苏省省会城市,经济较为富裕。在经济规模方面,南京 GDP 总量高,据统计数据显示,2020 年南京市实现地区生产总值 1.48 万亿元,按可比价格计算,比上年增长 4.6%,经济增速有所放缓。南京经济结构更加优化,南京第三产业占 GDP 比重较大,2021 年第三产业增加值 10 148.73 亿元,增长 7.6%。同时,2020 年南京城镇居民人均消费性支出达 35 854 元,这意味着南京城镇居民人均消费水平明显较高。此外,南京居民收入发展极好。2021 年南京全市城镇新增就业 34.52 万人,超额完成全年目标,全年全体居民人均可支配收入 66 140 元,同比增长 9.1%,增长速度迅速。另外,南京创新能力强,开放型经济发展量质齐升,开放主体活力进一步增强。《中国新一线城市创新力报告(2021)》显示,南京年度的综合创新力指数提升明显,同时南京获批建设全国首个引领性国家创新型城市,成为与京沪穗深同一队列的创新引领型城市。除此之外,南京经济开放程度高。2021 年南京货物贸易进出口总额达到 985.3 亿美元,十年跨越 4 个百亿级台阶。

无锡经济较为富裕,经济规模较高。2020 年,无锡全年实现地区生产总

---

① 财经杂志.30 万人离开京津冀!南下流入长三角、珠三角的大城市[EB/OL]. https://new.qq.com/rain/a/20220214A09M8S00.

值 1.24 万亿元，按可比价格计算，比上年增长 3.7%①，综合实力持续增强，经济总量再上新台阶，因无锡人口总量较少，故人均 GDP 较高，甚至高于上海人均 GDP。此外，无锡经济结构优化程度高。支柱性质的第三产业在 2020 年占 GDP 比重为 52.50%，第三产业实现增加值 6 491.19 亿元，比上年增长 3.2%，无锡市近 5 年第三产业占比平稳增长，逐步实现产业结构优化，提高经济效益。此外，无锡居民收入发展较好。2020 年无锡城镇居民收入可支配收入高达 64 714 元，比上年增长 4.5%，居民经济生活水平较高。但无锡 2020 年社会消费品零售总额仅 2994.36 亿元，比上年下降 1%，远远低于经济富裕度前四名城市，实体商超受到一定影响。另外，无锡创新能力逐渐提升。2021 年，无锡数字经济核心产业规模突破 6 000 亿元，新一代信息技术、生物医药等新兴产业成为无锡产业新支柱，使无锡进入创新引领加速、质量全面提升的大环境中。②同时，无锡积极发展开放型经济，开放程度高。2020 年无锡全年实现对外贸易进出口总值 877.85 亿美元，比上年下降 5.0%，可见其开放程度。

经济富裕度第二梯队的城市有宁波、嘉兴、合肥、常州、南通、绍兴、金华、台州、舟山、湖州、泰州、扬州、镇江、盐城、芜湖和马鞍山，这些城市的经济评分处于长三角地区中等水准，经济富裕度居中。其中，宁波的经济规模较大，2020 年 GDP 总量高达 1.24 万亿元，处于长三角地区上游水准。此外，宁波的城镇居民人均可支配收入较高，2020 年其数据高达 68 008 元，居民收入发展较高。这些城市除宁波外经济开放程度中等，盐城、台州和马鞍山人口迁入与流失情况数据达到负数，表明这些城市人口流失较为严重。简而言之，这些城市相较于排名前五的城市，经济富裕度较高，其经济方面也有较大的提升空间，人口流失情况较严重的城市需提高人口的吸引力及城市的对外开放程度。

经济富裕度第三梯队的城市有滁州、铜陵、宣城、安庆和池州，这些城市

① 无锡市统计局.2020 年无锡市国民经济和社会发展统计公报[EB/OL]. http://www.etmoc.com/look/Statslisth?Id=2468.

② 无锡观察.产业强市+创新驱动，“无锡制造”能级跃升硕果累累[EB/OL]. https://sghexport.shobserver.com/html/baijiahao/2022/08/22/832302.html.

的经济评分相对较低，经济富裕度有待提高。其中滁州发明专利授权量为1 291件，较普通城市，创新能力较高一些。此外，这些城市经济规模、经济结构、居民收入发展、创新能力与经济开放程度均相对薄弱一些，其中，滁州、铜陵、宣城、安庆和池州2020年人口迁入与流失情况数据均为负数，安庆人口迁入与流失情况达到－111.17万人，直接反映出这些城市人口流失情况较为严重。除此之外，池州科技从业人员数量仅0.4万人，低于长三角地区其余城市，创新能力较低。故此，这些城市需重视经济规模、经济结构、居民收入发展、创新能力和经济开放方面的发展程度，尤其是注重人口迁入与流失情况，需加大人口吸引力，提高这些城市对外开放程度，提高整体的经济富裕度。

（2）环境优美度

环境优美度排名依次为：杭州、台州、池州、舟山、宣城、金华、绍兴、宁波、安庆、湖州、上海、嘉兴、苏州、南通、盐城、南京、铜陵、无锡、芜湖、扬州、滁州、马鞍山、常州、镇江、泰州和合肥。（见图5.2）

环境优美度第一梯队中，最高城市为杭州，台州位列第二，第三、四、五名分别为池州、舟山和宣城。

杭州环境优美度高，被誉为“人间天堂”。杭州环境质量也是相当优秀，相较于其余长三角地区城市而言，杭州水资源最为丰富，2020年均降水量达2 041.9毫米，人均水资源高达2 689.62立方米。且杭州作为高水平湿地城市，西湖和西溪湿地保护完好。目前，西溪湿地内设有7个高科技科研和监测系统，此地连续10年监测生物多样性，在此年间，湿地维管束植物新增475种，现为696种；昆虫增加390种，现为867种；鸟类增加了102种，现为181种，生态环境在不断提升。①同时，杭州环境健康持续改善，大气环境质量方面，市区细颗粒物（PM2.5）年平均浓度为28微克/立方米，同比下降6.7%；可吸入颗粒物（PM10）年平均浓度55微克/立方米，同比持平；臭氧浓度162微克/立方米，同比上升7.3%；空气优良率为87.9%，同比下降3.4个百分点。②此

① 章湧.杭州：打造“湿地水城”建设宜居城市[J].杭州，2020(11)：14—17.

② 杭州市生态环境局.2021年度杭州市生态环境状况公报[EB/OL]. http://www.hangzhou.gov.cn/art/2022/6/2/art_1228974625_59058626.html.

外,杭州资源节约度一般,人均生活用电量较高。为此,国网杭州供电公司持续提升电网保障及民生保障应急能力,全力保障杭城电力供应。

台州总体环境优美度较为优秀。在环境质量方面,台州森林覆盖率高达61.4%,其中有省级自然保护区1个,省级以上森林公园12个,省级以上湿地公园6个。①杜甫笔下曾言“台州地阔海冥冥,云水长和岛屿青”,可见台州环境质量高。其次,台州环境健康状况良好,尤其是二氧化氮和二氧化硫等污染物含量低。2019年,台州市声环境健康状况保持稳定,交通和生活噪声源仍然是城市的主要环境噪声源。与2019年相比,2020年台州市交通环境噪声平均值下降了0.1分贝,城市生态环境状况等级被评为“优”,生态环境状况指数为84.8,位列全省第二。此外,同杭州状况一致,台州资源节约度一般,人均用电量与用水量都较高一些。随着气温的攀升,市民对用电和用水的需求持续上涨,台州市水务集团与台州电网也在加快城市供水与供电基础设施建设,保障台州市民生活用水与用电需求。

池州总体环境质量较佳,其中水资源尤其丰富。池州2020年降水量高达2 065.2毫米,居长三角地区城市前位,因池州人口密度较小,故人均水资源量极高,达8 378.95立方米,高居榜首毋庸置疑。但至2020年,池州公园数量仅10个,大大低于其余城市,对此,在2022年间,池州市投资数亿改造老旧小区、提升绿化景观、建设公园绿地,积极实施城市更新行动,补齐基础设施“短板”。在环境健康方面,池州均处于稳定水平。值得一提的是池州的噪声平均值较高,在2022年池州贵池区商之都小区鼎街居民反映近5年来设备轰鸣声、吵闹声深夜从未停止,对此,相关部门责令其限期整改,直至符合标准。池州资源节约度高,特别是居民人均生活用电量较低,一定程度上节约大量资源,保障全市能源平稳运行和可靠供应。

舟山环境宜人,环境质量高,城市环境空气质量优良天数高达356天,在长三角地区城市位居榜首,且舟山已连续多年入选亚洲清洁空气中心的“蓝天百强城市榜”,综合评分保持在98分左右。其次,舟山的森林覆盖率达50.66%,大面积的森林覆盖造就了舟山优良的大气环境。但舟山的水资源

---

① 台州市生态环境局.台州市生态环境状况公报[EB/OL]. http://sthjj.zjtz.gov.cn/art/2020/6/3/art_1229113398_53405338.html.

并不是很丰富，城市水资源总量低，仅 9.73 亿立方米，严重低于长三角地区其余城市。但好在舟山人口分布密度低，人均水资源量处于中等水准。除此之外，舟山的环境健康度也是极好。据统计，2021 年市区 PM2.5 浓度为 15 微克/立方米，同比下降 11.8%，二氧化氮和二氧化硫平均值皆为 17 微克/立方米，空气质量优良率 98.1%，环境空气质量持续改善，空气质量优良率逐年提升且持续保持全省第一、全国前列。此外，舟山资源节约度较为一般，人均生活用电量较高，人均生活用水量与其余城市相比较低一些。总体上看，舟山的环境优美度较高，仍需保持环境保护水平，保障城市环境宜居性。

宣城的环境一直是其发展的重要优势。在环境质量方面，宣城 2020 年均降水量高达 1 875.4 毫米，且人均水资源量达 1 875.4 立方米，水资源极为丰富，多数为地下水资源，地下水天然资源量 14.826 9 亿立方米/年，地下水开采资源量 8.356 4 亿立方米/年，是安徽省地下水较为丰富的地区之一。[①] 且宣城城市环境空气质量优良天数达 338 天，优于大多数长三角地区城市。在环境健康方面，宣城空气质量优良率高达 92.6%。在 2022 年安徽省生态环境厅发布的全省 16 个地级市空气质量排名中，宣城排行第二，空气质量综合指数达 4.04，变化较为平稳。由此看出，宣城环境健康较为优越，尤其在空气质量方面占有优势。另外，宣城在资源节约方面处于长三角地区中等水准，居民人均用电用水量均处于平均水平，未有极端现象。总的来说，宣城环境较为优美，空气质量极其优秀。

环境优美度第二梯队的城市有金华、绍兴、宁波、安庆、湖州、上海、嘉兴、苏州、南通、盐城、南京、铜陵、无锡、芜湖和扬州，这些城市的环境评分处于中等水准，环境质量与环境健康都较为一般。但上海、苏州和南京公园数量较多，上海的公园数量更是高达 406 个，一定程度上提高了环境质量水平。此外，上海资源节约度较差，2020 年居民人均生活用电量高达 3 241.22 千瓦时，说明上海存在居民大量用电现象，用电总量较高。除此之外，这些城市的年降水量较多，其中安庆的人均水资源量高达 4 415.74 立方米，极大程度满足居民的用水需求量。总而言之，这些城市在环境质量与环境健康上还

---

① 宣城市地质环境概况，人人文库，https://www.renrendoc.com/paper/111866752.html.

有待提高，其中上海需加大资源节约的宣传力度，提高居民资源节约的意识。

环境优美度第三梯队的城市有滁州、马鞍山、常州、镇江、泰州和合肥，这些城市的环境评分较低一些，环境质量与环境健康有待提高。其中，合肥的环境在噪声方面有待提高，2020 年合肥区域内噪声平均值高达 69.1 分贝，为长三角地区声污染较为严重的城市。同时，铜陵 2020 年可吸入颗粒物(PM10)年平均值达 64 微克/立方米，是长三角地区 PM10 值最高的一座城市，环境健康较差。除此之外，常州、镇江和泰州居民人均生活用电量皆达 1 000 千瓦时以上，资源节约度较低，其余城市资源较为节约。因此，这些城市在环境质量、环境健康和资源节约方面皆需加大重视程度，加强城市环境建设，提高城市的环境优美度，提升环境宜居性。

(3) 文化丰富度

文化丰富度排名依次为：上海、南京、苏州、杭州、常州、无锡、合肥、绍兴、舟山、金华、扬州、宁波、台州、嘉兴、盐城、湖州、镇江、南通、芜湖、安庆、铜陵、泰州、池州、马鞍山、滁州和宣城。(见图 5.3)

文化丰富度第一梯队中，最高的城市为上海，南京位列第二，第三、四、五名分别为苏州、杭州和常州。

上海文化丰富度极高，其中文体条件尤为优秀。上海公共图书馆图书藏书量高达 8 091.75 万册，每年举办大型文化活动高达 40 325 次，多于长三角地区其余城市数倍。其中，于 2021 年 10 月完成竣工验收的浦东足球场是国内首个严格按照国际足联标准建造的专业足球场，这提高了上海的文体条件，同时也满足了人民群众对多体育赛事的参与观赏需求。此外，上海的教育条件极为优越。众所周知，上海高校众多，是我国三大高等教育中心之一，高等教育资源非常密集。上海交通大学、复旦大学等国内顶尖学府皆坐落于此。2020 年上海人均教育经费高达 4 021.34 元，由此可见，上海对教育的重视程度，一定程度上提高了上海的文化丰富度。同时，上海旅游业发展繁荣，至 2020 年上海历史文化遗存数量文化保护单位高达 309 个，A 级景点数量达 130 个，可见其旅游资源极其丰富。上海年游客量高达 23 734.6 万人次，霸榜第一，其一流的旅游业实力吸引了不少外地游客前来参观。除此之外，上海市文化指数较高，2020 年政府文化和旅游局年预算达 3.24 亿元，处于长三角地区上游水平。《2021长三角城市文化竞争力报告》中指出,上海在各项指标均位居第一,可见其文化竞争力远超其余城市,文化丰富度可见一斑。[①]

南京是六朝古都,有着悠久的历史和丰富的文化,是全国最具文化特色的城市之一。首先,南京文体条件优秀。至2020年,南京电视台及电台数量高达47个,在长三角地区城市中位居第二,公共图书馆图书藏书量达2 102.12万册,一定程度上提高了南京的文化气息,提升了居民的文化素养,也提高了南京的文体条件。其次,南京教育条件极高。南京2020年教育占财政支出率高达17.5%,可见南京对教育的重视程度。南京211大学数达8所,大学生在校人数高达119.5万人,位列第一,人均教育经费支出更是高达4 238.76元,显然,南京的教育条件是十分优越的。此外,南京旅游业发展极好。南京历史文化遗存数量文物保护单位就高达516个,南京文化和旅游局财政预算更是达到11.44万亿元,旅游收入占GDP比重为12.3%,可见旅游业对南京的经济发展是极为重要的,对南京市经济增长起到了较大的促进作用。另外,南京的文化支出较高,对文化传承及保护也极为重视。《2021长三角城市文化竞争力报告》显示,南京城市文化竞争力综合发展水平在长三角地区排名第三,其文化竞争力之强毋庸置疑。

苏州是江南文化的代表,是一座极具艺术气息与繁荣文化的城市。其文体条件较好,苏州公共图书馆图书藏量2 594.83万册,每年举办大型文化活动次数达5 200次,可见其作为文化中心,传承文化底蕴,文体条件较为优越。其次,苏州的小学中学数有待提高,进而满足居民的教育需求。对此,苏州支出大量资金支持教育发展,2020年苏州教育占财政支出率达17.01%,教育支出较高,以此尽可能提高教育的整体水平。苏州的旅游业发展较好,发展前景可观。苏州作为旅游大市,历史文化遗存数量文物保护单位达881个,是长三角地区城市拥有文物保护单位最多的一座城市。同时,苏州2020年旅游外汇收入总额高达64 398万美元,大大促进了苏州经济发展,增加了苏州的经济实力。除此之外,苏州的文化支出较高,政府文化和旅游局年预

---

① 澎湃新闻.上海文化竞争力何以居长三角城市之首?这份报告给出答案[EB/OL]. https://baijiahao.baidu.com/s?id=1713153790707957823&wfr=spider&for=pc.

算达 7.94 亿元，由此可以判断出苏州对文化保护意识较高，一定程度上给予文化发展经济支撑，提高文化丰富度。苏州的文化竞争力也是极高，文化产业占 GDP 比重高达 13.51%，说明文化产业的发展对经济发展极为重要，促进文化发展的同时，也能极大程度上带动经济发展。

杭州历史悠久，文化底蕴深厚，文体条件优越。杭州每年举办大型文化活动达 2 035 次，营造较强的文化氛围。同时，杭州影剧院数量高达 212 个，对文化产业发展引领和促进作用，大大提升了城市品味和丰富群众文化生活，满足了当地居民的文化需求。其次，杭州的教育条件较为优越，2020 年人均教育经费支出达 4 527.03 元，2021 年杭州全市财政教育投入达 466.74 亿元，较上年增加 63.4 亿元，增长率为 15.7%。杭州持续加大财政教育投入，优先保障了城市的教育条件。此外，杭州旅游业发展水平高。虽然杭州的历史文化遗存数量文物保护单位不及前几个城市多，但好在杭州的游客量极高，2020 年便达到 17 599 万人次，旅游收入占 GDP 比重为 20.72%，可见旅游业对杭州的经济发展极为重要，给杭州带来巨大的经济收入，带动了相关产业的同时还对本市的外汇收入起到了积极作用。除此之外，杭州的文化支出也是极高，公共文化财政支出便达 3.16 亿元。但总的来说，杭州的文化竞争力较为一般，文化产业占 GDP 比重仅 0.52%，需加强文化产业的发展。

常州文化底蕴深厚且风光秀丽，文化条件较好，拥有影剧院数量达 260 个，极大促进文化产业发展。但常州公共图书馆图书藏量相较前几座城市较少，仅 543 万册，需加强图书馆文化建设，增加图书馆图书藏书量，更大程度上满足居民的文化需求。其次，常州的高等学校数量有待提高，进而满足居民的教育需求。对此，常州逐步加大教育的财政支出，至 2020 年，常州教育占财政支出达 17.57%，体现常州对教育的重视程度及改善教育条件的决心。另外，常州的旅游业发展较好。常州历史文化遗存数量文物保护单位拥有 355 个，旅游资源较为丰富，旅游收入占 GDP 比重为 10.62%，一定程度上促进了常州市总体经济发展。常州的文化支出较为一般，处于长江三角地区城市中等水平。同时，常州文化竞争力较为一般。常州城市文化体育娱乐单位从业人员比重虽高达 1.96%，但 2020 年文化产业占 GDP 比重仅 1.11%，对此，2020 年起常州连续三年举办大量文化节日，推出 600 余项主题鲜明的文旅活动，大大增加了文化产业占比。①

文化丰富度第二梯队的城市有无锡、合肥、绍兴、舟山、金华、扬州、宁波、台州、嘉兴、盐城和湖州，这些城市文化评分处于长三角地区普通水准，文化丰富度较为一般。其中，合肥文体条件较为优越，2020 年举办大型文化活动达 9 231 次，影剧院数量达 126 个，文体条件在长三角地区位列前位，大大促进了文化产业的发展，提高了城市整体文化丰富度。同时，无锡旅游业发展较为优秀，历史文化遗存数量文物保护单位高达 468 个，政府旅游局财政预算高达 4 万亿元，表明无锡整体旅游资源丰富，政府对旅游业发展也极为重视。此外，舟山和湖州旅游收入占 GDP 比重高达 40%以上，说明旅游业发展对这两个城市而言极为重要。除此之外，台州城市文化体育娱乐单位从业人员比重仅 0.04%，需提高城市文化竞争力。综合来看，这些城市较排名前五的城市而言，文化丰富度较为一般，仍需加强文化建设，提高文化竞争力，促进文化产业发展。

文化丰富度第三梯队的城市有镇江、南通、芜湖、安庆、铜陵、泰州、池州、马鞍山、滁州和宣城，这些城市文化评分相对较低，文化丰富度有待提高，其中宣城文化评分为 46.86 分，低于长三角地区其余城市，综合文化发展较慢，文化丰富度较低；池州公共图书馆图书馆藏量为 19.56 万册，藏书量较低，不足以满足居民的阅读需求，文体条件较低。同时，安庆、铜陵、滁州、池州和宣城均没有国际学校，高等学校数量也较低，表明这些城市的教育条件较差，不足以满足居民的教育需求。此外，宣城每万人拥有小学中学数为 0.82 个，限制其教育发展，进而降低其文化丰富度。除此之外，这些城市相较于长三角地区其余城市而言，旅游资源较少，景点个数较少，导致其游客量少于其余城市，总体旅游业发展有待提高。总而言之，这些城市在文化建设上还有较大的提升空间，需加强城市文化和旅游的互动，打造城市文化形象，满足人民对美好文化生活的需求。

(4) 生活便利度

生活便利度排名依次为：上海、杭州、苏州、南京、合肥、无锡、宁波、绍

---

① 常州日报.从“软实力”到“硬支撑”！走出文化产业高质量发展“常州路径”[EB/OL]. https://new.qq.com/rain/a/20220729A00QCL00.

兴、常州、南通、扬州、金华、台州、嘉兴、芜湖、铜陵、湖州、宣城、马鞍山、镇江、舟山、滁州、泰州、安庆、池州和盐城。(见图 5.4)

生活便利度第一梯队中，最高城市为上海，杭州位列第二，第三、四、五名分别为苏州、南京和合肥。

上海生活高度便利。上海交通出行方便，据 2020 年相关数据显示，每万人拥有出租车数量为 15.01 辆。同时，上海高铁或火车站数量便有 12 个之多，其中上海虹桥火车站是上海最大、最现代化的铁路客运站，上海虹桥综合交通枢纽全球范围首开高铁与机场融合之先河。其次，上海市政基础设施尤其完善。拥有固定互联网、宽带接入用户数高达 918.96 万户，互联网普及范围广。2021 年发出的《关于加强本市城市地下市政基础设施建设的实施意见》便指出要提高设施管理智能化水平，推进供电、供水、排水、燃气、信息通信等设施感知网络建设。[①]上海的配套设施极其完备，光是综合零售企业数就高达 286 个，远超长三角地区其余城市。且上海社区卫生服务中心个数达到 1 114 个，足以满足居民社区卫生服务需求，一定程度上提高了上海生活的便利性。另外，上海医疗卫生条件是极强的。根据《2021 中国卫生健康统计年鉴》数据显示，截至 2020 年底，上海共有三甲医院 32 家，其中包括复旦大学附属中山医院、上海交大附属瑞金医院和复旦大学附属华山医院等著名医院。此外，上海住房与社区问题较大。据 2020 年数据显示，上海市区房价均价高达 51 201.83 元/平方米，人口密度更是极高，足以表明上海的总体住房占地面积较小，远远无法满足大多数人的购房需求。

杭州生活极其便利，交通出行便利。杭州机场数量为 4 个，拥有高铁/火车站 5 个，其中杭州东站智治应用项目以数字化转型助推大型交通枢纽协同智治，减轻了基层的负担，提高了管理能力的同时强化了信息惠民服务，提高交通出行便利度。此外，杭州市政基础设施完善，用水普及率及管道燃气普及率皆为 100%，家家户户都用上了水和管道燃气。另外，杭州住房与社区也有些许问题。杭州城市人口密度较小，但市区房价均价却高达 24 712.58

---

① 上海市人民政府.《关于加强本市城市地下市政基础设施建设的实施意见》政策图解[EB/OL]. https://www.shanghai.gov.cn/nw49248/20210902/11a6e175f4e347fb9328d3f6469309fc.html.

元/平方米，虽不及上海房价均价，却也在长三角地区处于上游地位。同时，杭州的配套设施也是极为完善的。其中综合零售企业数达123个，社区卫生服务中心更是高达1 306个，一定程度上提高居民基本卫生服务，满足人民群众日益增长的卫生服务需求，保障人民健康水平。除此之外，杭州的医疗与卫生实力也是极强的。每万人拥有医院、卫生院床位数高达103.52张，浙江省发改委、省卫健委印发《浙江省省级医疗资源配置"十四五"规划》中指出合理调整杭州城区医疗资源配置，使得杭州市新城区省级医院规划总床位数将从2020年底的4 903张上升至19 340张。①

苏州生活便利度高。苏州每万人拥有公共汽车数量高达26.4辆，位于长三角地区城市榜首，其高铁/火车站数量达11个，仅次于上海，一定程度上提高了苏州居民交通出行便利度，为苏州的发展提供了非常强有力的支持。其次，苏州市政基础设施极多。2022年苏州市启动了高达3 600多亿的重大基础设施和公共配套项目，大幅度地增加基础设施的投资将有利于苏州经济工业的复苏，提高了苏州市政基础设施完善程度。②此外，苏州住房与社区同杭州类似，市区房价均价较高，达23 097.58元/平方米，且人均住房使用面积仅45.8平方米。对此，苏州发布相关通知计划，人均住房建筑面积不低于46平方米，5年内将会对苏州社区进行品质提升。③苏州的配套设施较为完善，综合零售企业数高达101个，社区超市覆盖率达12.4%，在长三角地区城市处于中等水准。除此之外，苏州的医疗与卫生条件较为一般，2021年苏州每千人拥有的床位数是5.86张，这一医疗资源在江苏省内也是远不如省会南京，也未达到全省平均水平。且苏州每万人拥有医师数仅29.2人，低于绝大多数长三角地区城市。针对此类情况，苏州规划建设苏州大学附属第二医院浒关院区

① 杭州日报.未来五年杭州新城区省级医院床位数将增加近三倍[EB/OL]. https://baijiahao.baidu.com/s?id=1707605656067632502&wfr=spider&for=pc.

② 楚基重大件物流股份.苏州启动3 666亿的重大基础设施和公共配套项目，经济蓄势待发复苏[EB/OL]. https://baijiahao.baidu.com/s?id=1732857068047632403&wfr=spider&for=pc.

③ 苏州lou掌柜.苏州发布新规！提升社区品质！人均住房不低于46 m^2，增加中小户型[EB/OL]. https://baijiahao.baidu.com/s?id=1707529737518171478&wfr=spider&for=pc.

二期工程，把该院区建设成为一流三甲医院，提高苏州医疗与卫生条件。

南京生活便利，尤其是交通极为发达，机场数量4个，高铁/火车站数量6个，提高了居民外出便利度。其中南京地铁设施极为发达，地铁开启时长快，基本建设速率高，至2022年，南京市全部的市区都开通了地铁，交通出行极为便捷。此外，南京市政基础设施完备，固定互联网、宽带接入用户数高达498.66万户。南京市印发实施《南京市加快推进基础设施投资建设若干措施》，为加快推进基础设施投资建设，南京市将加大资金土地等要素支撑保障，一定程度上提高市政基础设施完善程度。在住房与社区方面，南京的房价也高达20 932.25元/平方米，人均住房使用面积40.5平方米，相比2002年人均住房使用面积仅20平方米来说，目前情况已有较大改善，故此南京的住房社区便利程度还在不断提升当中。除此之外，南京的配套设施也极为完善。南京社区超市覆盖率高达16.09%，近年还吸引了各大品牌纷纷进入，反映了南京拥有良好的便利店生存发展基础，这也极大提高了居民生活的便利度。同时，南京的医疗卫生条件较为优越。每万人拥有医师数量高达40.58人，一定程度上保障了居民生命安全。其中江苏人民医院综合实力强大，其普通外科更是全国重点专科，大大提高了居民就医便利度。

合肥交通发达，高铁/火车站数量达10个，分布较广。出租车数量为9 402辆，万人拥有量为12.07辆，使得居民城市出行更加便利快捷。其次，合肥市政基础设施较为一般，皆为长三角地区平均水准。为解决此类情况，合肥市人民政府发布《合肥市推进新型基础设施建设实施方案》的通知，要建立长三角一流的融合基础设施体系，完善城市中台功能，加快构建信息基础设施网络，提高整体市政基础设施，使居民生活更加便利。①此外，合肥住房与社区便利度较高。合肥市区房价均价为15 057元/平方米，低于长三角地区平均房价，对居民购买住房的需求较为友好。合肥的配套设施较好，综合零售企业拥有101个，作为安徽商业最为发达的城市，合肥商业已经全面进入注重品牌与体验消费的购物中心时代。同时合肥社区超市覆盖率达12.67%，不仅为社区居民的生活提供了方便，也完善了社区的商业格局。除

① 安徽网.迈向国内一流水平！合肥“新基建”实施方案出炉[EB/OL]. https://baijiahao.baidu.com/s?id=1675343811362858643&wfr=spider&for=pc.

此之外，合肥的医疗与卫生条件优越，每万人拥有医师数高达 96.16 人，大大保障了每位居民就医便利程度。同时市二院对应职能部门按季度开展质量督导，将社区卫生服务中心医务人员纳入市二院统一培训与技能考核，以提高基层医务人员能力水平，进一步提高居民就医便利度。

生活便利度第二梯队的城市有无锡、宁波、绍兴、常州、南通、扬州、金华、台州、嘉兴，这些城市生活便利度评分处于长三角地区城市中等水平，生活便捷程度较为一般。这些城市中除扬州外，市政基础设施较好，用水普及率及管道燃气普及率均达 100%。故作为管道燃气普及率 99.6%的扬州，需加强市政基础设施建设，提高管道燃气普及率，尽可能达到 100%。此外，这些城市中，嘉兴和湖州配套设施建设较为优秀，社区卫生服务中心均达 700 个以上，一定程度上满足了居民社区卫生服务需求，提高了整体生活便利度。除此之外，这些城市市区房价均价较低一些，与排名前五的城市相比，居民的住房压力较小。总的来说，这些城市交通出行、市政基础设施、住房与社区、配套设施与医疗卫生均较为一般，仍有较大的提升空间。

生活便利度第三梯队的城市有芜湖、铜陵、湖州、宣城、马鞍山、镇江、舟山、滁州、泰州、安庆、池州和盐城，这些城市生活便利度评分相对较低，生活便捷度有待提高。其中马鞍山、铜陵和滁州交通出行便利程度有待提高，此三座城市均没有机场，限制了居民的出行方式，降低居民出行的便利程度。此外，这些城市中，除安庆、池州和宣城外，其余城市用水普及率及管道燃气普及率皆为 100%，市政基础设施较好。同时，这些城市市区房价均价均较低，居民住房压力小，足以满足居民的住房需求。另一方面，这些城市配套设施有待提高，舟山社区卫生服务中心仅 12 个，未能满足居民的社区卫生服务需求，这降低了生活便利度。综合而言，这些城市生活便利度还有待进一步提高，在交通出行、市政基础城市、住房与社区、配套设施和医疗卫生方面均需提高，需加强相关方面的基础建设，提高居民的生活便利程度。

(5) 安全保障度

安全保障度排名依次为：上海、杭州、苏州、南京、宁波、南通、无锡、绍兴、台州、嘉兴、盐城、常州、湖州、金华、泰州、扬州、合肥、芜湖、镇江、安庆、宣城、滁州、舟山、池州、铜陵和马鞍山。（见图 5.5）

安全保障度第一梯队中，最高城市为上海，杭州位列第二，第三、四、五名为分别为苏州、南京和宁波。

从安全保障度指标中，可以看出上海的社会福利高。上海深化发展养老服务，2021 年内新增社区综合为老年服务中心 51 家、老年助餐服务场所 201 个、养老床位 5 748 张，改造老年认知障碍照护床位 2 303 张。到 2021 年末，全市共建社区综合为老服务中心 371 家，老年助餐服务场所 1 433 所。至此，全市共有养老机构 730 家，床位 15.86 万张。①同时，根据相关数据显示，上海人均寿命达到 83.67 岁，是长三角地区人均寿命最高的一座城市。上海社会保障好，医疗实力极强，拥有众多全球领先水平的医院。数据显示，上海基本医疗报销覆盖率高达 96.00%，在长三角地区高居前位，可以看出上海的社会保障度强，普及率极高，市民的生活得到了保障。同时，上海的社会公平保障也是极高，在长三角地区中排名第一。上海失业人数虽然较多，但是城市对失业保险和保障措施是极其完善的，从相关数据可看出，上海失业保险参保人数高达 987.64 万人，使得失业人群得到生活保障。但是，上海作为一线城市，公共安全方面尚有欠缺，事故发生概率较高，尤其是交通事故。上海交通便利，马路车辆众多，尤其是高峰期，高出其余城市多倍，故交通事故发生概率较高。数据显示，2021 年上海交通事故死亡人数高达 797 人，表明上海公共安全尚有欠缺，需加强交通管制，减少事故发生。

杭州作为浙江省会城市，社保基数高，社会保障也是杰出的。在养老设施建设上，2020 年 10 月 1 日推动《杭州市居家养老服务条例》立法，相继出台实施意见、电子津贴、护理补贴、家庭照护床位等系列配套政策，为基本养老体系夯实基础。②同时，杭州的社会保障和就业投入高达 253.2 亿元，位居长三角城市前位。其中，杭州市拱墅区在鼓励和支持就业创业政策、提高就业创业服务水平效果明显，获省了政府督查激励通报表彰。杭州就业服务不断提升，就业专项资金投入逐年加大，在 2020、2021 年均获评“中国年度最佳促进就业城市”。此外，杭州的社会公平保障实力也是相当不错。与上海情况类似，失业人数虽多，但在失业保险和保障措施却是完善的，杭州失业保险参保人数达

---

① 栀子随风旅游攻略. 2021 上海人民生活和社会保障情况一览[EB/OL]. https://www.sohu.com/a/545726705_120153926.

② 潇湘晨报. 在杭州养老，这些事情你应该知道[EB/OL]. https://baijiahao.baidu.com/s?id=1712077037525804368&wfr=spider&for=pc.

523.50万人，仅次于上海。杭州的公共安全较为稳定，政府公共安全支出较高，公共安全指数达到了0.505。由此看出，杭州的总体安全保障度较为稳定。

苏州是国务院批复确定的长江三角洲重要的中心城市之一，安全保障度较为完善。苏州社会保障高，2020中国社会保障百佳县市排名中，苏州市昆山市霸榜第一，足以体现苏州社会保障完善程度，尤其在基本养老保险覆盖率上，苏州覆盖率高达99%。但在排名前五的城市中，苏州的基本医疗保险覆盖程度略微欠缺，但总体保障程度较高。苏州社会福利高，有“首善之城”“福泽之地”的美誉。全市有日间照料中心2 143个、助餐点2 193个、区域性养老服务中心44家，中央厨房集中配餐、虚拟养老院服务模式成为各市区的标配，社区居家养老服务覆盖所有社区。①同时，苏州的社会公平性保障普遍，相较于南京，苏州登记失业人数较少，但失业保险参保人数极高，表明苏州失业保障条件优秀，参保范围广，普及率较高。但在公共安全上，苏州与上海和杭州类似，公共安全保障较低，交通死亡人数较高。对此，苏州人民政府出台关于实施苏州市突发公共事件总体应急预案，提高了保障公共安全和处置突发事件的能力，一定程度上减少了社会安全事件和经济安全事件及其造成的损失，保障公众生命安全，维护社会稳定。

南京作为江苏的省会城市，处于经济发达的苏南地区，社会保障也极其完善，已基本建立起制度比较完善、管理比较科学、体制比较健全的社会保险制度和管理服务体系，各项保险的统筹层次在不断提高，保障能力也在不断增强。至2021年底，全市各项社会保险累计参保人数达2 390.72万人，其中职工养老、失业、工伤参保人数达1 114.01万人。同时，南京的社会保障好，尤其是养老保障。南京的养老服务机构达到295个，仅次于杭州。同时南京还增加了养老设施方面的补贴。在2022年间，南京市财政局联合民政局，筹集大量资金，对符合条件的民营养老机构进行床位补贴，每张床位补贴1 000元。这一决策扭转了民营养老机构受疫情影响的不利局面，推动养老服务事业的可持续和健康发展。②另外，在社会公平保障方面，南京出台相

① 潇湘晨报.江苏苏州：“苏式颐养”真舒适原居安老“都挺好”[EB/OL]. https://baijiahao.baidu.com/s?id=1725440363348973354&wfr=spider&for=pc.

② 智慧康养家居助手.哈九智慧：南京的养老补贴政策汇总，请查收[EB/OL]. https://www.sohu.com/a/560615639_121278299.

关政策，以人民利益为出发点，提高居民的社会公平保障。2021年7月起，南京市失业保险金月标准由1 417.5元增加至1 478元，月增加60.5元。[①]作为新一线城市，南京同样拥有上海拥有的类似问题，即公共安全尚有欠缺。南京2020年内交通事故死亡人数达到386人，公安机关立案刑事案件达到6 054起。面对此类问题，政府积极响应，2020年内公共安全支出达到134亿元，一定程度上提高了事故处理应对能力，保障了公共安全。

宁波的社会保障走在前列，基本医疗保险覆盖率高达99.81%，基本养老保险覆盖率达98.95%，社会保障度在长三角地区城市位列前位。养老额度增加，2021年12月31日前，男年满70周岁、女年满65周岁及以上且不满80周岁的退休人员，每人每月增发25元；年满80周岁及以上的退休人员，每人每月增发50元。另外，宁波的社会福利待遇好，宁波市发布的《关于深入推进医养结合发展的若干意见》中指出，加快推进养老机构设置医疗机构，支持养老服务机构与医疗机构签约合作，增强养老机构医疗服务能力，提高养老福利。[②]除此之外，宁波的社会公平保障力度高。城镇登记失业人数与杭州一致，但失业保险参保人数低于杭州，需加大失业保险宣传力度，优化失业保险政策，提高失业保险参保人数。同样，在公共安全方面尚不稳定，宁波2020年公共机关立案刑事案件高达6 129起。对此，相关部门积极应对，2021年内宁波全市公安机关共侦破涉网刑事案件2 216起，抓获犯罪嫌疑人5 612人，侦办省公安厅督办案件21起，办理行政案件330起，严厉打击了网络违法犯罪，有效维护了社会安全和秩序。[③]

安全保障度第二梯队的城市有南通、无锡、绍兴、台州、嘉兴、盐城、常州、湖州、金华、泰州、扬州、合肥、芜湖和镇江，这些城市安全保障度普遍较为一般。其中南通、无锡和盐城社会保障较高，社会保障和就业投入皆高达100亿元以上，这些城市对社会保障重视程度较高。无锡和南通社会福利较

① 南京本地宝.南京失业保险金最低标准2021[EB/OL]. http://nj.bendibao.com/news/2021812/112714.shtm.

② 潇湘晨报.深入推进医养结合发展宁波人养老将有这些重要变化[EB/OL]. https://baijiahao.baidu.com/s?id=1739335005242045638&wfr=spider&for=pc.

③ 邵巧宏，通讯员，李耀公，王西泽.破涉网刑事案件2 216起！宁波公安“净网2021”行动成效显著[EB/OL]. https://zj.zjol.com.cn/news/1743313.html.

高一些，教育资源预算支出皆达190亿元以上。此外，这些城市公安机关立案刑事案件较少，公共安全性较高。除此之外，其余城市社会保障、社会公平和社会福利都较为一般，其中镇江的教育资源预算公共支出仅约77亿元，社会福利力度较为不足，需重视社会福利建设，满足居民的社会福利需求。

安全保障度第三梯队的城市有安庆、宣城、滁州、舟山、池州、铜陵和马鞍山。这些城市安全保障度有待提高。安庆的社会福利较高一些，养老服务机构高达219个，为居民养老生活提供了保障，提高了社会的福利性，很大程度上满足了老年人养老需求。同时，这些城市的公共安全性较高一些，公安机关立案刑事案件与交通事故死亡人数皆较少一些，一定程度上保障了城市的公共安全。除此之外，这些城市的社会保障、社会公平和社会福利都相对薄弱，其中池州的社会保障和就业投入仅8.24亿元，低于长三角地区其余城市。故此，这些城市需加强安全保障建设，提高城市的社会保障性与公平性，提高社会福利，满足居民的安全需求。

5.2 基于主观指标的评价结果

5.2.1 居民特征画像

就长三角地区居民对当前长三角地区城市宜居性满意度进行调查，可以了解长江三角区城市宜居性现状。调查重点在于了解居民对长三角各城市经济满意度、城市安全满意度、城市文化满意度、城市环境满意度和城市生活便利性的满意度，通过问卷调查，获得居民主观信息，对宜居城市评价提供参考信息。

(1) 调查方法

本次调查采用抽样调查，调查范围为长三角地区城市，包括台州、金华、绍兴、嘉兴、宁波、杭州、常州、泰州、南通、无锡、芜湖、温州、南京、盐城、上海、苏州、扬州、合肥和镇江，调查对象为长三角地区居民。

问卷包括两个部分，其一为受访者性别、年龄和居住地区等个人信息，其二为受访者对长三角地区城市各指标满意程度。为提高样本的有效性，参与调查的工作人员需对接受问卷调查的居民进行问卷相关知识的讲解，确保居民能够了解长三角地区各城市指标的概念。

本次调查共发放问卷 1 000 份，收回问卷 824 份，回收率为 82.4%，其中有效问卷 824 份，问卷有效率为 82.4%。

(2) 统计分析

问卷共分为五个主要类别，分别对应经济发展满意度、环境优美满意度、文化丰富满意度、生活便利性满意度、安全保障性满意度五部分。下述为具体统计分析内容。

描述性统计：该调查共有有效问卷 824 份，具体描述性统计如下：

表 5.2　描述性统计

指　　标	个案数	最小值	最大值	平均值	标准差
经济发展	824	1	5	3.54	1.196
环境优美	824	1	5	3.7	1.145
文化丰富	824	1	5	3.75	1.173
生活便捷	824	1	5	3.74	1.159
安全保障	824	1	5	3.66	1.181

该问卷主要调查特定群体对于某个问题的普遍观点，而问卷结果分析显示其标准差都位于 1.1—1.2 之间，可以认为该问卷中问题清晰、问题设计合理、调查群体符合问卷调查基本要求。

t 检验：该问卷分别对不同城市进行调研，单一城市样本相对较少，因此为了能够验证问卷是否能够真实反映出实际情况，这里分别对不同的城市问卷样本进行 t 检验，下表是上海市的 t 检验分析结果。

表 5.3　t 检验分析

指　　标	t	自由度	显著性(双尾)	标准差	标准误差
经济发展	22.84	34	0.000	0.955	0.161
环境优美	27.11	34	0.000	0.841	0.142
文化丰富	26.28	34	0.000	0.911	0.154
生活便捷	31.12	34	0.000	0.799	0.135
安全保障	27.45	34	0.000	0.867	0.147

从上表可以看出，该城市问卷调查结果具有明显显著性($P=0.000<0.05$)，因此可以认为该问卷结果符合问卷调查基本要求。

信度分析：为了验证问卷调查结果的可靠性，这里进行了霍特林 T^2 检验，霍特林 T^2 检验是一种常用多变量的统计方法，是对单变量检验的推广，检验结果如下表。

表 5.4　　霍特林 T^2 检验

霍特林 T^2	F	自由度 1	自由度 2	显著性
1 476.048	44.389	32	792	0.000

结果显示显著性 0.000，F 值 44.389，说明问卷结果服从正态分布，即问卷调查结果具有统计学意义。

相关性分析：为了能够验证某一个大指标内的小指标问题是否具备相关性，这里进行了问卷结果相关性分析，下表是部分指标分析结果。

表 5.5　　经济发展指标相关性

		对您家乡城市的经济发展满意度	城市物价满意度	可支配收入的满意度	城市房价的满意度	城市创新能力满意度	城市开放程度满意度	城市的经济发展总体情况满意度
对您家乡城市的经济发展满意度	皮尔逊	1	0.600**	0.604**	0.585**	0.619**	0.651**	0.635**
	显著性		0.000	0.000	0.000	0.000	0.000	0.000
	个案数	824	824	824	824	824	824	824
城市物价满意度	皮尔逊	0.600**	1	0.636**	0.636**	0.632**	0.583**	0.587**
	显著性	0.000		0.000	0.000	0.000	0.000	0.000
	个案数	824	824	824	824	824	824	824
可支配收入的满意度	皮尔逊	0.604**	0.636**	1	0.616**	0.603**	0.577**	0.585**
	显著性	0.000	0.000		0.000	0.000	0.000	0.000
	个案数	824	824	824	824	824	824	824
城市房价的满意度	皮尔逊	0.585**	0.636**	0.616**	1	0.591**	0.546**	0.537**
	显著性	0.000	0.000	0.000		0.000	0.000	0.000
	个案数	824	824	824	824	824	824	824

（续表）

		对您家乡城市的经济发展满意度	城市物价满意度	可支配收入的满意度	城市房价的满意度	城市创新能力满意度	城市开放程度满意度	城市的经济发展总体情况满意度
城市创新能力满意度	皮尔逊	0.619**	0.632**	0.603**	0.591**	1	0.630**	0.614**
	显著性	0.000	0.000	0.000	0.000		0.000	0.000
	个案数	824	824	824	824	824	824	824
城市开放程度满意度	皮尔逊	0.651**	0.583**	0.577**	0.546**	0.630**	1	0.626**
	显著性	0.000	0.000	0.000	0.000	0.000		0.000
	个案数	824	824	824	824	824	824	824
城市的经济发展总体情况满意度	皮尔逊	0.635**	0.587**	0.585**	0.537**	0.614**	0.626**	1
	显著性	0.000	0.000	0.000	0.000	0.000	0.000	
	个案数	824	824	824	824	824	824	824

可以看出各指标的相关性分布较为合理，同时具备明显显著性，可以认为该问卷问题设计合理、内容精确、覆盖范围全面。

（3）客群特征分析

不同社会经济属性居民对宜居城市建设需求和认识程度有着一定差异，故导致对城市宜居性评价结果也不同。本次调查涉及性别、职业、年龄和学历的社会经济属性差异对宜居性评价结果的影响。[①]

本次调查对象性别占比中，女性占比 52.91%，男性占比 47.09%。（见图 5.6）

本次调查对象职业占比中，企业人员占比 26.21%，机关、事业单位人员占比 20.39%，农民占比 14.08%，学生占比 10.07%，个体从业者（含自由职业者）占比 19.54%，离退休人员占比 9.22%，其他占比 0.49%。（见图 5.7）

本次调查对象年龄占比中，18 岁以下占比 3.52%，19—45 岁占比 51.58%，46—59 岁占比 36.53%，60 岁及以上占比 8.37%。（见图 5.8）

① 张文忠，余建辉，湛东升，马仁锋.中国宜居城市研究报告[R].北京：科学出版社，2016：28—32.

本次调查对象学历占比中，研究生占比 12.86%，大学本科占比38.47%，专科占比 30.11%，中学占比 11.89%，小学占比 6.67%。（见图 5.9）

（4）宜居城市指标选择

宜居城市评价必须高度重视居民的满意度。一个城市要成为真正的宜居城市，一个极其重要的主观指标就是居民对城市的满意度，即居住在各个城市的不同群体，是否都能感受到城市经济发展、城市安全性、城市环境优越性、城市文化丰富性以及城市生活便利性。在宜居城市的指标选择中，我们严格遵循三个原则：其一，突出主要指标原则；其二，可操作性原则；其三，居民主体地位原则。其中特别强调居民主体地位原则，居民是宜居城市主要服务对象，是城市的主体，在宜居城市评价中，居民是最有发言权的。故在宜居城市指标选择中，要把居民的主观意见作为一个重要的因素进行考虑。

经过分类汇总和专家讨论，本次调查最终确认 5 项指标，包括经济满意度、城市安全满意度、城市文化满意度、城市环境满意度和城市生活便利度的满意度，通过统计居民对城市各指标的满意度，最终得出各指标的排名以及综合指标排名。

5.2.2 数据处理

根据居民直观感受的特点和便于量化计算，在问卷设计的过程中，我们将对城市不同指标的满意度分为 5 个级别，分别是很不满意、不满意、一般、满意、很满意，为了能够更好地对问卷结果进行量化，我们对不同的满意度进行赋值。

表 5.6　　调查问卷满意度分值

满意度	很不满意	不满意	一　般	满意	很满意
分　值	1	2	3	4	5

某城市各项指标的满意度（Satisfaction）得分计算公式（1—5）：

$$S_i = (\sum_{j=1}^{n} I_{ij})/n$$

其中 S_i 是某项指标的满意度，n 是回收的有效问卷数量，I_{ij} 是第 j 份问卷的满意度分值。我们分别从经济发展满意度、环境优美满意度、文化丰富满意度、生活便利性满意度和安全保障满意度 5 个层级进行计算，并将各个层级的权重进行均分，之后计算出城市 k 综合满意度得分 $Score_k$：

$$Score_k = \sum_{i=1}^{m} S_i W_i$$

其中 m 是指标总数，W_i 是某项指标满意度 S_i 对应的权重。

主观的相对宜居度值和客观的相对宜居度值计算方法一致，但是需要说明的是，由于问卷调查方法的权重分配比例相同，因此相对宜居度值 L：

$$L = 0.2 \times S / 100$$

5.2.3　主观排名结果

长三角各城市主观指标排名如下表，主观综合排名依次为：苏州、扬州、镇江、宁波、杭州、常州、盐城、无锡、合肥、南通、南京、金华、铜陵、舟山、台州、湖州、马鞍山、嘉兴、上海、绍兴、芜湖、安庆、池州、泰州、滁州、宣城。

表 5.7　主观评价结果

城　市	排名	综合满意度	经济发展满意度	环境优美满意度	文化丰富满意度	生活便捷满意度	安全保障满意度
苏　州	1	0.832	0.167	0.173	0.161	0.158	0.174
扬　州	2	0.832	0.167	0.174	0.160	0.158	0.174
镇　江	3	0.831	0.169	0.174	0.159	0.156	0.173
宁　波	4	0.830	0.168	0.172	0.159	0.158	0.174
杭　州	5	0.829	0.168	0.173	0.159	0.157	0.173
常　州	6	0.828	0.167	0.171	0.158	0.157	0.174
盐　城	7	0.826	0.167	0.171	0.158	0.156	0.173
无　锡	8	0.826	0.168	0.171	0.160	0.156	0.172
合　肥	9	0.822	0.165	0.171	0.157	0.155	0.174
南　通	10	0.821	0.164	0.171	0.159	0.155	0.171

（续表）

城　市	排名	综合满意度	经济发展满意度	环境优美满意度	文化丰富满意度	生活便捷满意度	安全保障满意度
南　京	11	0.819	0.166	0.171	0.157	0.154	0.172
金　华	12	0.819	0.163	0.170	0.157	0.156	0.172
铜　陵	13	0.811	0.164	0.168	0.154	0.156	0.170
舟　山	14	0.811	0.160	0.169	0.159	0.153	0.170
台　州	15	0.811	0.167	0.168	0.154	0.152	0.170
湖　州	16	0.809	0.167	0.167	0.154	0.153	0.168
马鞍山	17	0.809	0.165	0.168	0.154	0.153	0.169
嘉　兴	18	0.806	0.163	0.166	0.155	0.152	0.169
上　海	19	0.803	0.158	0.166	0.154	0.156	0.170
绍　兴	20	0.803	0.164	0.166	0.154	0.151	0.168
芜　湖	21	0.798	0.163	0.165	0.152	0.151	0.167
安　庆	22	0.653	0.131	0.136	0.126	0.123	0.137
池　州	23	0.621	0.125	0.131	0.118	0.117	0.130
泰　州	24	0.596	0.120	0.125	0.112	0.114	0.125
滁　州	25	0.582	0.118	0.121	0.111	0.110	0.122
宣　城	26	0.554	0.108	0.120	0.105	0.107	0.114

5.2.4 居民感知力分析

(1) 经济发展满意度

根据2006年出台的《长江三角洲地区区域规划纲要》，长三角区域功能定位为：我国综合实力最强的经济中心、亚太地区重要的国际门户、全球重要的先进制造业基地和我国率先跻身世界城市群的地区。①

长三角地区整体的经济满意度较高，总体达48.06%，多数得分超过80

① 新华社.长三角初步定位：我国综合实力最强的经济中心[EB/OL]. http://www.gov.cn/jrzg/2006-11/21/content_449558.htm.

分，但仍有约 23%的城市得分低于 80 分，城市居民的满意度不高。城市经济实力满意度达 58.5%，城市物价满意度达 67.96%，可支配收入满意度达 49.02%，城市创新能力（科技研发及生产）满意度达 69.3%，城市开放程度（引进外资能力）满意度为 53.16%。（见图 5.10）

各城市经济发展满意度排名依次为：镇江、无锡、杭州、宁波、盐城、苏州、常州、湖州、台州、扬州、南京、马鞍山、合肥、南通、铜陵、绍兴、金华、嘉兴、芜湖、舟山、上海、安庆、池州、泰州、滁州、宣城。（见图 5.11）

经济发展满意度第一梯队的城市有镇江、无锡、杭州、宁波、盐城、苏州、常州、湖州、台州、扬州、南京。

镇江地理位置极其优越，地处苏南五市中，位于长江和京杭大运河“十”字交汇处，是长三角地区重要的港口、工贸和风景旅游城市，紧邻常州和省会南京，地理位置得天独厚。2021 年镇江的地区经济总量位列江苏前十名，经济增速高达 9.4%，位列江苏省第三名。经济的快速发展能够让其城市居民感受到经济生活水平的提高。

截至 2021 年上半年度，宁波的 GDP 总量位居了第 12 位。宁波经济出色，主要是拥有强大的港口，根据国家交通运输部最新发布的沿海港口数据，2020 年宁波舟山港完成货物吞吐量 11.72 亿吨，同比增长 4.7%。[①]在我国各大港口的集装箱数据中，宁波舟山港仅次于上海港。目前，以临港工业、传统优势产业、高新技术产业为主体的宁波工业，已经成为浙江经济的关键。甚至在 2021 年全省经济排名中，宁波经济超过省会杭州，人均 GDP 达到 15.39 万元，一举成为全省第一个人均 GDP 突破 15 万元大关的城市。[②]从全国来看，这一数据不仅反超了杭州，也超过了广州等核心城市，在全国 GDP 万亿俱乐部城市中，甚至可以轻松跻身前 10。

杭州民营经济蓬勃，数字经济崛起。2021 年，杭州有 36 家民营企业上榜“中国民企 500 强”，上榜企业数量连续第 19 年蝉联全国城市第一。

---

① 中国经济周刊.宁波舟山港，辐射腹地、融入大局[EB/OL]. https://baijiahao.baidu.com/s?id=1742196736803490936&wfr=spider&for=pc.

② 新京报.人均 GDP 反超杭州，宁波到底有多富[EB/OL]. https://baijiahao.baidu.com/s?id=1728628915507260461&wfr=spider&for=pc.

苏州经济发达的主要原因是其优越的地理位置。苏州位于中国长江三角洲的核心地带，是离上海最近的城市，也是第一个被上海辐射带动的地区。除了地理上的位置，还有苏州自己的努力、进取和奋斗。目前，苏州工业园区是中国最著名的工业园区，其中聚集了大量的工业企业。

台州与杭州相似，拥有大量民营企业。台州有山有水更有历史文化，民营经济活跃度远比其他地区高。中国最早的民营经济起源于温州、台州，也造就了著名的温台经济模式。

在经济发展满意度的具体指标中，这些城市的居民对城市的经济发展总体情况感到满意，特别是在城市经济实力、城市物价以及城市创新能力方面都感到满意或者很满意，说明人们对于城市经济发展很有信心，对城市未来发展预期也较高，但是在可支配收入和房价方面满意度相对较低，薪资与房价水平的不一致也导致了人们对房价的不满。以下为各经济满意度指标具体数据：镇江市居民对于城市经济实力满意度为74.07%，对物价满意度为100%，对可支配收入满意度为70.37%，对房价满意度为55.56%，对城市创新能力满意度为100%，开放程度满意度为62.97%。无锡市城市经济实力满意度为74.2%，物价满意度为93.55%，可支配收入满意度为90.97%，房价满意度为54.84%，城市科技创新能力满意度为90.33%，开放程度满意度为58.06%。杭州市城市经济实力满意度为72.73%，物价满意度为96.97%，可支配收入的满意度为66.66%，房价满意度为42.42%，城市创新能力满意度为90.91%，开放程度满意度为69.69%。宁波市城市经济实力满意度为75.76%，物价满意度为96.97%，可支配收入满意度为51.51%，房价满意度为48.48%，城市创新能力满意度为96.97%，开放程度满意度为75.75%。盐城市城市经济实力满意度为66.67%，物价满意度为97.78%，可支配收入满意度为51.11%，房价满意度为55.56%，城市创新能力满意度为93.33%，开放程度满意度为71.11%。苏州市城市经济实力满意度为84.21%，物价满意度为94.74%，可支配收入满意度为63.16%，房价满意度为42.11%，城市创新能力满意度为100%，开放程度满意度为63.16%。常州市城市经济实力满意度为62.69%，物价满意度为93.03%，可支配收入满意度为72.09%，房价满意度为53.49%，城市创新能力满意度为95.35%，开放程度满意度为74.42%。湖州市城市经济实力满意度为68.18%，物价满意度为72.73%，可支配收入满意度为72.73%，房价满意度为36.36%，城市创新能力满意度为72.72%，开放程度满意度为63.64%。台州市城市经济实力满意度为76.19%，物价满意度为71.43%，可支配收入满意度为80.95%，房价满意度为33.34%，城市创新能力满意度为61.91%，开放程度满意度为85.71%。扬州市城市经济实力满意度为65.63%，物价满意度为100%，可支配收入满意度为56.25%，房价满意度为37.51%，城市创新能力满意度为93.75%，开放程度满意度为65.63%。南京市城市经济实力满意度为78.26%，物价满意度为86.96%，可支配收入满意度为73.91%，房价满意度为69.56%，城市创新能力满意度为95.65%，开放程度满意度为47.82%。（见图5.12）

经济发展满意度第二梯队的城市有：马鞍山、合肥、南通、铜陵、绍兴、金华、嘉兴、芜湖、舟山。

马鞍山是安徽省辖地级市，于1956年建市，是长江三角洲中心城市之一，同时，马鞍山也是南京都市圈城市、合肥都市圈城市以及皖江城市带承接产业转移示范区城市。这座城市地区总面积达4 049平方千米。根据第七次人口普查数据，截至2020年11月1日零时，马鞍山市的常住人口达到215.993万人。2021年，马鞍山市地区生产总值2 439.33亿元，同比增长9.1%。①

舟山拥有优越的地理位置，其背靠上海、杭州以及宁波等发展优越城市和长江三角洲广阔土地，面向太平洋，位居我国南北沿海航线与长江水道交汇中心。同时，舟山也是长江流域和长江三角洲地区对外开放的重要通道，与亚太新兴港口城市呈扇形辐射之势。②

在经济发展满意度的具体指标中，这些城市的居民对城市的物价、经济实力及创新能力满意度较高，但是对城市房价、经济发展总体情况满意度一般。绍兴市民对城市经济实力满意度为69.56%，对物价满意度为53.35%，对可

---

① 马鞍山市人民政府.马鞍山简介[EB/OL]. https://www.mas.gov.cn/mlsc/csgk/masjj/index.html.

② 舟山市人民政府.舟山经济[EB/OL]. http://www.zhoushan.gov.cn/art/2022/4/4/art_1229630862_59070329.html.

支配收入满意度为56.53%,对房价满意度为45.65%,对城市创新能力满意度为69.57%,开放程度满意度为66.56%,从数据能够看得出绍兴市民对城市的房价满意度不高。嘉兴市城市经济实力满意度为64.11%,物价满意度为76.93%,可支配收入满意度为41.02%,房价满意度为38.46%,城市创新能力满意度为56.41%,开放程度的满意度为61.54%,可以看出嘉兴市民在可支配收入及房价的满意度方面有待提高。金华市城市经济实力满意度为56.26%,物价满意度为90.63%,可支配收入满意度为65.63%,房价的满意度为28.13%,城市创新能力的满意度为93.76%,开放程度满意度为50.01%,可以反映出金华市民对城市房价的满意度不高,对城市的物价及创新能力有很高评价。马鞍山市城市经济实力满意度为69.24%,物价满意度为53.85%,可支配收入满意度为57.69%,房价满意度为42.31%,城市创新能力满意度为69.23%,开放程度满意度为61.54%。合肥市城市经济实力满意度为59.38%,物价满意度为90.63%,可支配收入满意度为59.38%,房价满意度为56.25%,城市创新能力满意度为93.76%,开放程度满意度为59.38%。南通市城市经济实力满意度为71.88%,物价满意度为93.76%,可支配收入满意度为59.38%,房价满意度为40.63%,城市创新能力满意度为87.51%,开放程度满意度为56.26%。铜陵市城市经济实力满意度为62.5%,物价满意度为75%,可支配收入满意度为81.25%,房价满意度为31.25%,城市创新能力满意度为62.5%,开放程度满意度为37.5%。芜湖市城市经济实力满意度为73.68%,物价满意度为57.89%,可支配收入满意度为55.26%,房价满意度为42.11%,城市创新能力满意度为63.16%,开放程度满意度为65.79%。舟山市城市经济实力满意度为50%,物价满意度为90%,可支配收入满意度为40%,房价满意度为30%,城市创新能力满意度为80%,开放程度满意度为40%。(见图5.13)

经济发展满意度第三梯队的城市有:上海、安庆、池州、泰州、滁州、宣城。

根据国家统计局最新披露的数据显示,上海的GDP总量约为3万亿左右,在中国各省市中排名第10位,在城市经济排名中,上海牢牢占据第一的位置。但是上海的经济发展满意度总体水平却不高,主要原因是城市的物价及房价过高导致城市居民的经济负担较重。再加上近年来受疫情影响,城市的就业形势紧张，经济形势下行，导致居民可支配收入下降，也严重影响了居民对于经济发展的满意度。

宜城市是华东地区发展较为缓慢的城市，宜城市 2021 年 GDP 位居全国所有城市的第 166 名，人均 GDP 为 73 739 元，人均可支配收入 46 115 元，没有达到国家平均水平。由于其处于较为内陆的地理位置，开放程度不高，对于创新企业、人才的吸引力不大，并且经济的活跃度不高，导致城市居民的可支配收入不高，居民对其经济发展的满意度也偏低。

安庆、池州、滁州、宣城等地均位于安徽省内，在地理位置方面均不如其他长三角城市优越，城市的经济发展缓慢，经济实力不强，开放程度也不高，城市创新能力有待提高。再加上物价、房价偏高，居民的可支配收入不足以承担过高的房价、物价，从而导致居民对这几项指标的评价较低。

在经济发展满意度的具体指标中，这些城市的居民都对城市的房价满意度不高，除上海外，其他城市还存在对城市经济实力、物价、创新能力、开放程度、可支配收入方面满意度不高的问题，并且存在对城市的经济发展总体情况不满意或者很不满意的问题。上海市居民主要对城市物价、房价及可支配收入评价不高。安庆、泰州、滁州、宣城这几个城市的经济发展总体满意度不高，主要是因为居民对城市经济实力、物价、房价、可支配收入、城市创新能力及开放程度均感到不满。上海市城市经济实力满意度为 80%，物价满意度为 34.28%，可支配收入满意度为 25.71%，房价满意度为 25.71%，城市创新能力满意度为 77.15%，开放程度满意度为 77.15%。安庆市城市经济实力满意度为 30%，物价满意度为 30%，可支配收入满意度为 12.5%，房价满意度为 7.5%，城市创新能力满意度为 25%，开放程度满意度为 20%。池州市城市经济实力满意度为 23.81%，物价满意度为 9.52%，可支配收入满意度为 14.28%，房价满意度为 19.05%，城市创新能力满意度为 23.81%，开放程度满意度为 9.52%。泰州市城市经济实力满意度为 12.5%，物价满意度为 15%，可支配收入满意度为 10%，房价满意度为 5%，城市创新能力满意度为 12.5%，开放程度满意度为 10%。滁州市城市经济实力满意度为 8.34%，物价满意度为 11.11%，可支配收入满意度为 5.56%，房价满意度为 8.34%，城市创新能力满意度为 5.56%，开放程度满意度为 5.56%。宣城市城市经济实力满意度为 8.22%，物价满意度为 10.05%，可支配收入

满意度为5.02%，房价满意度为5%，城市创新能力满意度为4.8%，开放程度满意度为5.01%。（见图5.14）

（2）环境优美满意度

城市是人类与自然环境相结合的居民点，自然环境与地理区位好坏直接影响城市宜居水平。随着科学技术的进步，自然环境虽然不是影响城市宜居水平的决定因素，但城市的地形、地貌、河流、气候、土壤、绿地、资源禀赋等自然要素对宜居城市建设具有直接影响。自《长三角生态绿色一体化发展示范区总体方案》（发改地区〔2019〕1686号）发布以来，示范区按照"生态优势转化新标杆、绿色创新发展新高地、一体化制度创新实验田、人与自然和谐宜居新典范"的战略定位，在生态环境领域开展了生态环境管理"三统一"（统一生态环境标准、统一环境监测监控体系、统一环境监管执法）、水体联保共治等诸多制度探索和实践。①

长江三角洲地区的城市环境总体评价较高，约80%的城市得分在80分以上，城市的环境总体情况满意度达70.75%，其中，地区气候满意度为69.42%，地区水质满意度为36.69%，地区空气质量满意度为64.8%，地区噪声污染治理程度满意度为70.14%，城市绿化满意度为73.3%，城市垃圾处理满意度为49.52%。（见图5.15）

各城市环境优美满意度排名依次为：镇江、扬州、苏州、杭州、宁波、盐城、南通、常州、合肥、无锡、南京、金华、舟山、台州、马鞍山、铜陵、湖州、绍兴、嘉兴、上海、芜湖、安庆、池州、泰州、滁州、宣城。（见图5.16）

环境优美满意度第一梯队的城市有：镇江、扬州、苏州、杭州、宁波、盐城、南通、常州、合肥、无锡、南京、金华。

宁波地处宁波平原，纬度适中，属亚热带季风气候，温和湿润，四季分明。市生态环境局发布2020年宁波市生态环境状况"体检报告"中指出宁波自然生态环境状况为"优"，全市主要水源地水质保持优良，地表水水质优良率稳步提升；环境空气质量稳中向好，全市14个辖区六项常规污染物首次全

① 上观新闻.美丽长三角|共建清洁美丽长三角示范区2021年度生态环境质量状况发布[EB/OL]. https://sghexport.shobserver.com/html/baijiahao/2022/06/05/761958.html.

部达到国家二级标准。而后，在 2021 年期间，全市生态环境质量继续保持较好，工业固废处置上，宁波一年综合利用工业固废 1 291 万吨，综合利用率为 99.63%，一定程度上减少废物流出污染。[①]由此可见，宁波的城市环境较为优越。

杭州拥有全国闻名的西湖，还有钱塘江、湘湖、京杭运河的点缀，山清水秀，湖光山色，适合休闲生活。同时，杭州的水环境质量稳定。《2021 年杭州市生态环境状况公报》中提出，全市水环境质量状况为优，同比稳中有升。全市集中式饮用水水源地水质状况优，14 个国控饮用水水源地点位水质达标率均为 100%。2020 年同期持平，水质保持稳定。[②]在 2022 年我国生态环境保护领域最高的社会公益性奖励——中华环境奖获奖名单中，杭州市淳安县荣获第十一届中华环境奖，获奖类别为城镇环境类，也是该类别中华环境奖唯一获得者。

金华之美，美在环境好、宜游宜居。这里环境优美，青山绿水，植被茂盛，空气湿润，没有多少工业，无论是空气质量还是水质都在浙江位居前列。金华市域内江河分属钱塘江、瓯江、曹娥江、椒江 4 大水系，水资源丰富且水质干净，尤其是居民饮用水源非常纯净，达标率 100%，人称“用矿泉水洗澡的城市”。金华属亚热带季风气候，总的特点是四季分明，年温适中，热量丰富，雨量丰富，干湿两季明显，植物资源与动物资源丰富且环境优越。近五年来，金华市获得诸多环境治理荣誉，包括全国环境执法大练兵表现突出集体、生态省建设集体三等功和全省“五水共治”工作先进集体等。同时，五年间，全市 47 个市控及以上地表水断面水质全部达到或优于Ⅲ类，成为全省水质达标率最高地区之一。

在环境优美满意度的具体指标中，镇江市地区气候满意度为 100%，地区水质满意度为 48.15%，地区空气质量满意度为 100%，地区噪声污染治理程度满意度为 100%，城市绿化满意度为 100%，城市垃圾处理满意度为

---

① 潇湘晨报.宁波生态环境状况持续为“优”[EB/OL]. https://baijiahao.baidu.com/s?id=1734755517890839742&wfr=spider&for=pc.

② 杭州市生态环境局.2021 年度杭州市生态环境状况公报[EB/OL]. http://epb.hangzhou.gov.cn/art/2022/6/2/art_1229354863_4040554.html.

74.08%。扬州市地区气候满意度为93.76%,地区水质满意度为56.26%,地区空气质量满意度为96.88%,地区噪声污染治理程度满意度为96.88%,城市绿化满意度为96.88%,城市垃圾处理满意度为62.51%。苏州市地区气候满意度为94.74%,地区水质满意度为44.74%,地区空气质量满意度为92.11%,地区噪声污染治理程度满意度为97.37%,城市绿化满意度为100%,城市垃圾处理满意度为60.53%。杭州市地区气候满意度为96.97%,地区水质满意度为48.48%,地区空气质量满意度为90.91%,地区噪声污染治理程度满意度为96.96%,城市绿化满意度为93.94%,城市垃圾处理满意度为57.57%。宁波市地区气候满意度为100%,地区水质满意度为30.3%,地区空气质量满意度为96.97%,地区噪声污染治理程度满意度为100%,城市绿化满意度为100%,城市垃圾处理满意度为63.63%。盐城市地区气候满意度为95.55%,地区水质满意度为48.89%,地区空气质量满意度为93.33%,地区噪声污染治理程度满意度为93.34%,城市绿化满意度为95.56%,城市垃圾处理满意度为57.78%。南通市地区气候满意度为90.63%,地区水质满意度为43.76%,地区空气质量满意度为90.63%,地区噪声污染治理程度满意度为88.5%,城市绿化满意度为96.88%,城市垃圾处理满意度为71.88%。常州市地区气候满意度为88.38%,地区水质满意度为39.54%,地区空气质量满意度为95.35%,地区噪声污染治理程度满意度为93.02%,城市绿化满意度为97.68%,城市垃圾处理满意度为48.84%。合肥市地区气候满意度为93.75%,地区水质满意度为50%,地区空气质量满意度为87.51%,地区噪声污染治理程度满意度为93.75%,城市绿化满意度为93.76%,城市垃圾处理满意度为53.13%。无锡市地区气候满意度为90.33%,地区水质满意度为45.16%,地区空气质量满意度为90.33%,地区噪声污染治理程度满意度为93.55%,城市绿化满意度为90.32%,城市垃圾处理满意度为64.51%。南京市地区气候满意度为91.3%,地区水质满意度为60.86%,地区空气质量满意度为82.61%,地区噪声污染治理程度满意度为82.61%,城市绿化满意度为95.65%,城市垃圾处理满意度为47.83%。金华市地区气候满意度为90.64%,地区水质满意度为50.01%,地区空气质量满意度为90.63%,地区噪声污染治理程度满意度为93.75%,城市绿化满意度为93.75%,城市垃圾处理满意度为62.5%。(见图5.17)

环境优美满意度第二梯队的城市有：舟山、台州、马鞍山、铜陵、湖州、绍兴、嘉兴、上海、芜湖。

台州位于浙江省中部沿海，处于我国海岸带中段，东濒东海，北靠宁波，南连温州，西接丽水、金华。①近年来，台州市深入践行“绿水青山就是金山银山”的理念，持续推进蓝天、碧水、净土、清废四大行动，以中央环保督察为契机，硬核整治，解决了历史遗留环境问题。如今，台州城市空气质量稳居全国重点城市前列，土壤污染综合防治走在全国前列，地表水环境质量逐年提升，率先完成生态保护红线划定和“三线一单”编制，森林覆盖率高于全省平均水平。显然，台州打造了居民优享的城市环境，提升了居民对台州城市环境的满意度。

绍兴市属于亚热带季风气候，作为一年四季气候鲜明的一座城市，全年温暖湿润。同时，绍兴城市地区河流极为密集，在历史上，绍兴湖泊棋布，有着“水乡泽国”美称，因该地山脉的走势和亚热带季风气候的干预，河流均流量偏大，水位季度性差异显著。绍兴是一座山水城市，不仅城外山清水秀，城内也同样山绿水清。这座依托自然山水建立起来的历史古城，同时也是一座江南著名的水乡风光城市。绍兴市生态环境局对外发布《绍兴市 2021 年环境质量状况公报》显示，全市 70 个市控及以上地表水断面水质类别均为Ⅰ—Ⅲ类，均满足水环境功能要求，总体水质状况优秀，市 8 个县级以上集中式饮用水水源地水质达标率为 100%，故绍兴城市环境优秀程度显而易见。②

在环境优美满意度的具体指标中，这些城市的居民对地区水质、垃圾处理方面的满意度为一般，特别受调查的湖州居民对地区的水质满意度为 63.64%，感受为一般，舟山市民对城市生活垃圾处理满意度为一般的比例为 60%。故这些城市在垃圾处理、地区水质等方面的水平还有待提升。舟山市地区气候满意度为 80%，地区水质满意度为 50%，地区空气质量满意度为 90%，地区噪声污染治理程度满意度为 80%，城市绿化满意度为 90%，城市垃圾处理满意度为 30%。台州市地区气候满意度为 80.96%，地区水质满意

① 台州，百度百科，https://baike.baidu.com/item/台州/213188?fr=aladdin.

② 绍兴市生态环境局.2021 绍兴市环境质量公报发布[EB/OL]. http://www.sx.gov.cn/art/2022/3/10/art_1229329127_59356633.html.

度为57.14%，地区空气质量满意度为52.38%，地区噪声污染治理程度满意度为76.19%，城市绿化满意度为76.19%，城市垃圾处理满意度为66.67%。马鞍山市地区气候满意度为80.77%，地区水质满意度为38.46%，地区空气质量满意度为61.54%，地区噪声污染治理程度满意度为76.92%，城市绿化满意度为84.62%，城市垃圾处理满意度为57.69%。铜陵市地区气候满意度为81.25%，地区水质满意度为50%，地区空气质量满意度为62.5%，地区噪声污染治理程度满意度为87.5%，城市绿化满意度为75%，城市垃圾处理满意度为43.75%。湖州市地区气候满意度为45.45%，地区水质满意度为36.37%，地区空气质量满意度为54.54%，地区噪声污染治理程度满意度为59.09%，城市绿化满意度为77.28%，城市垃圾处理满意度为68.18%。绍兴市地区气候满意度为73.91%，地区水质满意度为41.31%，地区空气质量满意度为47.83%，地区噪声污染治理程度满意度为65.22%，城市绿化满意度为73.91%，城市垃圾处理满意度为63.04%。嘉兴市地区气候满意度为58.97%，地区水质满意度为41.02%，地区空气质量满意度为48.72%，地区噪声污染治理程度满意度为71.8%，城市绿化满意度为66.66%，城市垃圾处理满意度为56.42%。上海市地区气候满意度为68.57%，地区水质满意度为65.71%，地区空气质量满意度为65.72%，地区噪声污染治理程度满意度为60%，城市绿化满意度为80%，城市垃圾处理满意度为71.43%。芜湖市地区气候满意度为52.63%，地区水质满意度为52.63%，地区空气质量满意度为44.73%，地区噪声污染治理程度满意度为65.79%，城市绿化满意度为71.05%，城市垃圾处理满意度为55.27%。（见图5.18）

环境优美满意度第三梯队的城市有：安庆、池州、泰州、滁州、宣城。

2021年11月，宣城当地论坛有多个市民反映自来水有异味的帖子，虽然官方回应，经检测水质达标。但是恢复供水之后，仍有居民反映自来水有异味。同时随着城市建筑密度越来越大，宣城市有一些工地在中午夜间休息时间违规施工，噪声严重干扰居民生活。

居民对于滁州市的环境印象也有待提高。滁州市政府为了改善生态环境，治理大气污染，打造“1245”大气污染综合防控体系，群策合力整治，提高居民对滁州环境的满意度。与此同时，滁州市推动生活垃圾无害化处理全覆盖，5座生活垃圾填埋场于2021年4月全部停用，实现原生生活垃圾“零填埋”;资源共享运行的4座垃圾焚烧厂,年焚烧处理生活垃圾近103万吨,规范填埋飞灰近3万吨,[①]以切实的举措提升居民生活环境质量,改善居民对城市环境的满意度。

在环境优美满意度的具体指标中,安庆市地区气候满意度为32.5%,地区水质满意度为27.5%,地区空气质量满意度为27.5%,地区噪声污染治理程度满意度为27.5%,城市绿化满意度为30%,城市垃圾处理满意度为12.5%。池州市地区气候满意度为23.54%,地区水质满意度为4.76%,地区空气质量满意度为19.05%,地区噪声污染治理程度满意度为19.04%,城市绿化满意度为23.81%,城市垃圾处理满意度为19.04%。泰州市地区气候满意度为15%,地区水质满意度为12.5%,地区空气质量满意度为15%,地区噪声污染治理程度满意度为15%,城市绿化满意度为15%,城市垃圾处理满意度为7.5%。滁州市地区气候满意度为5.56%,地区水质满意度为5.56%,地区空气质量满意度为5.56%,地区噪声污染治理程度满意度为11.12%,城市绿化满意度为8.34%,城市垃圾处理满意度为8.34%。宣城市地区气候满意度为10%,地区水质满意度为5.3%,地区空气质量满意度为3.03%,地区噪声污染治理程度满意度为3.03%,城市绿化满意度为5.03%,城市垃圾处理满意度为6.34%。(见图5.19)

(3) 文化丰富满意度

文化是城市经济社会发展的深厚底蕴,一个经济发达、社会繁荣的城市必然有着有力的文化支撑。文化发展状态直接影响人民生活水平和质量,城市居民的美好生活离不开文化产品与服务的持续充分供给。城市历史风貌、古老建筑群、街区肌理与特色等,既是城市独特历史与文化的层累,又强化了城市地方性与本土性。宜居城市的建设,不仅在于统筹城市居民、外来者的生活、生产与生态空间,而且要尊重城市文化与特色,延续城市文脉,提升城市的凝聚力。

长三角地区的城市文化发展也极为迅速。作为长三角文化产业最盛大的展示、交流、交易、研讨平台,长三角国际文化产业博览会已举办三届,形

① 中国建设新闻网.滁州“三化”提升生活垃圾处理水平[EB/OL]. http://www.chinajsb.cn/html/202204/17/26685.html.

成综合发展、数字创意、文化科技、文旅融合、文博文创五大板块，1100余家国内外展商、27场主题论坛及商贸对接活动、3.8亿元现场交易额的规模，也成为长三角文化产业的风向标、行业发展的指南针。①

数据显示，长三角地区居民对于城市文化总体情况较为满意，满意度达70.39%，其中市民文化素质满意度为51.94%，城市归属感满意度为71.36%，城市文化设施满意度为73.55%，城市旅游景区类型满意度为56.31%，历史文脉保护满意度为70.51%。（见图5.20）

各城市文化丰富满意度排名依次为：苏州、无锡、扬州、镇江、舟山、宁波、南通、杭州、常州、盐城、合肥、金华、南京、嘉兴、湖州、铜陵、马鞍山、上海、台州、绍兴、芜湖、安庆、池州、泰州、滁州、宣城。（见图5.21）

文化丰富满意度第一梯队的城市有：苏州、无锡、扬州、镇江、舟山、宁波、南通、杭州、常州。

秉承"引导激活社会力量参与公共文化服务多元供给，精准对接城乡群众多样性文化需求，推动基层文化繁荣发展"的宗旨，苏州于2019年起创新开展公共文化服务配送，广泛募集长三角地区优秀公共文化服务资源，通过"菜单式"点选、"订单式"配送的形式，实现供需对接、精准惠民，有效提高了公共文化服务水平。3年来，苏州配送各类文旅活动近2 500场次，线下服务超20万人次，线上服务超250万人次。此外，2022年苏州市公共文化配送项目，为全市基层群众送上各类高品质文旅活动高达1 200场次。苏州为百姓打造便利的公共文化服务设施，让大家随处可以体验苏式生活。苏州作为首批国家公共文化服务体系示范区、国家公共文化服务标准化示范区，建有各色各类的博物馆、美术馆共151家，公共图书馆共858家，构建了一张覆盖城乡、相较完善的公共服务设施网络。此外，苏州还设立了"8＋X"的建设模式，鼓励社区养老、体育等公共服务设施共建共享，已实现全市2 021个村（社区）综合性文化服务中心标准化建设全覆盖。②

---

① 潇湘晨报.长三角同枝并蒂，构建文化发展共同体[EB/OL]. https://baijiahao.baidu.com/s?id=1717851370030060634&wfr=spider&for=pc.

② 潇湘晨报.文化苏州魅力非凡[EB/OL]. https://baijiahao.baidu.com/s?id=1740578292068570753&wfr=spider&for=pc.

宁波市非遗历史资源丰富，源远流长的河姆渡文化、底蕴深厚的浙东文化等孕育了宁波悠久的历史资源和丰富多彩的文化遗产。宁波市拥有国家级非遗历史代表性项目数高达到 23 项，除此之外，其拥有的省级非遗历史代表性项目数高达到 69 项，市级非遗历史代表性项目数高达到 187 项，非遗代表性扩展项目数达 30 项，可见其文化资料丰富程度。①同时，宁波是一座文献城邦，拥有藏书文化，天一阁便是宁波藏书文化的象征。天一阁建于明嘉靖四十年至四十五年之间，原为兵部右侍郎范钦的藏书处，是我国现存历史最久、亚洲第一、世界第三的私人藏书楼。现有藏书古籍 30 余万卷，约 13 万册，是四明文献之邦的缩影。

在文化丰富满意度的具体指标中，这些城市的居民普遍对于市民文化素质、城市归属感、旅游景区类型及历史文脉保护感到满意或者非常满意。苏州市民的市民文化素质满意度为 73.68%，城市归属感满意度为 94.74%，城市文化设施满意度为 97.36%，旅游景区类型满意度为 73.42%，历史文脉保护满意度为 92.11%。无锡市民的市民文化素质满意度为 64.52%，城市归属感满意度为 93.55%，城市文化设施满意度为 90.32%，旅游景区类型满意度为 70.97%，历史文脉保护满意度为 90.33%。扬州市民的市民文化素质满意度为 71.88%，城市归属感满意度为 96.88%，城市文化设施满意度为 100%，旅游景区类型满意度为 59.38%，历史文脉保护满意度为 96.88%。镇江市民的市民文化素质满意度为 44.18%，城市归属感满意度为 100%，城市文化设施满意度为 100%，旅游景区类型满意度为 74.07%，历史文脉保护满意度为 100%。舟山市民的市民文化素质满意度为 80%，城市归属感满意度为 90%，城市文化设施满意度为 90%，旅游景区类型满意度为 80%，历史文脉保护满意度为 90%。宁波市民的市民文化素质满意度为 45.45%，城市归属感满意度为 96.97%，城市文化设施满意度为 100%，旅游景区类型满意度为 69.69%，历史文脉保护满意度为 100%。南通市民的市民文化素质满意度为 71.88%，城市归属感满意度为 90.63%，城市文化设施满意度为 90.63%，旅游景区类型满意度为 84.83%，历史文脉保护满意度为 87.51%。

① 陈万怀."文化+"：宁波非物质文化遗产创意产业化路径探究[J].宁波经济（三江论坛），2016(01)：44—47+6.

杭州市民的市民文化素质满意度为 69.69%，城市归属感满意度为 96.97%，城市文化设施满意度为 96.97%，旅游景区类型满意度为 63.63%，历史文脉保护满意度为 93.94%。常州市民的市民文化素质满意度为 72.09%，城市归属感满意度为 93.02%，城市文化设施满意度为 95.35%，旅游景区类型满意度为 53.49%，历史文脉保护满意度为 90.7%。(见图 5.22)

文化丰富满意度第二梯队的城市有：盐城、合肥、金华、南京、嘉兴、湖州、铜陵、马鞍山、上海、台州、绍兴、芜湖。

台州是江南水乡，水穿城过。历史上台州“河网密布、港汊交纵”，水乡风韵不亚于苏杭，有“走遍苏杭、不如温黄”之说。台州文化作为浙东中部的地域文化，从文化形态上述说，已形成以天台山文化为核心的名山文化，以章安港为核心的名港文化，以及以台州府城为核心的名城文化。此外，台州的古代文化以天台山文化为主体，即以理学为代表的儒家文化、以天台宗为代表的佛教文化和以道教南宗为代表的道教文化为主体。[①]台州的饮食文化颇为有名，鸡蛋麻糍最为著名，煎好的麻糍打鸡蛋，撒上葱花，咬上一口，煎蛋与糍粑在嘴里迸发出不一样的“交流”。同时，台州还有许多美食，包括食饼筒、嵌糕、麦饼、麦虾、海苔饼等。台州于 2017 年入选成为“中国最具幸福感城市”，并且于 2019 年再次入选成为“中国最具幸福感城市”，由此而知，台州的城市文化是极其优秀的。

金华，古称婺州，拥有着 2 000 多年历史，历史人物高达 1 000 多位，文有宋濂，武有宗泽，医有丹溪，曲有李渔，素有“小邹鲁”之称。近代以来，红色翻译家陈望道、诗人艾青、人民音乐家施光南等闻名中外；金华还拥有金华火腿、金华婺剧等 32 项国家级非物质文化遗产。近年来，金华着力促进文化惠民、改善文化民生，不断满足市民的精神文化需求，让金华成为人们更加向往的文化之城。同时，金华不断深化公共文化服务体系建设，发布《关于推进金华市区“百分之一公共文化计划”的实施意见》，公共文化服务政策和标准不断完善，为金华文化设施改善带来新一轮高潮。

绍兴是我国首批 24 座历史文化名城之一，是以历史文化和山水风光为特色的国内著名旅游城市，有着深厚的文化底蕴，是著名的水乡、桥乡、酒

① 李建军.“质有其文”：台州文化的硬核特质[J].台州学院学报，2021，43(02)：28—37.

乡、兰乡、书法之乡、名士之乡，因此就有了相应的桥文化、酒文化、兰文化，同时作为中国第二大剧种——越剧的故乡，也有着丰富多彩的戏文化。①同时，绍兴拥有众多著名的文化古迹，包括兰亭、禹陵、鲁迅故里、蔡元培故居、周恩来祖居、沈园、柯岩、秋瑾故居、马寅初故居、王羲之故居、贺知章故居等。除此之外，绍兴还是南宋文化的重要承载地，位于绍兴市越城区富盛镇的宋六陵，是一座南宋皇陵，也是现存于江南地区分布最集中的皇家陵园。这座陵园的营建历史达到144年之久，先后共有7位宋代皇帝和7位皇后下葬于此，基本贯穿了整个南宋王朝的历史。由此可见，绍兴是一座文化源远流长的城市。

嘉兴文化璀璨，人文积淀深厚。“江南文化之源”马家浜文化遗址在嘉兴，犹如一片神秘浩渺的星空，令人无限遐想，这是嘉兴人独有的历史文化宝库。同时，嘉兴还是100多年的红色名城。百年，历史一瞬，精神永恒。嘉兴是中国革命红船启航地，1921年7月底，中国共产党第一次全国代表大会由上海转移到嘉兴南湖一艘画舫上继续举行并闭幕，庄严宣告了中国共产党的诞生。这艘画舫因而获得了一个永载中国革命史册的名字——红船，成为中国革命源头的象征。除此之外，嘉兴还拥有550多万人的全民工程。早在2016年，嘉兴就已成功创建为国家公共文化服务体系示范区，全市已建成多个图书馆，各类博物馆，拥有市、县两级文化馆8个，满足居民需求，获得居民认可。

在文化丰富满意度的具体指标中，盐城市民的市民文化素质满意度为57.78%，城市归属感满意度为95.56%，城市文化设施满意度为91.11%，城市旅游景区类型满意度为57.78%，历史文脉保护满意度为93.33%。合肥市民的市民文化素质满意度为56.26%，城市归属感满意度为93.76%，城市文化设施满意度为93.76%，城市旅游景区类型满意度为46.88%，历史文脉保护满意度为93.75%。金华市民的市民文化素质满意度为62.51%，城市归属感满意度为90.63%，城市文化设施满意度为93.75%，城市旅游景区类型满意度为71.88%，历史文脉保护满意度为93.76%。南京市民的市民文

① 百度文库.绍兴特色文化[EB/OL]. https://wenku.baidu.com/view/616ba62d5aeef8c75fbfc77da26925c52cc5916b.html.

化素质满意度为 65.21%，城市归属感满意度为 91.3%，城市文化设施满意度为 95.65%，城市旅游景区类型满意度为 52.18%，历史文脉保护满意度为 91.31%。嘉兴市民的市民文化素质满意度为 61.54%，城市归属感满意度为 71.79%，城市文化设施满意度为 79.48%，城市旅游景区类型满意度为 74.36%，历史文脉保护满意度为 64.11%。湖州市民的市民文化素质满意度为 63.63%，城市归属感满意度为 59.09%，城市文化设施满意度为 81.82%，城市旅游景区类型满意度为 59.09%，历史文脉保护满意度为 72.72%。铜陵市民的市民文化素质满意度为 37.5%，城市归属感满意度为 81.25%，城市文化设施满意度为 75%，城市旅游景区类型满意度为 75%，历史文脉保护满意度为 68.75%。马鞍山市民的市民文化素质满意度为 57.69%，城市归属感满意度为 76.93%，城市文化设施满意度为 88.46%，城市旅游景区类型满意度为 65.38%，历史文脉保护满意度为 73.08%。上海市民的市民文化素质满意度为 77.15%，城市归属感满意度为 62.85%，城市文化设施满意度为 85.72%，城市旅游景区类型满意度为 82.86%，历史文脉保护满意度为 80%。台州市民的市民文化素质满意度为 61.91%，城市归属感满意度为 61.91%，城市文化设施满意度为 76.19%，城市旅游景区类型满意度为 80.95%，历史文脉保护满意度为 61.9%。绍兴市民的市民文化素质满意度为 63.04%，城市归属感满意度为 78.26%，城市文化设施满意度为 67.39%，城市旅游景区类型满意度为 73.92%，历史文脉保护满意度为69.57%。芜湖市民的市民文化素质满意度为 47.36%，城市归属感满意度为 71.06%，城市文化设施满意度为 73.68%，城市旅游景区类型满意度为 68.42%，历史文脉保护满意度为 73.69%。(见图 5.23)

文化丰富满意度第三梯队的城市有：安庆、池州、泰州、滁州、宣城。

据调查，宣城市共有 23 个公共文化场馆，其中市级的只有 3 个。[1]宣城市的旅游资源虽然已有一定的规模，但是开发资源不合理，缺乏严谨的规划，并且缺乏一定的文化内涵，某些旅游产品单一老化，行政主管缺乏较高的科学管理水平，旅游业发展资金不足，融资渠道单一，基础设施发展不够

---

① 宣城市人民政府.宣城市公共文化场馆一览表[EB/OL]. https://www.xuancheng.gov.cn/OpennessContent/show/1925980.html.

平衡等原因都制约着宣城市旅游业的发展，同时也不能满足本市居民的文化需求，这些都影响着宣城城市文化的发展。①

据统计，滁州市全市建有 11 个公共图书馆、9 个文化馆、3 个美术馆、10 个博物馆、16 个城市阅读空间。②但其实文化设施的缺少确实无法满足居民日益增长的文化需求。

在文化丰富满意度的具体指标中，安庆市民的市民文化素质满意度为 20%，城市归属感满意度为 32.5%，城市文化设施满意度为 30%，城市旅游景区类型满意度为 25%，历史文脉保护满意度为 30%。池州市民的市民文化素质满意度为 19.04%，城市归属感满意度为 23.81%，城市文化设施满意度为 19.04%，城市旅游景区类型满意度为 14.28%，历史文脉保护满意度为 19.05%。泰州市民的市民文化素质满意度为 7.5%，城市归属感满意度为 15%，城市文化设施满意度为 12.5%，城市旅游景区类型满意度为 7.5%，历史文脉保护满意度为 12.5%。滁州市民的市民文化素质满意度为 11.11%，城市归属感满意度为 8.33%，城市文化设施满意度为 11.11%，城市旅游景区类型满意度为 11.11%，历史文脉保护满意度为 8.34%。宣城市民的市民文化素质满意度为 5.03%，城市归属感满意度为 11.11%，城市文化设施满意度为 3.03%，城市旅游景区类型满意度为 5.03%，历史文脉保护满意度为 3.03%。（见图 5.24）

（4）生活便利性满意度

城市生活便利度与居民日常生活最基本需求息息相关，是最贴近老百姓生活、最现实的需求。生活便利度是评价宜居城市最重要的影响因素，宜居城市应该为生活各方面的内容提供各种高质量的服务，并且使得这些服务能被广大市民方便地接受。宜居城市应该是生活便利的城市，居民日常生活的便利度主要指居民日常利用公共和服务设施的便利度，或者说是利用各种公共设施和享受服务的便利程度，包括交通出行、市政基础设施、住

① 百度文库.宣城市旅游资源开发现状与对策分析报告[EB/OL]. https://wenku.baidu.com/view/1bfeb5c4f51fb7360b4c2e3f5727a5e9856a273a.html.

② 西部文明播报.文化滁州|文化惠民，润泽民心[EB/OL]. https://view.inews.qq.com/a/20220317A0C6KW00.

房与社区配套设施、医疗卫生和文教体设施等。

长三角地区生活休闲娱乐化程度很高，特别体现在交通便利以及各项休闲娱乐设施完善方面。从数据来看，长三角地区居民对所在城市的生活便利总体情况满意度达71.6%，其中，公共交通便利性满意度为74.03%，购物设施便利性满意度为56.43%，餐饮设施便利性满意度为73.9%，休闲娱乐设施便利性满意度为69.78%，医疗设施便利性满意度为48.78%，还有待提高。（见图5.25）

各城市生活便利性满意度排名依次为：苏州、宁波、扬州、常州、杭州、上海、盐城、金华、镇江、无锡、铜陵、南通、合肥、南京、舟山、马鞍山、湖州、台州、嘉兴、绍兴、芜湖、安庆、池州、泰州、滁州、宣城。（见图5.26）

城市生活便利性满意度第一梯队的城市有：苏州、宁波、扬州、常州、杭州、上海、盐城、金华、镇江。

苏州从2008年开始就在全国率先推进社区商业示范社区创建工作，建成了一批社区商业示范社区。在苏州邻里中心六大服务板块衣、食、住、行、学、闲便民服务一应俱全。苏州作为全国首批一刻钟便民生活圈试点城市，除了满足社区居民的一日三餐、生活必需品以及家庭生活服务等消费需求以外，还加快建设居民休闲、健康、社交以及娱乐等个性化设施，提高了居民对苏州这一城市的生活便利性满意度。

杭州的城市生活便利度极高。新零售智库发布《新零售便利指数报告》从新零售商家覆盖情况、消费者对新零售接受程度、同城配送订单数量等多个方面综合考量。报告指出，杭州新零售指数仅次于上海列全国第二，市民生活便利程度非常高。从报告中可以看出，仅在杭州核心商圈，就有武林银泰可以提供周边5公里—10公里的定时送达服务，距离武林银泰不到5公里的范围内，密集覆盖着盒马等四家门店，而与饿了么和天猫超市合作的商家更是不可胜数。[①]如此高密度的新零售商家覆盖，满足了居民生活的刚需，提高杭州城市生活便利度。

上海的现代化程度在国内名列前茅，在这座城市里，居民的生活便利程

---

① 央广网.阿里巴巴新零售四年成绩单：城市居民便利度大大提升[EB/OL]. https://ishare.ifeng.com/c/s/7zooHZpQMQf.

度也远超国内其他城市。例如,从早期的7-11到现在的全家、罗森等,便利商店虽小,但几乎可在里面购买各种生活必需品。在上海,24小时便利店几乎遍布了上海大街小巷的各个角落。上海交通便利,无论是公路交通、铁路交通、水路交通、海上交通、航空交通等都十分发达。同时,上海的医疗实力极强,中国十强医院有一半都是上海高校培养的,其中上海交大瑞金医院、复旦华山医院、复旦中山医院均在上海。其中,上海交大和复旦大学的医学专业是属于全球领先水平,上海交大的临床医学长期位居全国第一。除此之外,上海的旅游业资源极为丰富,旅游度假区和景点众多,其中迪士尼国际旅游度假区是极具特色的旅游资源。上海迪士尼乐园是上海国际旅游度假区内的标志性景区,位于上海市浦东新区川沙新镇,紧邻上海市野生动物园与新场古镇等旅游景点,完善的设施也提升了其本身的接待能力,吸引了众多游客的到来。①

在生活便利性满意度的具体指标中,苏州市的公共交通便利性满意度为100%,购物设施便利性满意度为73.69%,餐饮设施便利性满意度为100%,休闲娱乐设施便利性满意度为94.74%,医疗设施便利性满意度为57.89%。宁波市的公共交通便利性满意度为100%,购物设施便利性满意度为66.66%,餐饮设施便利性满意度为100%,休闲娱乐设施便利性满意度为100%,医疗设施便利性满意度为66.66%。扬州市的公共交通便利性满意度为96.88%,购物设施便利性满意度为78.13%,餐饮设施便利性满意度为96.88%,休闲娱乐设施便利性满意度为96.88%,医疗设施便利性满意度为56.25%。常州市的公共交通便利性满意度为90.69%,购物设施便利性满意度为83.72%,餐饮设施便利性满意度为95.34%,休闲娱乐设施便利性满意度为97.68%,医疗设施便利性满意度为60.46%。杭州市的公共交通便利性满意度为96.97%,购物设施便利性满意度为78.78%,餐饮设施便利性满意度为100%,休闲娱乐设施便利性满意度为93.94%,医疗设施便利性满意度为69.69%。上海市的公共交通便利性满意度为88.57%,购物设施便利性满意度为82.86%,餐饮设施便利性满意度为85.71%,休闲娱乐设施

---

① 智元媛.迪士尼乐园对上海旅游业发展的影响[J].长沙大学学报,2015, 29(03): 32—34.

便利性满意度为 85.71%，医疗设施便利性满意度为 74.29%。盐城市的公共交通便利性满意度为 95.56%，购物设施便利性满意度为 60%，餐饮设施便利性满意度为 93.33%，休闲娱乐设施便利性满意度为 91.11%，医疗设施便利性满意度为 60%。金华市的公共交通便利性满意度为 93.75%，购物设施便利性满意度为 50%，餐饮设施便利性满意度为 87.51%，休闲娱乐设施便利性满意度为 87.51%，医疗设施便利性满意度为 78.13%。镇江市的公共交通便利性满意度为 100%，购物设施便利性满意度为 62.96%，餐饮设施便利性满意度为 100%，休闲娱乐设施便利性满意度为 100%，医疗设施便利性满意度为 44.44%。(见图 5.27)

生活便利性满意度第二梯队的城市有：无锡、铜陵、南通、合肥、南京、舟山、马鞍山、湖州、台州、嘉兴、绍兴、芜湖。

南京作为新一线城市，生活便利度也是极其高。南京交通发达，拥有航空、动车、高铁、轮渡、高速、地铁等，“八横八纵”，可轻而易举前往上海、浙江、安徽等地。被称为“亚洲最大”的高铁动车站——南京南站，每天至少接送上百次车次，同时，南京地铁历程在全国位列前茅，排名第四。此外，南京的医疗实力位居全国前 10，拥有江苏省人民医院、南京鼓楼医院、南京军区总医院等极具实力的医院。不仅如此，南京的旅游资源丰富，旅游业发达，作为全国第一批旅游城市，南京凭借悠久的历史、优越的地理位置和秀美的自然风景获得旅游者们的青睐。

合肥的城市生活便利度也较优秀。品牌便利店遍地开花，根据中国连锁经营协会近日发布的 2021 年中国城市便利店指数显示，截至 2021 年 9 月底，全市共有知名品牌便利店 800 余家。合肥便利店的迅速发展离不开政府的政策支持，合肥市鼓励支持品牌便利店连锁发展，对新开设直营门店数量达 10 家及以上的，给予一次性奖补。[①]同时，合肥市还有诸多举措支持便利店发展。在创新经营模式方面，该市鼓励便利店与线上平台开展合作，积极推进便利店模式，发展网订店取、即时配送等新兴服务等模式，更大程度上提升居民购买日常生活必需品的便利，提高居民对合肥城市生活便利度的满意度。

---

① 合肥日报.全市便利店 800 余家！合肥市便利店增长速度在全国排名第 14 位[EB/OL]. https://www.sohu.com/na/495715456_120133855.

在生活便利性满意度的具体指标中，无锡市的公共交通便利性满意度为93.55%，购物设施便利性满意度为61.29%，餐饮设施便利性满意度为93.55%，休闲娱乐设施便利性满意度为93.55%，医疗设施便利性满意度为48.39%。铜陵市的公共交通便利性满意度为81.25%，购物设施便利性满意度为75%，餐饮设施便利性满意度为81.25%，休闲娱乐设施便利性满意度为68.75%，医疗设施便利性满意度为68.75%。南通市的公共交通便利性满意度为90.63%，购物设施便利性满意度为62.5%，餐饮设施便利性满意度为93.76%，休闲娱乐设施便利性满意度为90.63%，医疗设施便利性满意度为50%。合肥市的公共交通便利性满意度为90.63%，购物设施便利性满意度为65.63%，餐饮设施便利性满意度为93.75%，休闲娱乐设施便利性满意度为93.75%，医疗设施便利性满意度为59.38%。南京市的公共交通便利性满意度为95.56%，购物设施便利性满意度为65.22%，餐饮设施便利性满意度为86.96%，休闲娱乐设施便利性满意度为95.66%，医疗设施便利性满意度为52.18%。舟山市的公共交通便利性满意度为80%，购物设施便利性满意度为70%，餐饮设施便利性满意度为90%，休闲娱乐设施便利性满意度为80%，医疗设施便利性满意度为60%。马鞍山市的公共交通便利性满意度为88.46%，购物设施便利性满意度为69.24%，餐饮设施便利性满意度为84.62%，休闲娱乐设施便利性满意度为53.85%，医疗设施便利性满意度为73.08%。湖州市的公共交通便利性满意度为81.81%，购物设施便利性满意度为50%，餐饮设施便利性满意度为86.37%，休闲娱乐设施便利性满意度为54.54%，医疗设施便利性满意度为68.18%。台州市的公共交通便利性满意度为80.95%，购物设施便利性满意度为71.43%，餐饮设施便利性满意度为80.95%，休闲娱乐设施便利性满意度为80.95%，医疗设施便利性满意度为42.85%。嘉兴市的公共交通便利性满意度为76.93%，购物设施便利性满意度为56.41%，餐饮设施便利性满意度为79.49%，休闲娱乐设施便利性满意度为79.49%，医疗设施便利性满意度为46.16%。绍兴市的公共交通便利性满意度为78.26%，购物设施便利性满意度为67.39%，餐饮设施便利性满意度为73.91%，休闲娱乐设施便利性满意度为69.57%，医疗设施便利性满意度为39.48%。芜湖市的公共交通便利性满意度为65.79%，购物设施便利性满意度为63.16%，餐饮设施便利性满意度为63.16%，休闲娱乐设施便利性满意度为

63.16%，医疗设施便利性满意度为63.15%。(见图5.28)

生活便利性满意度第三梯队的城市有：安庆、池州、泰州、滁州、宣城。

在城市生活便利性方面，宣城市居民的满意度并不高，究其原因，主要是因为宣城市经济发展欠缺，公共交通并不发达，餐饮娱乐业的发展并不繁荣，同时医疗资源紧缺，不能够满足居民在日常生活便利性的需要，因此宣城市政府在提升生活便利性方面也需要下功夫。在交通方面，新火车站投入使用，2020年6月、10月的高铁、机场相继开通；为了满足居民的生活需要，2021年4月28日，宣城市在皖事通上线"掌上交通"，接入城乡公交总计48条线路，着力帮助市民们做好出行规划。①

滁州市居民对于城市生活的便利性评价也是普遍不高，在公共交通方面，并未开通地铁，公众出行大多依靠公交车或者出租车；餐饮、购物、娱乐设施也不能很好满足居民的生活需要，在医疗设施便利性方面也有待提高。所以滁州市政府为提高居民城市生活的便利性，作出了一系列创新之举：为了推进参保工作，使居民能够方便缴费，滁州市数据资源管理局积极推进"大数据+医保服务"模式创新，2020年在全国首创依托"皖事通·慧滁州APP"上线"城乡居民医保缴费平台"，实现城乡居民医保服务"掌上办"。②在滁州市智慧城市建设中，"安康码"用出了新花样。通过"安康码综合服务平台"，滁州市实现了"安康码"与医保结算系统、医院HIS系统的深度结合，使安康码具有医保协议和药店购药"一码结算"和医院门诊住院全流程"一码就医"两大功能。③相信通过一系列的努力，能够提高城市居民对于生活便利性的满意度，打造更加宜居的城市。

在生活便利性满意度的具体指标中，这5座城市的居民在公共交通便利性，购物、餐饮、休闲娱乐、医疗设施的便利性方面大多都评价为一般、不满意甚至很不满意，反映出其在城市中生活的衣食住行都不是很便利。安庆

① 光明网.智慧宣城，让便民服务有温度[EB/OL]. https://m.gmw.cn/baijia/2022—08/05/35935124.html.

② 央广网.智慧城市，让在滁州生活更便利[EB/OL]. https://baijiahao.baidu.com/s?id=1682124945179399202&wfr=spider&for=pc.

③ 安徽网."智慧滁州"让百姓生活更美好[EB/OL]. https://baijiahao.baidu.com/s?id=1682579345888046985&wfr=spider&for=pc.

市的公共交通便利性满意度为 32.5%，购物设施便利性满意度为 25%，餐饮设施便利性满意度为 30%，休闲娱乐设施便利性满意度为 30%，医疗设施便利性满意度为 22.5%。池州市的公共交通便利性满意度为 19.04%，购物设施便利性满意度为 23.81%，餐饮设施便利性满意度为 23.81%，休闲娱乐设施便利性满意度为 14.28%，医疗设施便利性满意度为 9%。泰州市的公共交通便利性满意度为 15%，购物设施便利性满意度为 12.5%，餐饮设施便利性满意度为 17.5%，休闲娱乐设施便利性满意度为 15%，医疗设施便利性满意度为 7.5%。滁州市的公共交通便利性满意度为 11.12%，购物设施便利性满意度为 8.33%，餐饮设施便利性满意度为 8.33%，休闲娱乐设施便利性满意度为 8.34%，医疗设施便利性满意度为 8.33%。宣城市的公共交通便利性满意度为 10%，购物设施便利性满意度为 5.88%，餐饮设施便利性满意度为 8.03%，休闲娱乐设施便利性满意度为 8%，医疗设施便利性满意度为 8%。（见图 5.29）

(5) 安全保障满意度

安全是人类生存、生活、生产和发展过程中永恒的主题，也是人类最基本的需求之一。城市安全是城市化发展中必须关注的一个关键要素。城市安全一旦得不到有效保障，足以对城市造成毁灭性的打击。2021 年国家推动长三角一体化发展领导小组正式印发了《长江三角洲区域一体化发展水安全保障规划》。长三角区域构建起“一轴一核、一屏一带、三廊多点”水安全保障总体布局。到 2035 年，长三角区域将实现洪涝无虞。①可见长三角地区的安全保障可以整体考虑，整体整治。

长三角地区的城市安全保障总体情况满意度为 68.33%，城市治安情况满意度为 68.69%，交通安全满意度为 48.06%，紧急避难场所满意度为 72.21%，就业保障满意度为 54.13%，医疗救治满意度为 68.57%，养老设施便利性满意度为 47.21%。（见图 5.30）

长三角满意度城市安全保障指标排名依次如下：扬州、常州、宁波、苏州、合肥、盐城、镇江、杭州、金华、无锡、南京、南通、铜陵、舟山、上海、台州、

① 安徽网.长三角一体化发展水安全保障规划提出：到 2035 年将实现洪涝无虞[EB/OL]. https://baijiahao.baidu.com/s?id=1705401794346895159&wfr=spider&for=pc.

嘉兴、马鞍山、湖州、绍兴、芜湖、安庆、池州、泰州、滁州、宣城。（见图5.31）

安全保障满意度第一梯队的城市有：扬州、常州、宁波、苏州、合肥、盐城、镇江、杭州、金华。

浙江省除险保安工作评价指数中，6月重大安全生产问题清单指数中金华市排名全省第一。长效治理成功案例——“金华市小流域山洪地质灾害易发”问题入选省委“七张问题清单”示范案例。同时，在浙江2022年4月各地平安指数中，金华市也位列前位，体现了居民对金华城市安全的满意度。在2020年国庆期间，全市刑事警情同比下降14%，治安警情同比下降8%，纠纷警情同比下降13%，盗窃警情同比下降33%，全市重点景区、车站秩序良好，公安机关全面加强社会面整体防控，商业繁华区、大型活动、车站码头、旅游景点现场等人员密集场所，从中我们即可看出金华对于节日期间安全的重视程度。据中国城市竞争力研究会2013年中国最安全城市排行榜显示，金华市荣登最安全城市行列，排名第15位，连续5年在全国数百个地级以上城市中脱颖而出，并且排名逐年靠前。①

在安全保障满意度的具体指标中，这些城市的居民普遍对城市治安情况、紧急避难场所、就业保障、医疗救治及城市安全保障总体情况感到满意。扬州市治安情况满意度为96.88%，交通安全满意度为56.26%，避难场所满意度为86.88%，就业保障满意度为62.5%，医疗救治满意度为96.88%，养老设施便利性满意度为65.63%。常州市治安情况满意度为93.02%，交通安全满意度为58.14%，避难场所满意度为93.02%，就业保障满意度为74.41%，医疗救治满意度为97.67%，养老设施便利性满意度为69.77%。宁波市治安情况满意度为96.97%，交通安全满意度为54.54%，避难场所满意度为100%，就业保障满意度为57.57%，医疗救治满意度为96.97%，养老设施便利性满意度为57.57%。苏州市治安情况满意度为97.37%，交通安全满意度为65.79%，避难场所满意度为100%，就业保障满意度为60.53%，医疗救治满意度为97.37%，养老设施便利性满意度为50%。合肥市治安情况满意度为90.63%，交通安全满意度为62.51%，避难场所满意度为90.63%，

① 潘逸.金华凭什么连续5年入围“中国最安全城市”[EB/OL]. http://www.jinhua.gov.cn/art/2013/12/30/art_1229159979_52725732.html.

就业保障满意度为 75％，医疗救治满意度为 93.75％，养老设施便利性满意度为 65.63％。盐城市治安情况满意度为 95.55％，交通安全满意度为 71.11％，避难场所满意度为 93.33％，就业保障满意度为 68.89％，医疗救治满意度为 91.11％，养老设施便利性满意度为 53.33％。镇江市治安情况满意度为 100％，交通安全满意度为 44.45％，避难场所满意度为 100％，就业保障满意度为 55.56％，医疗救治满意度为 100％，养老设施便利性满意度为 55.56％。杭州市治安情况满意度为 96.97％，交通安全满意度为 57.57％，避难场所满意度为 96.97％，就业保障满意度为 60.6％，医疗救治满意度为 87.87％，养老设施便利性满意度为 57.57％。金华市治安情况满意度为 93.76％，交通安全满意度为 62.51％，避难场所满意度为 93.75％，就业保障满意度为 75.01％，医疗救治满意度为 93.75％，养老设施便利性满意度为 56.25％。(见图 5.32)

安全保障满意度第二梯队的城市有：无锡、南京、南通、铜陵、舟山、上海、台州、嘉兴、马鞍山、湖州、绍兴、芜湖。

无锡是一座极具安全感的城市。2021 年上半年，江苏省对社区居民安全感的测评中，无锡居民安全感为 99.49％，位列全省第一。同时，无锡为群众创造畅通有序、绿色安全的道路交通环境，全市道路交通事故数和死亡人数分别下降了 6.65％、7.75％，为全省最低。另外，通过无锡公安的长久努力，2021 年电信网络诈骗发案数和立案损失数实现双下降，止付冻结涉案资金高达 17.7 亿元，为群众挽回 1 812.1 万元的经济损失，打击治理的绩效位居全省前列。并且，无锡连续十二年荣获“全国治安综合治理优秀市”称号，并被授予以长久治安为寓意的最高奖“长安杯”。种种成绩与荣誉，大大提高了居民对无锡城市安全的满意度。

《中国安全生产》杂志 2021 年第 8 期刊登的《嘉兴：多措并举织牢城市安全防护网》一文中提到，嘉兴安全指数提高主要是因为四大举措，分别为仔细设计城市安全管理顶层、不断创新城市安全防控机制、全力打造数字应急先行区和系统构建应急救援体系。这四项措施体现了这座红色城市，不仅在扎实推进高质量发展，同时也在持续不断提升城市安全管理水平。如 2021 年 7 月 26 日，第 6 号台风“烟花”正面登陆嘉兴，这是新中国成立以来第一次登陆嘉兴的台风，也是历史上七月份的台风中对嘉兴降雨量影响最大的台风。短短四天，嘉兴站水位便迅速回落至 1.66 米，全市立即结束防台风的应急响应，使得生产生活迅速恢复，整个城市又如往常一样充满活力，大大提高居民对嘉兴的安全满意度。①除此之外，《嘉兴日报》中报道，2021年，嘉兴全市治安警情、刑事警情等反映平安建设成效的主要指标同比实现七下降，全市群众安全感、满意率高达97.08%，比前五年平均提高了0.28个百分点。同时，百万元以上案件破案率达到82.9%，为群众打造了一座极具安全感的城市。②

台州精心呵护生命线，全力打造现代城市安全发展台州模板。根据相关数据显示，在2018年1月到10月，台州刑事立案、命案、盗窃、"两抢"、经济犯罪案件和火灾、道路交通事故，同比分别下降28.13%、9.38%、44.66%、62.26%、26.05%、51.5%、43.84%。火灾、道路交通事故、溺水事故连续两年呈现断崖式下降。与此同时，台州市道路交通事故发生率下降了43.84%，死亡人数同比减少258人，下降了40.19%；受伤人数同比减少2 212人，下降了46.88%。③这些都归功于台州发动了本市交通管理史上最大规模的"战役"，此"战役"改善了道路基础设施薄弱、路口滥开滥设、机动车和非机动车混合道路交通的状况，除去了各类安全隐患，提高了城市整体安全指数。

作为拥有众多地产特色食品的绍兴，守住了食品安全线。绍兴市积极打造聚集特色食品作坊发展区，着重培养诸多柯桥酱醉作坊、白酒作坊、上虞羊肉制品作坊、嵊州榨面作坊、新昌茶叶作坊等五大特色板块，塑造特色地方产品食品品牌。自2018年来，绍兴市共查办食品案件7 905起，罚款3 893.49万元，移送公安机关共237件，采取强制刑事措施1 170人，移送审查起诉1 051人，涉案物品检验189批次，极大地震慑了食品违法犯罪人员。故此，绍兴市食品安全治理水准得到了显著提升，食品安全抽检合格率常年保持在98%高位上运行，群众满意度在2021年间得到86.46的高分，创建示范性工作取得了阶段性成效。④2020年1月至9月，绍兴全市刑事治安警情

① 程程.嘉兴：多措并举织牢城市安全防护[J].中国安全生产，2021(8)：28—29.

② 金台资讯.平安嘉兴建设实现"十七连冠"[EB/OL]. https://baijiahao.baidu.com/s?id=1729050487866128536&wfr=spider&for=pc.

③ 网晓明.台州公安局：人民警察职务序列改革政策向基层倾斜[EB/OL]. https://baijiahao.baidu.com/s?id=1614110932515392447&wfr=spider&for=pc.

④ 中国质量新闻.网浙江绍兴按下国家食品安全示范城市创建工作"快进键"[EB/OL]. https://baijiahao.baidu.com/s?id=1737043658713797430&wfr=spider&for=pc.

同比下降31.1%,交通事故死亡人数同比下降27.89%,交通管理“减量控大”考核位居全省前列。

在安全保障满意度的具体指标中,这12个城市的居民对城市的安全保障总体情况满意,个别城市在治安情况、交通安全及养老设施方面感受一般,而这几项指标恰恰能够直接反映城市对于居民的安全及生活保障程度。无锡市治安情况满意度为93.55%,交通安全满意度为45.17%,避难场所满意度为87.09%,就业保障满意度为77.42%,医疗救治满意度为87.1%,养老设施便利性满意度为48.39%。南京市治安情况满意度为91.3%,交通安全满意度为52.17%,避难场所满意度为95.65%,就业保障满意度为73.91%,医疗救治满意度为95.66%,养老设施便利性满意度为52.18%。南通市治安情况满意度为93.75%,交通安全满意度为46.88%,避难场所满意度为96.88%,就业保障满意度为50%,医疗救治满意度为84.88%,养老设施便利性满意度为50%。铜陵市治安情况满意度为50%,交通安全满意度为56.25%,避难场所满意度为68.75%,就业保障满意度为56.25%,医疗救治满意度为63.5%,养老设施便利性满意度为68.75%。舟山市治安情况满意度为90%,交通安全满意度为40%,避难场所满意度为90%,就业保障满意度为70%,医疗救治满意度为80%,养老设施便利性满意度仅为20%。上海市治安情况满意度为88.57%,交通安全满意度为77.15%,避难场所满意度为74.29%,就业保障满意度为62.86%,医疗救治满意度为74.29%,养老设施便利性满意度为77.14%。台州市治安情况满意度为61.91%,交通安全满意度为52.38%,避难场所满意度为85.71%,就业保障满意度为66.66%,医疗救治满意度为52.38%,养老设施便利性满意度为66.67%。嘉兴市治安情况满意度为56.41%,交通安全满意度为58.98%,避难场所满意度为64.1%,就业保障满意度为61.54%,医疗救治满意度为66.67%,养老设施便利性满意度为56.41%。马鞍山市治安情况满意度为53.84%,交通安全满意度为57.69%,避难场所满意度为69.23%,就业保障满意度为69.23%,医疗救治满意度为69.23%,养老设施便利性满意度为42.3%。湖州市治安情况满意度为59.09%,交通安全满意度为40.91%,避难场所满意度为72.72%,就业保障满意度为59.09%,医疗救治满意度为72.72%,养老设施便利性满意度为63.63%。绍兴市治安情况满意度为60.87%,交通安全满意度为 63.04%，避难场所满意度为 67.39%，就业保障满意度为 67.39%，医疗救治满意度为 58.7%，养老设施便利性满意度为 43.48%。芜湖市治安情况满意度为 52.63%，交通安全满意度为 50%，避难场所满意度为 78.95%，就业保障满意度为 65.79%，医疗救治满意度为 55.26%，养老设施便利性满意度为 55.26%。(见图 5.33)

安全保障满意度第三梯队的城市有：安庆、池州、泰州、滁州、宣城。

宣城市的城市安全满意度排名倒数第一，说明在城市居民主观感受中，宣城相对其他城市来说较为不安全。2021 年 1 月 16 日，宣芜高速芜湖前往宣城方向发生一起商务车与货车追尾事故，造成一起意外事故，商务车上一家七口不幸遇难，其中有两名遇难者为儿童。针对道路交通安全，宣城市交通运输局持续开展交通安全整治活动，提升交通安全质量，也进一步提高居民对于交通安全的满意度。

滁州市的城市安全满意程度排名倒数第二，大多数居民认为城市在交通安全、就业保障及养老设施便利性方面不能满足其需求。滁州市公布每月典型事故案例，进行严重交通违法等交通违法“五大曝光”，目的是为了进一步提高广大道路交通参与人员的交通安全意识、法治意识、文明意识，同时提高城市居民的安全感。①滁州市出台的《滁州市城市养老服务设施布点专项规划(2014 年—2030 年)》中提出，对全市养老服务设施进行统一规划布局，合理引导养老产业发展和养老服务产品开发。按照“9073”养老服务模式(即 90%身体状况比较好的，采取以家庭为基础的居家养老，7%的老年人依托于社区养老服务中心，为其提供日间照料，3%的老年人通过机构养老予以保障)加快建设完善居家社区机构相协调、医养康养相结合的养老服务体系。现如今，全市的养老机构共 159 家，社区养老服务站 534 家，各类居家养老服务设施 1 156 家。②

---

① 滁州交警.交通安全“五大曝光”[EB/OL]. https://mp.weixin.qq.com/s?__biz=MzA5MjY5MjAxMA==&mid=2650020843&idx=1&sn=34d2bef0c1389698b66632657ecc3e09&chksm=8869f0aebf1e79b88d1d98ebeb395085e2d30096f24857c77fd5c4dc16b4766e264b2a6e9398&scene=27.

② 潇湘晨报.滁州市“五聚焦”推进养老服务向纵深延展[EB/OL]. https://baijiahao.baidu.com/s?id=1714587421304702529&wfr=spider&for=pc.

在安全保障满意度的具体指标中，这 5 座城市的居民普遍对其城市的治安情况、交通安全、就业保障及养老设施便利性感到不满意或者很不满意，特别是在交通安全及养老设施便利性方面，在这几个城市中有近 50%的居民都感到很不满意。安庆市治安情况满意度为 40%，交通安全满意度为 30%，避难场所满意度为 32.5%，就业保障满意度为 17.5%，医疗救治满意度为 32.5%，养老设施便利性满意度为 20%。池州市治安情况满意度为 14.28%，交通安全满意度为 19.05%，避难场所满意度为 19.95%，就业保障满意度为 14.28%，医疗救治满意度为 14.28%，养老设施便利性满意度为 19.04%。泰州市治安情况满意度为 17.5%，交通安全满意度为 15%，避难场所满意度为 17.5%，就业保障满意度为 10%，医疗救治满意度为 17.5%，养老设施便利性满意度仅为 7.5%。滁州市治安情况满意度为 11.11%，交通安全满意度为 5.56%，避难场所满意度为 11.11%，就业保障满意度为 11.11%，医疗救治满意度为 9.34%，养老设施便利性满意度为 5.56%。宣城市治安情况满意度为 11.11%，交通安全满意度为 5.56%，避难场所满意度为 3.03%，就业保障满意度为 5.56%，医疗救治满意度为 5.56%，养老设施便利性满意度为 3.03%。(见图 5.34)

5.3　综合评价结果

5.3.1　综合排名

表 5.8　　综合排名结果

排　名	城　市	综合宜居度
1	上　海	0.871
2	杭　州	0.843
3	苏　州	0.825
4	南　京	0.806
5	宁　波	0.790
6	无　锡	0.766
7	绍　兴	0.766

（续表）

排　名	城　市	综合宜居度
8	金　华	0.756
9	台　州	0.755
10	嘉　兴	0.750
11	南　通	0.748
12	常　州	0.747
13	合　肥	0.746
14	扬　州	0.726
15	舟　山	0.725
16	湖　州	0.724
17	盐　城	0.702
18	镇　江	0.693
19	芜　湖	0.689
20	铜　陵	0.670
21	马鞍山	0.666
22	安　庆	0.617
23	池　州	0.600
24	泰　州	0.595
25	宣　城	0.579
26	滁　州	0.566

5.3.2 主要指标分析

表 5.9　主客观排名差异分析

城　市	主观排名	客观排名	排名差异
苏　州	1	3	2
扬　州	2	16	14
镇　江	3	19	16
宁　波	4	5	1

（续表）

城　市	主观排名	客观排名	排名差异
杭　州	5	2	−3
常　州	6	13	7
盐　城	7	17	10
无　锡	8	7	−1
合　肥	9	12	3
南　通	10	11	1
南　京	11	4	−7
金　华	12	9	−3
铜　陵	13	24	11
舟　山	14	14	0
台　州	15	8	−7
湖　州	16	15	−1
马鞍山	17	25	8
嘉　兴	18	10	−8
上　海	19	1	−18
绍　兴	20	6	−14
芜　湖	21	18	−3
安　庆	22	22	0
池　州	23	23	0
泰　州	24	21	−3
滁　州	25	26	1
宣　城	26	20	−6

注：负号（正号）表示对应城市的宜居性综合排名低于（高于）其宜居性主观评价排名。

由上表显示，主观评价排名与客观评价排名差异超过 10 位次的城市有扬州、镇江、铜陵、上海和绍兴。其中，扬州、镇江和铜陵这三座城市都是主观评价排名高于其客观评价排名，而镇江的主观评价排名领先其客观评价排名16个位次。这三座城市的经济发展水平相对一般，但居民对这些城市宜居性的主观评价普遍较高，说明这些城市极大程度上满足居民的日常生活需求及心理感受，当地居民体验到较好的居住环境。此外，在表中可以看出，绍兴和上海都是主观评价排名低于客观评价排名，而上海的主观评价排名落后于其客观评价排名18个位次，显示虽然上海经济发展程度极高，但居民对其宜居性的主观评价普遍偏低，说明在当地居民心中这些城市的宜居性建设与实际居民主观中宜居性建设还有一定的差距，居民的日常生活需求和心理感受没有得到很好的满足。

通过两种排名的对比，我们可以发现，城市宜居性实际发展水平与居民对城市宜居性的感受可能差异较大。在一座城市的发展过程中，不能一味追求经济发展及基础设施的建设，应该多注重居民的生活需求，满足居民的日常所需，关注居民的心理感受，使得建设所支出的费用能够在促进城市发展的同时提高居民的实际居住感受，让居民体验到更好的居住环境。

5.3.3 各城市主要问题探讨

上海整体宜居性较高，其中文化、经济和生活方面得分极高，安全建设较好，但公共安全仍需提高，需关注公安机关立案刑事案件数量，提高居民法制意识。同时环境得分较低，资源节约意识较低，需加大宣传力度提高居民节约意识。

江苏各城市中，苏州宜居性较高，文化、经济、生活和安全排名靠前，但其环境得分较低，资源节约度低，同样需加强居民的资源节约意识。南京宜居性靠前，文化、经济、生活和安全位次皆为前五，四个方面建设较好。但环境得分较低，空气质量优良率较低，PM10含量较高，需加强环境建设，减少污染物含量。无锡宜居性较好，文化、经济、生活和安全均排名靠前，尤其经济较为发达，规模较大。但无锡环境得分较低，处于中等水准，环境健康较差，PM10含量较高，空气质量优良率较低，需提升环境健康水平，提高环境优美度。常州经济、生活和文化排名靠前，但安全较为一般，环境健康水平相对较低且部分地区污染物含量较高，当地需及时处理污染物问题，加强环境建设，提高环境水平。南通安全保障度较高，社会保障覆盖率较高，公共安全事件较少，且社会福利较为优秀，但南通的经济、环境和生活便利水平有待提高，旅游资源相对较少，城市文化可以进一步挖掘，加强城市文化建设，促进旅游业发展，提高城市综合文化水准。扬州文化水平较好一些，旅游资源较为丰富，旅游业发展较快，但其生活、经济水平有待提高。盐城安全保障度较高一些，其社会福利较为优秀，满足居民社会需求，环境和文化水平可以进一步提高，经济水平较低，生活便利度较低，配套设施较少且市政基础设施不够完善，需注重该城市生活水平质量，加强基础设施建设，满足居民的日常生活需求，提高一定的生活便利度。镇江安全、经济、文化和生活便利水平较为一般，同时需加大环境保护力度，提升城市环境优美度。泰州安全和经济水平较为一般，但公共安全度较高，交通事故死亡人数较少，其文化、环境和生活便利水平均有待提高，尤其是环境方面，泰州水资源较少，空气质量较差，污染物较多，且资源节约度较低，居民用电量较高，需加大节约资源宣传力度，提高居民节约资源意识。

浙江各城市中，杭州环境质量高，整体环境优美，故环境得分位居第一，同时杭州的文化、经济、生活和安全得分普遍较高，综合宜居性较为优秀。宁波总体实力较强，经济、生活、安全和环境排名较前。但宁波文化有待进一步挖掘，文体条件低于前四座城市，文化支出也并不高，需重视该城市的文化建设，提高文化丰富度。绍兴整体宜居水平偏高一些，文化、环境、生活和安全得分较高一些，其中环境质量较高，空气质量优良率高，应持续保持环境健康水平。绍兴的城市创新需要提高，经济开放程度有待提高。嘉兴经济和安全排名靠前，环境水平较高，生活便利度与文化水平相对较低，交通便利程度较低且医疗卫生条件有待提高，文化支出较少，应注重居民日常生活情况，提高居民生活便利程度的同时也应加强城市文化建设，提升居民文化修养。金华环境水平较高，水资源丰富，环境质量高，且居民节约意识强。金华文化、经济和生活水平较高，安全保障较低一些，社会保障较差且就业投入少，社会福利较少，使得金华安全保障性较低，影响整体宜居水平。台州环境水平高，环境质量优秀且环境健康状况极佳，污染物较少，绿化面积较大。台州安全保障水平较高，社会福利较为优秀，一定程度上保障了居民的居住安全。台州的文化、经济和生活水平较为一般，均排在长三角地区中等水准。舟山环境水平高，环境质量高的同时环境健康也极为优秀，森林覆盖率高且污染物含量较少，大大提高了城市环境优美度，但舟山文化和经济水平较为一般，生活和安全水平有待提高，交通不便，配套设施不完善，且社会保障投入低，应注重此类问题，加强安全保障度，提高城市生活便利度，进一步提高城市宜居水平。湖州安全、生活、经济和文化水平皆为一般，处于长三角地区中等水准，但其环境水平较高，环境质量较高，水资源极其丰富，空气较为优秀，森林覆盖率较高，应保持其环境质量水准，在环境健康方面还有较大的提升空间，应减少污染物含量，进一步提高环境优美度。

安徽各城市中，合肥整体宜居性较好，文化、经济和生活排名较前，其中，生活便利度较高，交通出行极为便利且配套设施较多。但其安全与环境得分较低，环境质量与环境健康水平均较低，声污染极其严重，应加大管制力度，积极解决声污染问题，提高居民的宜居性。芜湖生活便利度较好，住房均价较低，一定程度上满足了居民的住房需求，同时交通出行也较为便利，但芜湖安全、环境和文化水平较为一般，经济水平较差一些，经济规模较小，且居民收入较低，恩格尔系数较高。安庆环境水平较高，水资源极其丰富，且空气质量高，污染物较少，但其声污染程度高，需加强居民噪声管制。其安全和文化水平较为一般，经济和生活便利水平较差，经济开放程度低，经济规模较小，基础设施较差，需注重经济和生活水平发展，尽可能提高该城市的经济和生活水平。池州环境水平高，水资源极其丰富，森林覆盖率高，且其环境健康状况优秀，空气质量高，污染物含量少，同时其居民资源节约意识高，用电量与用水量均不高，需要在加强各方面建设的同时保持该城市的环境优势。宣城环境水平同样极高，水资源极其丰富，森林覆盖率也较高，其空气质量极佳，污染物含量少，但其声污染严重，需加强噪声管制。宣城生活便利水平一般，安全、经济和文化水平均一般，尤其是文化丰富度方面，其旅游业发展缓慢，文化支出低，需加强该城市的文化建设，提高城市的文化水平。铜陵环境与生活便利程度较好一些，其房价较低，满足居民住房需求，医疗条件较好些，水资源较为丰富，但其同样存在声污染较为严重问题，同时其经济、文化和安全水平均较低，需加强这三个方面的基础建设，满足居民的日常需求。马鞍山除生活便利度一般外，安全方面有待提高，其社会保障程度相对较低，社会福利较少，但同时公共安全事件也较少。滁州经济、文化、安全、环境和生活便利水平均较差，各方面均有较大的上升空间，当地需加强各方面建设，逐步提高其各方面水平。

第6章　长三角宜居城市发展建议

6.1　长三角宜居城市建设目标

6.1.1　全球大型宜居城市发展经验

（1）新加坡宜居建设

新加坡地处东南亚，以“花园城市”著称，拥有468万人口，连续多年被评为世界宜居城市，10次当选最适合亚洲人居住的城市。新加坡宜居城市建设的主要工作有以下几个方面：

① 绿化建设“城在园中建”

新加坡自1965年建国以来，十分重视包括公园在内的城市长远科学规划。基本每10年编制一次新加坡公园绿地系统规划，每5年重新审视微调，以期打造世界一流的花园城市国家。公园整体绿化和园林设计理念也随着经济社会的发展而不断发展，从单纯的绿化到美化，再到生物多样性和园林艺术化的升级。①

② “居者有其屋”的安居计划

1960年代初至1990年代初，新加坡共建造了62.8万个组屋（单元式住宅）供中低收入居民居住，超过240万居民居住，占国民总数的87%。新加坡淡滨尼新镇由联合国总部于1992年10月颁发了世界住宅小区奖，标志着

① 中国经济网.“花园城市”新加坡：打造世界绿色宜居城市[EB/OL]. https://baijiahao.baidu.com/s?id=1730955118574588346&wfr=spider&for=pc.

新加坡的居住环境在发达国家中已处于前列。新加坡的低收入人群占总人口的90%,中等收入人群占6%,他们居住的组屋与私营开发商的商品住宅存在着根本性的差异。在这个市场经济国家,大规模的组屋开发有严格的计划,通过周密的法规和规章来分配销售,并通过强制措施(在规定的期限内)来遏制其向流通领域的商品转化。①此次出台的有关住宅方面的政策和措施,可以大致归纳为这么几个方面的内容:

开发机构:这种大众住宅的开发机构是“建屋发展局”,它负责小区的设计和建造,并且是最大的房地产经营管理者。建屋发展局卓有成效的工作,使新加坡变成了住宅充裕的花园式国家。

供房对象:60年代初,组屋的建设目的仅为解决家庭急需用房,以租房为主。政府于1964年提出“居者有其屋”的设计后,逐渐由出租转为出售建筑用途。售房对象为中低收入家庭,家庭月收入不超过1 000新元。随着国内人口平均收入的增长,这个标准一直在进行修正。

分配与选择:组屋分配必须确保对申请者的公平,这也是建屋发展局的一项重要工作。符合条件的居民均可按本人意愿报名。建屋发展局存有详细的登记表格,上面写明申请人的个人条件、所需的房型及地段等信息。建屋发展局以登记资料为依据,拟订兴建方案。居民可以以排队的方式选定房源。

保障制度:建屋发展局执行的《建屋发展法》规定,组屋居民在分期付款的情况下,不会因突发例外事件被剥削房屋的所有权,例如遇到死亡或永远丧失劳动能力等破产或不幸事件。住房保险制度是1981年11月颁布的《中央公积金(修正)法(1981)》强制规定的,此项社会保险可确保中央公积金在房主遭遇重大不测时归还未还清的贷款。

社区工作:建屋发展局还做了大量工作,支持社区的健康发展。比如举办各种提升市民素质的教育课程,组织清洁卫生、环境保护等公益活动,让政府与居民之间有更多交流和接触的机会,也让居民与社区之间有更多认同感。

③ 高效道路交通系统

新加坡公共住宅区内的交通大多采用人车分隔的方式,车行系统结合主要出入口及集中停车场布置,以住宅街坊为单位,车行系统环绕在街坊

① 汪广丰.国外宜居城市建设经验借鉴[J].城乡建设,2019(21):76—79.

外，步行系统则贯穿街坊内，而集中停车场（或多层停车楼）通常位于小区入口处，小区内的居住环境相当安静。每个居住区或新镇都有若干条方便的公交线路可供选择，公交分为住宅区内部的环绕线路和对外联系线路两种。由于新镇公共住宅区通常规模较大，专门设有住宅区内部环绕交通路线，起始点与终点重合（多设在轻轨、地铁站点与购物中心），公交车价格便宜、又配有空调，所以乘坐的人很多；另一类“长途”公交负责沟通与市中心、主要公共区域的联系，大型起迄点和 MRT（轨道交通）站点往往与购物中心结合设置，方便居民购物和交通换乘。

④ 等级分明的服务设施布局

供居民使用的商业及服务设施可分为三个等级：街市（小贩中心）、住宅区商场、市中心商业中心。集贸市场（小贩中心）是以饮食点、零售摊点、超市为主，方便居民生活的最基本要求，是分散在居民邻里之间的商业服务网点。集贸市场（小贩中心）的设计也经常与相应的社区服务网点和休闲活动场所相结合。商场兼具商业、文化、娱乐和公交换乘功能，生活所需的一切基本都可以在商场内供居民购买，并设有超级市场、美容美发、餐饮、酒吧、公共厕所、电玩、喷水池、座椅等设施。

(2) 日本东京宜居建设

东京拥有约 1 396 万人口，集中了日本 30%以上的银行总部、50%的大公司总部和 20%的世界 500 强总部，是世界一流的大城市，被称为全球最安全城市。2007 年《国际先驱论坛报》和《单片眼镜》都将东京列为全球宜居城市。东京在犯罪率低、公共交通系统设计合理、服务设施完善等方面特点突出。英国《经济学人》智库在 2020 年发表了一份全球城市安全指数报告，列出了全球 60 大最安全城市，排名前三位的依次是：日本东京、新加坡、日本大阪，所以可以把东京看作宜居城市安全性的代表。

① 东京规范有效的城市管理系统

东京的城市管理系统规范有效促进其城市安全建设。由地方自治政府管理系统、承担城市管理职能的企业系统、承担城市管理职能的民间组织系统等组成的管理组织架构，具有形式多样、运行有效的特点，能够较好地贯彻和实现东京城市管理目标任务，这种活动主要以自治会、行业协会等形式开展。2004 年开始，为确保城区居民的安全，市民自发组织安装带有旋转式蓝色警示灯的24小时民间岗亭“青色照明灯”，并配有专门的蓝色顶灯巡逻车示意图。

② 出色的危机防范和安全意识

居民和政府出色的危机预防和安全防范意识也是东京安全城市的重要来源。为应对“国土狭小、环境恶劣、灾害肆虐”的国情，东京高度重视城市公共危机管理，形成了一套相对完备、效率极高的公共危机管理领导机构和相当健全的公共危机管理法律法规体系，培养国民的危机意识。[①]

③ 完善的医疗服务体系

完善的医疗体系是安全城市的保障。东京的医疗水平在国际上享有盛誉。世界卫生组织发表的全球医疗评估报告中，从医疗水平、接受医疗的服务难度、医疗费负担公平性等方面，对全球190多个国家进行了综合评估排名，日本再次蝉联榜首，而我国排在第64位。日本的综合医疗水平常年占据世界首位，尤其在微创治疗、重离子治疗、生物再造等癌症方面，成为全球重大疾病患者的治疗首选之地。在医疗保障方面，东京都政府宣布，从2023年起，东京23区高中生(18岁)以下儿童的医疗费用将全部免除，此项福利不受收入和国籍限制。

(3) 墨尔本宜居建设

墨尔本位于澳大利亚东南部雅拉河下游，是该国第二大城市，面积4 360平方公里，人口约500万，是维多利亚州首府。墨尔本在建城之初就考虑到城市建设的新旧融合以及人们居住环境的改善，将美丽的景色纳入城市的建设中。[②]在EIU的世界最佳居住城市的评选中，墨尔本数次名列前茅。

① 现代与古老、城市与田园的结合

墨尔本拥有400多个公园，宽阔笔直的街道，现代化的高楼大厦与古老的英国式建筑交相辉映，大大小小、星罗棋布的公园点缀其间，静谧而宁静，让这座城市既有摩登的繁华，又不乏秀丽的田园风光。

② 优先安排公共设施用地的居住区开发

整体布局的规划在开发墨尔本居民住宅之初就先行一步，在政府认可

---

① 王双.中外宜居城市建设的比较及借鉴[J].经济与管理，2017，31(01)：38—44.

② 汪广丰.国外宜居城市建设经验借鉴[J].城乡建设，2019(21)：76—79.

的情况下才开始实施。在总体规划中，必须先规划道路、运动场、公共绿地、幼儿园、学校、商店、高尔夫球场、游泳馆等公共用地，规划后以招标的方式出售，在出售之前，开发商一定要把路修好，把行道树种好，把公共绿地的花草种好，才能开售。因此，在住房新建之前，已经形成了宽阔平展、四通八达的马路；整齐的行道树、草坪、花草树木等各种绿化的雏形，为小区的环境提供了良好的保障。

③ 精心设计与严格的公众听证会制度

墨尔本的商业街、步行街、广场、公园等都经过精心设计，城市雕塑艺术水准极高。并且根据城市特点设计城市建筑，很好地结合了周边的环境。建筑风格源自英伦三岛，无论是南半球最高的教堂，还是考林斯街(金融街)的花岗岩、砂岩建筑，以及街区骑楼，都是如此。建筑基本以灰色调为主，城市家具以墨绿色为主，但配以色彩鲜明的雕塑点缀，使城市面貌变得简单而富有现代气息。墨尔本的规划管理对建筑的容积率、使用性质、建筑高度、建筑形态、绿化率、建筑退线等方面的要求，都有一整套严格的公示和听证会制度，需要得到住户和单位的一致同意。

④ 注重教育和文化推广

墨尔本素来有教育之都的美誉，中学教育高达 29.5%的私立学校比例则在世界范围内享有盛名。中产阶层的人都乐意把孩子送到墨尔本读中学。这里的几所老牌贵族寄宿学校，有培养名流摇篮之誉，享有与英国伊顿公学同样的声名。墨尔本是澳大利亚也是世界上推广多元文化最好的城市，每年的国际赛事超过 20 项，包括从 1 月份的澳网公开赛，2 月份的国际航空飞行展、亚洲龙舟赛，3 月份的一级方程式赛车比赛、亚洲美食节，直到年底的爵士音乐节等各项活动。

6.1.2　一流中小型城市建设经验

在人口集聚增长的大城市和特大城市中，现代城市的发展伴随着各种城市问题，诸如房价、交通、医疗等，这种问题往往在中小城市中并不突出。不仅是这样，在宜居建设方面，中小城市的优势也更大。首先，大量中小城市面积不算太大、与山水自然紧密相连、生态优势较好。其次，大部分中小城市的社会结构并不复杂，流动人口较小，相对来说社会更加稳定，容易加强管理，建立和谐相处的关系。再次，许多中小城市能够因地制宜地建设具有地方特色、民族特色的城市，不少中小城市历史悠久、文化底蕴丰厚。另外，相对于大城市的高房价，中小城市有相对便宜的住房价格，加上良好的自然生态环境，相对和谐的社会关系，更容易形成安宁、安全、健康、便利的生活环境。

(1) 德国中小城市宜居建设

德国城市发展研究中心和《焦点》杂志每年都会推出“宜居城市排行榜”，该评选活动设置了教学水平较高的学校、安全的街道、充分的就业机会和艺术休闲活动场地等30项标准。评选结果表明，德国宜居城市的排行榜中，更多的是戈斯拉尔等小城市。以戈斯拉尔为例，这个城市自然生态环境好，街道优美古朴。由于紧邻高速公路，并有铁路线经过，交通非常便利。生活配套完善，德国十大连锁超市均在这里开了购物中心。一些大型公司，如西门子、大众等都在此设有制造基地，一些服务性机构也为居民提供了丰富的就业机会。不仅如此，小城民风淳朴，禁止出售酒精饮品，但拥有丰富的不输大都市的博物馆、公共图书馆等文化配套设施。小城10年来未发生一起恶性刑事犯罪事件。残障人士或行动不便的老人，可以自驾残障车，方便地行驶在城市的每个角落。从其他国家来的移民没有受到种族和肤色上的歧视，可以与原住民和谐相处。

(2) 加拿大中小城市宜居建设

温哥华一直被公认为是世界上最宜居的城市之一，拥有190万人口，是一个美丽的城市。它和谐地汇聚了现代都市文明和自然美景，拥有众多大型公园、现代建筑、迷人的湖边小径、保存完善的传统建筑。宜人的气候和独特的自然美景，使其成为最适合享受生活的地方。2018年人力资源咨询公司美世(Mercer)将温哥华评为“全球生活质量最高城市”的第五名，这也是其连续两年蝉联“北美第一”的宝座。

具体的温哥华宜居建设工作包括以下几个方面：一是绿色地带的保护。绿色地带主要包括公园、供水区、自然保护区和农业区等，对绿色地带的保护有效保持了大温哥华地区的生态特色。这些绿区的圈定在为管理人口增长提供依据的同时，确定了大都市区长远发展的边界。二是打造并提升社区设施。通过设施的完善促进社区建设。通过由三大中心组成的多中心网络，包括都市区中心、区域中心和自治中心，推动经济和社区的均衡发展。三是增加交通选择。鼓励民众使用公交系统，减少对私家车的依赖。交通发展的重点依次是步行、自行车、公交系统、货物交通，最后是私人汽车。

卡尔加里位于加拿大阿省南部的落基山脉，人口158万，是世界上最富裕、最安全、最幸福、生活水准最高的城市之一，多次被联合国人居署评为“世界上最干净的城市”，在环境、住房、教育等各方面配置优良。卡尔加里的空气质量，是世界上最干净的，全年平均每立方厘米的空气中，PM2.5含量仅5微克，远低于加拿大其他城市。另外，这里的房价非常低，公寓楼均价在20万加币左右；联排别墅的平均售价在30万—40万加币；独栋别墅在50万—60万加币。教育方面，卡尔加里有5所高中有国际IB认证，他们这5所高中所覆盖三四十个优秀社区。这里旅游资源十分发达，娱乐方式也很多，卡尔加里依托加拿大落基山、西部文化、滑雪胜地等著名资源，每年吸引全球近千万游客。

(3) 丹麦

哥本哈根这座城市已经连续多次获得全球最宜居城市头衔。哥本哈根宜居建设的工作包括以下方面内容：第一，文化塑造。哥本哈根有着很多童话般的建筑物，丹麦童话故事里的很多建筑物原型都来源于哥本哈根这座城市。第二，自行车出行工程。哥本哈根这座城市的人们对传统的交通工具——自行车情有独钟，骑行在这里的大街上随处可见，无论是噪音污染还是大气环境，这里都少了许多轰鸣的机动车，同时发生交通事故的几率也很低。第三，打造海绵城市。哥本哈根提出了建设海绵城市为主的气候应对策略目标来有效降低洪涝灾害对城市的影响，通过智能雨水管理系统，将难以渗漏的城市雨水收集到“海绵体”中，经净化后部分作为淡水资源储存利用，其余通过路径排放到安全地区。除了建设地下海绵体外，哥本哈根还规定，所有平顶建筑都必须建立绿化屋顶作为地上式海绵体，配合雨水收集系统，实现雨水全面收集、能够集中处理的目标，倡导城市住宅小区在保证舒适度的同时，还要做到智能化管理。第四，创建低碳社区。哥本哈根在进行住宅规划与设计时，规定了新建社区的规模，根据社区所处的地理位置与具体环境，鼓励当地居民在专业人员的协助和政府相关政策的支持下，能够自发组织建设太阳能和风能社区，配合2025年建成无碳城市的目标，与该领域专家、政府部门及技术实施人员共同商议完成设计公共住宅和利用可再生资源①。

6.1.3 宜居城市特点总结

从上述宜居城市的发展案例中可以发现，无论是东京、新加坡这样的大都市，还是哥本哈根、卡尔加里这样的小城镇，在如何营造优美宜人的居住环境方面，政府都在积极落实对策，而优美的环境也是市民对宜居最基本的要求，所以，几乎所有提出建设宜居城市口号的城市，都会在生态建设上动起手来。国外的城市生态化建设已经比较成熟，但他们依然在此基础上不断丰富其内容，美化其环境。此外，宜居城市应具备完备的物质基础，包括城市公共设施、交通、住房、安全、减灾、就业、就医、福利等各个方面，这是宜居城市的硬件设施，也是宜居城市建设的必然阶段。国外的宜居城市建设充分考虑了各项硬件设施的便利性与人性化，如温哥华在优化一些基础设施时充分考虑不同阶层、不同健康状况人群的便利性。

宜居城市不仅需要良好的“硬环境”，需要完善的硬件设施，也需要人与人之间和谐共处的“软环境”。国外城市基础设施发展相对完善，所以更重视对城市宜居的内涵建设，在建设中注重城市的人文环境和文化氛围的营造。如温哥华在对城市进行整治的过程中，非常注重营造良好的城市氛围，并通过具体的手段创造出一种崭新的生活方式增强城市吸引力。新加坡更加重视城市宜居性建设中“人”的因素，通过人才培养、引进社区教育等方式不断提高市民自身素质。哥本哈根文化设施丰富，塑造了一个童话世界，人们可以在这个童话世界里自在地生活，这种亲和的人文氛围和人性化的空间尺度，包括社会秩序、道德风尚、教育程度、文化底蕴和娱乐功能等，也是宜居城市真正的精神体现。

6.2 长三角宜居城市改进策略

6.2.1 改进发展路径

基于数据分析指标以及宜居城市案例特点总结，本小节将从多个维度

① 赵璇.昆明市晋宁区城市宜居性研究[D].昆明：昆明理工大学，2019.

为增强城市宜居性提供发展路径。

（1）促进城市经济协同循环发展

经济发展是建设宜居城市的重要基础条件。首先，关于经济协同发展，长三角区域具有巨大的经济体量，区域不断探索形成地区联动、分工协作、协同推进的区域合作协同机制，区域内部之间的关联程度呈逐渐上升趋势。2019年12月出台的《长江三角洲区域一体化发展规划纲要》也明确指出了长三角地区高质量发展的目标任务，成为推动经济高质量发展的重要支撑。尽管一直以来区域内城市经济一体化在不断推进，长三角地区部分省市的经济发展仍有待提升。以优化产业结构为例，皖北及苏北地区以生产农产品为主要产业资源、劳动密集型产业布局较多，高新技术密集型产业布局较少，承接沿海地区产业转移能力不足，很难与中心城市建立经济合作。而产业结构发展的不均衡也间接影响了高知人才的流向，人才的引进和流失又进一步反向影响着产业结构。在此基础上，应以大都市圈为经济核心单元，发挥各大都市圈在经济高质量发展的引领和辐射带动作用，同时推动邻近都市圈的共同发展。增强核心城市的溢出效应，辐射长三角区域内其他城市经济发展，整合各省市优质经济资源，提升高新产业发展、技术创新等领域的合作与发展。加强区域经济联系，发挥区域经济特长，明确区域经济分工。提升城市间的聚集性，进而推动长三角区域城市经济富裕度高质量均衡发展。

其次，对于经济循环发展，有两个方面的解释。第一，循环经济。发展循环经济是区别传统经济模式的变革性举措，随着长三角区域经济发展进程的逐步推进，资源能否被高效循环利用，且是否具有重复性和高质量性，对于经济健康发展愈发关键。循环经济是一种可持续的经济增长模式，也是以市场驱动为主导的产业工业向以生态规律为准则的绿色工业转变的一次产业革命，具备能耗低、排放少、效率高等基本特征，可以在一定层面上减少资源浪费现象。长三角区域城市在协同发展经济的同时，应注意促进经济建设与资源的协调发展。第二，经济双循环。双循环发展格局对于目前长三角地区的产业升级具有重要意义，从内部经济来看，国内大循环有助于扩大内需，促进消费升级，培养消费潜力进而推进产业升级，推动长三角地区经济进一步发展。从外部经济看，长三角地区作为我国“一带一路”政策的重要节点，相较于其他地区对外经济贸易活动最为频繁。在双循环的背景下，积极提升城市对外开放性，加大招商引资力度，巩固全球产业链的韧性与活力，不仅有助于优化城市产业升级，更能提升城市地位，引进更多高端产业，进而对人均GDP、高端人才吸引力等指标有所贡献。

（2）提高城市自然及居住环境宜人性

随着城市发展进程的速度不断加快，社会和生活的压力也随之增加。对于城市居民而言，城市生态环境是城市宜居的最基本保障。足够且良好的绿地空间为居民提供日常休闲保障，对提升居民生活质量起到决定性作用。如上海在经济发展及城镇化方面已经具备完善体系，在各项宜居评价准则中均位居榜首，唯独在环境优美度指标中仅排名第11位。从自然环境发展的角度，上海因在城市建设过程中现代化要素增加、人口数量攀升等原因，人均绿地面积、森林覆盖率等指标表现并不突出。可以说在城市城镇化发展的进程中，对于环境存在或多或少的负面影响，这一点在苏州、南京、无锡等经济发达城市也有着明显的体现。杭州作为经济能力、社会保障等均排在前列的城市，在环境建设中有很多经验值得借鉴。2013年，习近平总书记在听取杭州市有关工作汇报时作出重要指示："杭州山川秀美，生态建设基础不错，要加强保护，尤其是水环境的保护，使绿水青山常在。"①城市本身自然基底为发展生态环境提供了天然的优势，但不可忽视的是杭州在生态环境保护上的发展路径，对长三角其他城市有着借鉴意义。

首先，坚持生态优先，绿色发展，加强生态保护修复，保护城市绿色森林，提高城市绿化水平。依托长三角地区本身丰富的自然基底所带来的广阔绿色发展空间，对现有自然资源实施生态修复工程，统筹生态综合治理。积极创建国家湿地公园、国家森林公园、国家级生态保护区等，既能够提高环境效益，又能够为城市居民带来绿色空间的优质生态城市自然栖息地。构建城市绿色走廊，建设城市绿道。在景观规划体系上注重"点线面"的结合，构建景观节点，多中心组团式的发展，分散式的生态空间能够改善城市局部环境和气候。利用景观资源编织"城市绿网"，全面铺展蔓延到城市各个角落。实现生态型、一体化的城市绿色发展路径，构建全域生态空间。绿

① 周江勇.打造闻名世界、引领时代、最忆江南的"湿地水城"[J].杭州，2020(11)：6—11.

化面积的大幅提升能够更好地缓解城市居民生活压力，改善市民身心健康，为居民提供优质的休闲场所。

其次，坚决执行污染防治策略，改善环境质量。长三角地区大部分城市均沿海临江，因此水资源的污染治理以及水域空间建设对于城市环境宜居有着显著影响。大面积水域对于城市空气质量优化、城市气温调节等都有正向影响。并且，中国固有“上善若水，水善利万物而不争”的水文化思想，水有着使人们内心平静祥和的作用，滨水与城市绿道连接也为市民提供生活丰富度娱乐性。加快市域污水排放系统建设，推进运河保护，优化河道水环境，推进污水集中收集处理。聚焦海绵城市建设，完善城市雨水收集、防洪防涝体系。在治理水资源的同时，也应注意城市滨水空间的打造。加强水域周边建筑高度控制，提供良好的景观视觉享受，提升滨水空间的开放性和可达性，做到城市蓝绿网交织。对于社区级的水体空间，应做到因地制宜，打造湿地公园群落，激活城市湿地资源。湿地建设可以平衡城市生态系统，保护生物物种多样性，同时为居民提供心灵栖息地。

再次，在城市发展扩张中，应坚守党的十九大明确提出的生态保护红线、永久基本农田、城镇开发边界三条控制线。推进集约用地，坚持精明增长理念，合理规划目前城市空间，因地制宜退耕还林还田，为未来城市空间的发展留足空白。三条红线外的土地性质，间接对城市环境的发展起到影响作用。强化生态基底的硬约束，构建可持续发展的城市空间。

最后，在自然生态环境发展的基础上，构建绿色产业体系，提升社区居住环境。就绿色产业而言，减少工业企业排污，加快传统企业生产转型，对高新企业推进低能耗、零污染、高效益的绿色发展模式。推行低碳建筑、低碳出行、加强碳循环。培育生态旅游、健康养生旅游等绿色健康业态。在社区环境方面，2019 年，《上海市生活垃圾管理条例（草案）》表决通过，2019 年 7 月 1 日起实施。[①]目前上海已基本做到全面实施干湿垃圾分类，长三角地区其他城市也在积极推广。这一举措不仅对于城市环保有着突出的贡献，同时也提升了资源再生利用效率。良好的垃圾分类实施也为社区居民提供了

① 陈亦飞.环境类社会组织参与垃圾分类治理：上海经验分析[J].学会，2022(07)：16—22.

良好的居住体验，垃圾定点分时段处理改善了曾经部分社区脏乱差的居住环境。

(3) 改善升级城市运营服务体系

居民日常生活的方便度受城市公共服务体系的影响。城市作为人民生活的空间载体，应对市民的生活有基本保障。城市生活宜居性离不开完善的城市基础设施建设和规范的城市服务保障体系。

在基础建设方面，首先，要提高出行的便捷性，确保市域、省域范围的高度可达性。科学地进行城市道路交通规划，确保城市路网规划的合理性。市域交通方面，应加强和推广公共交通体系。可以看出，在评价体系中排名靠前的城市都少不了以公共交通为主的现代交通路网。这一举措不止可以节约交通资源，更能减少私家车的使用，进而缓解交通压力，对城市空气质量也起到保护作用。在大城市如上海、杭州等建立轨道交通与地面交通相结合的城市立体公交体系；在中小城市受经济开发限制，应以地面交通如公交车、BRT 等为主，不断完善公共汽车线路。推广公交一卡通体系，实现地面交通、地铁等轻松换乘。除了公共交通间的轻松换乘，在上海、杭州等人口和城市面积较大的城市，不少市民选择住在市中心外的地区，周边缺少公共交通设施，因此选择"停车再乘车"的方式。即开私家车至公共交通站点后，再乘坐公共交通出行。因此，建议在远郊轨道交通站点周边设置大型私家车停车场，在大型交通枢纽可建设停车楼，以此来实现便利的私家车公交换乘。城市交通的便捷性除了与公共交通体系相关外，也与智能交通系统的建设密切相联。实时监测公交车站、地铁站、火车站等各班次列车的准确到站时间，提升通勤效率，提高城市公交体系的承载能力和运行效率。通过实时信息共享功能，居民可以选择最有效的行驶路线，获得更便捷更快速的出行方式。其次，在城市建设上，对于城市道路的宽度、质量等也应注意适当提升和修缮维护。这样不止可以缓解交通压力，同时也为市民安全出行提供基本保障。最后，除了交通方面的城市基础建设，也应关注城市住房基础建设，积极解决部分城市外来人口住房难问题，缓解居民住房压力，保证住房建设质量。

在公共服务方面，上海、杭州、南京等城市近年来对人才有着很强吸引力，外来人口增加，人口结构相对稳定。这些一线城市在公共服务方面应注重提供高质量服务品质，使城市公共服务质量与城市经济实力地位相匹配。在城市规划上建立高品质公立医院、学校、体育馆等，在服务上提供优质的医疗、教育资源与环境，与国际接轨，提升大型一线城市集聚和辐射效应，满足城市形象需求。同时对于大城市的低收入群体，在高消费标准下，更应对其提供相应的医疗、社会福利保障。而在长三角地区其他二、三线城市，应完善服务网络，确保医疗、教育资源的均衡分配，重点保障县级单位义务教育全面覆盖，完善医疗服务体系。积极争取国家财政补助支持，充分借助长三角一体化政策，与周边大城市协同发展，为市民提供足量、高品质、多样化的公共服务设施。

在日常配套方面，应满足居民日常消费服务。首先，针对人口老龄化问题，借鉴日本、德国等处理老龄化社会问题的经验，发展完善的养老服务体系。积极推广居家养老，配合社区及机构养老服务，完善养老服务设施标准，加强对专业护理人士的培训，根据不同等级的自理能力，合理增加养老床位。其次，随着城市不断扩张，中心城区土地资源有限，新生及外来人口越来越多地选择在城市郊区及新城生活。在此基础上，要确保郊区不只是城市空间上的扩张，更是社会层面的城市生活的延伸。以上海为例，2021 年 2 月上海市人民政府印发《〈关于本市“十四五”加快推进新城规划建设工作的实施意见〉的通知》（沪府规〔2021〕2 号），标志新城建设展开。[①]在城市远郊新城的建设中，加强配套设施建设力度，实现内部自我平衡，完善新区综合职能。确保新区拥有自己的商业中心、生活中心，为新区市民提供便利生活。最后，2021 年 11 月 30 日，2021 上海城市空间艺术季闭幕。闭幕式上，上海、南京、杭州等 52 个城市共同发布《“15 分钟社区生活圈”行动・上海倡议》。对于居民社区生活，应建立具备规范性、便利性、安全性的居民日常生活圈。进一步提高生活服务设施可达性，在社区规划上确保居民生活半径内的服务质量。值得注意的是，对于长三角区域城市，因各城市的城市能级与体量的不同，在日常配套建设方面也应因地制宜。对于经济较为发达、信息化程度较高的一线城市，应注重发展面向高端群体的高品质多样化生活服务，例如高端养老机构、早教机构、月子会所等。利用智能化以及互联网

① 秦德君.“五大新城”建设：人民城市新实践的政策方位[J].晨刊，2022(02)：47—50.

的发展，创建智能化服务设备。对于二三线城市，丰富完善现有生活服务体系是首要目标。在中心城区建设生活消费服务集群、复合式商业中心，满足居民日常消费需求。在社区层面，打造沿街组团式小型商业建筑，为社区家庭提供日常生活服务。

（4）提供居民安全生活保障

由于城市问题与安全问题的耦合，城市安全问题研究变得异常复杂。[①]随着城市的不断扩张、人口的不断流入，城市安全保障问题也在多方面有所凸显。在推进城市化发展的过程中，提供基本民生社会保障，同时全面系统地维护城市公共安全是保证城市宜居性的根本要素之一。本小节将从城市公共安全、城市风险安全及社会基本保障三方面为长三角地区安全保障提供改进思路。

城市公共安全方面，首先，目前全球经济动荡影响着城市的产业生产，社会结构的转型影响着城市的居民生活，城市建设的把控影响着城市的基建安全。在产业生产上，流程分化的工作差异可能导致场所和过程的风险累积，如工厂易燃易爆物生产、食品安全生产等。规范的生产流程，合理的安全把控，可以对于产业整体起到安全保障。政府与企业应积极采取相应措施，杜绝产业生产过程中可能出现的安全纰漏，监管产品的合格性，保证产品质量。在居民生活上，利益的分化不均等容易导致群体矛盾，进而可能采取暴力手段破坏社会生活秩序。对于长三角地区较为发达的城市而言，人员地域性分布较广，集聚性较强，流动性较大，城市在维护公共秩序和治安管理上难度较大。而媒体的煽动性往往具备双面性，内容的过度解读和信息不对等会进一步加重城市公共安全问题。因此，城市相关安全机构的危机处理能力和保障机制对于城市安全有着决定性作用。同时，也应加强对于问题源头的把控。在基建安全上，交通事故往往是社会生活中最易产生的安全问题，通过道路交通的合理规划，市民交通安全意识的提升，城市天眼安全机制的监管防护等措施，降低交通事故风险。在建筑基础建设方面，近年来随着监管机制的加强完善，安全事故数量虽有所下降，但仍需持

① 张同林.城市人口发展过程中面临的公共安全问题及其对策[J].上海城市管理，2021，30(01)：10—18.

续地对其进行监督管理。尽管在以上三个方面长三角地区的大型城市容易因城市面积、人口数量等问题在管理上难度较高，但上海、杭州等地因其相关部门的体系更加完善、技术更加先进、监管更加严格，其指标得分也相应较高。其他地级市应相应引进与学习，促进不同安全部门的协调合作。

城市风险安全方面，极端环境的出现导致目前自然灾害的发生频率变高，长三角地区应注意防范台风、洪水等灾害，健全灾害预警系统，建立全社会的风险安全网络机制。卫星网络、地理信息系统等高科技的应用发展必不可少。开展对于灾害的研究预防，积极研发新的防灾减灾手段。在中大型灾难发生时，各级各类应急救灾机构做到信息及时共享与反馈，通过紧急公共信息中心平台系统进行信息的交换与传达。各城市媒体应做到信息报道的及时准确性，通过电视、广播、互联网等多平台进行投放报道。在政府公共安全支出方面，应积极建设和扩大紧急避难所，确保救灾物资储备到位。城市的现代化建设往往在规划中会忽视城市中心区域紧急疏散居民空白场地，而市中心人口密度大，交通流量高，对于人群疏散有一定的难度。因此应合理规划空间布局，制定和完善应急避难设施。同时对于城市建筑的抗震防灾性也应有一定的标准要求。

社会基本保障方面，城市的公正性不容忽视。随着住房价格高居不下，长三角地区中低收入家庭的住房保障问题值得注意。同时，部分地区外来人口因户籍问题所导致的就业、医疗、养老、子女入学等问题也有待进一步解决。对于老年人、残疾人等弱势群体出行难的问题，在城市规划方面也应予以考虑。宜居性高的城市应为不同阶层类型的居民都提供合理且平等的发展机会，在政府财政收入支持的前提下，确保每一位城市居民都能有足够的生活保障。和谐公平公正的社会氛围也有利于减少社会不安定因素，降低城市犯罪率，进而提升城市公共安全，增强城市宜居性。

(5) 丰富城市多元文化内涵

城市的宜居性既体现在居民对于城市生活的物质认同感，更体现在不同城市本身的文化吸引力。在多元化发展的文化背景下，不同社会群体的文化归属感与文脉认同是进一步推进城镇化发展的重要命题。文化的发展是城市发展的源泉与动力，好的文化氛围给予本地人更强的城市归属感，也对于外来人口有着更强的吸引力。因此，要做到合理统筹城市对内对外文化宣传,发展多元化的文化内容。

城市的工业化与快速发展从一定程度上剥离了城市历史文化,对于历史文化的找寻与重新发展是近年中国城市的重要发展路线。部分城市政府的美化行动和形象工程单纯地体现了城市发展的富强与繁荣,却忽视了城市的本地特色。人口的快速流动、社会发展进程的压力都使得人们的精神需求得不到满足,对于历史文化本源的追求也越来越强烈。城市的历史是城市发展的血脉根源,千篇一律的城市形态和城市文化只会让居民缺少认同感和归属感。而长三角地区自古以来都流传着不同的历史文脉,各个城市都有着不同的各自特色。以上海为例,海派文化延续至今闻名遐迩,上海在有形的建筑风格、街道肌理、人文风貌上都处处体现着本地融合发展的历史文化。而在无形的文化宣传、本地语言上,上海也是下足了功夫。独特的历史文化标识也促进了文化产业、旅游业的蓬勃发展,提升了上海的城市品位,增强了上海的城市凝聚力。同样,苏州坐拥两处世界文化遗产,独特的江南水乡氛围也推动了苏州旅游城市的发展。丰厚的文化底蕴为苏州的经济发展带来基础,增强了苏州对于外地人才的吸引力。历史文化的宣传名片让城市更加具有辨识度,它与旅游产业相辅相成更是能够大力促进城市经济的蓬勃发展。因此,留住不同城市的特色基因,因地制宜,唤醒城市历史文化记忆是城市宜居建设的必经之路。

自全球化以来,世界各国的多元文化开始逐渐融合,城市的建设中也少不了外来文化的踪影,文化的开放与包容度也影响着城市的宜居性。首先,从空间上来看,美术馆、电影院、图书馆等作为文化的空间载体,其数量与质量对于城市的文化发展有着关键作用。许多该类型建筑也都出自世界各地的建筑大师的设计,优雅别致的外形既能成为一个城市的代表性地标,对本地居民的文化审美也能有所提升。而从内容上来看,高质量的展示内容、丰富的文化活动以及合理的频次安排,可以适当提升居民的文化素养,丰富居民生活体验,对城市第三产业建设有着重要贡献。大型文化活动、赛事展览的举办,也有助于提升城市的国际地位,进而影响城市的良性发展。而提及文化产业,作为居民身心健康发展的重要一环,体育产业对于宜居性也有着一定的影响,全民健身的口号急需响应。

除了城市文化的外在展示对于城市宜居性存在影响外,城市居民的内在受教育程度也有着间接影响。全面提升居民的文化水平与文化素养,加强居民义务教育程度,提高居民文明素质,可以为居住环境提供更好的精神氛围,也对城市发展产生了更好的宣传作用。城市文体产业的发展与城市居民的教育程度相辅相成,高素质的居民更能够欣赏与促进城市文化发展,而城市文化的高度宣传可以更好地提高居民文化素养,让居民更好地感知城市文化特色与历史文脉。当然长三角地区各个城市的文化发展应尊重本地特色,因地制宜,切忌千篇一律。找准城市文化定位,弘扬城市文化品牌,同时做到长三角地区文化协同发展,依靠长江文脉,尊重历史文明,拥抱多元文化。

(6) 结论

综合来看,城市宜居性的发展路径绝不是单一指标的独立建设与发展。任何维度都在相互作用影响,经济的发展决定着社会保障,而社会保障又影响着居民安全。而在城市建设中,环境的保护和文化的注入也是必不可少,影响着经济建设。因此,加强城市宜居性的发展路径应根据不同城市的特色多维度发展,同时做到多地区协同发展,依靠周边城市的发展特色,共同创建宜居城市发展新路径。

6.2.2　完善工作机制

政府作为城市的服务者和运营者,对于如何建设宜居城市有着直接决定权和行动职责。而在改进和建设的过程中,合理的工作机制至关重要。

(1) 优化产业结构,构建创新城市

第一,基础产业与新兴产业共同发展,构建产业集群。鼓励在现有基础上因地制宜地发展创业产业、创意经济,在优势区域和产业链中创新布局。加大力度推行新兴产业企业入驻,为地方经济发展作贡献。发展有动力的实体经济、绿色经济,鼓励打造数字产业园区、互联网基地、智慧园区等,对于能够入驻的企业进行一定的政策扶持。加大研发技术岗位的财政扶持,激励企业、创业人士积极投入,制定高新产业投资基金等优惠政策。大力发展现代服务业、数字经济、先进制造业,让更多的企业融入发展城市产业体系。对于创新城市,要构建创新管理机制。第二,政府应加强学习,注重内部培训,完善创新城市所要求具备的职能;强调新兴产业的工作规范性,倡导引入创新型人才，鼓励创新型人才培训，激发创新实践。利用创新产业带动经济良性循环发展；把握当下优质产业发展方向，建立相关监管机制，为新兴产业赋能，使其更符合居民消费者需求，提高服务效率。第三，在长三角区域内构建都市圈城市创新合作平台，建立产业合作发展体制，发挥都市圈连接中心城市及周边城市的纽带功能，建立都市圈专项扶持基金。多平台合作发展，推进大都市圈创新产业与现代服务业发展，对周边城市赋能，提升周边城市产业承接能力，推动都市圈逐渐升级扩大，做到长三角地区经济体融合发展。

(2) 构建生态环境与社会环境保护机制

第一，加大力度推进对于城市内生态敏感地区的保护，坚守"生态优先"的开发原则。合理规划布局城市开敞绿地空间，保护物种多样性。对于生态环境持续改善，修复岸线，退耕还林，增加城市绿道面积。第二，确立生态环境法律保障，鼓励生态环境保护基金投入，健全完整的生态环境保护监管机制。严格监管控制废物排放，对于产生高能耗、高污染的企业及工厂制定合理的惩戒制度，制定建筑施工现场防尘防噪要求，减少产业煤烟及汽车尾气污染。鼓励绿色出行，扶持新能源汽车的研发与销售。推进碳中和，对于低碳企业实施奖励机制，减少对城市环境不利的经济开发建设。第三，加强对于民众的绿色环保意识宣传，在企业、学校等设置公益宣传站点，积极倡导民众绿色消费，大力宣传国家有关环境保护的政策与决心。第四，加强水资源合理循环利用，制定严格的禁止水污染的政策，开发创新净水设备。贯彻落实海绵城市，加强雨水收集，防洪防汛机制。第五，鼓励推行社区生活垃圾分类处理，对于社区人员进行垃圾分类处理培训，切实落实到每一户。第六，严格控制城市化无序扩张，在城市周边或功能交界处设置绿化带，科学规划城市开发边界，加强对于新城规划中的环境保护相关审核，坚守国土空间规划中的"三条红线"，坚持精明增长理念。按照资源环境承载能力，合理布局调节城市人口数量，逐步降低中心城区人口密度。

(3) 合理完善城市基础建设，保证城市基本运营

第一，提高交通规划合理性，投入建设"公共交通导向的邻里开发"(TOD)建设，加大力度投资建设轨道交通，推进公共出行。改善跨城出行方式，如延长地铁路段、开通高铁线路等，修建跨城高速，促进长三角地区城市

交通一体化。对于燃油汽车进行限购车牌、单双号限行等举措,适当拓宽道路交通面积,缓解城市拥堵状况。第二,稳定长三角城市房价,部分城市因为地理位置的优势以及长三角一体化的带动,房价一直高居不下,而实际上城市的经济发展与其高价并不匹配,导致部分本地及外来人口住房问题一直得不到解决。而房价虚高的部分原因就是非理性投资,因此,政府应当对该举措进行适当管控与调整,坚持行政与市场调控相结合。第三,对于社会性保障住房、公租房、人才公寓等,进行适度投资建设,确保民生住房问题得以缓解。确保在地居民有房可住,才能在根本上留住人才,为宜居城市建设打下基础。第四,注重城市职住平衡①,在推进新城的建设中,投资建设优质的医疗、教育、商业、文化等设施,合理规划分散布局,确保在城市中心区外围也可宜居宜业。第五,在居住社区方面,政府积极推广"十五分钟生活圈"建设,确保落实在步行可达范围内的生活娱乐资源保障。投资建设医疗、教育等重要领域,积极培养相关人才,确保解决就医、就学难等问题。简化就医就学流程,推广云服务、网络客户端等预约排队服务。

(4) 完善社会保障体系,构建安全有序城市

第一,政府指导就业方向,构筑平等充分的就业平台,对于人才引进出台扶持政策。对于来长三角地区进行建设的外来务工人员提供合理的就业保障,规范企业岗位社会保障基础。第二,健全养老保险制度,继续深化医疗保险制度改革,健全失业保险制度,全面实施工伤保险,扎实推进生育保险,进一步完善城乡低保、社会福利和社会救助体系,加强社会保险基金的征缴和监管等。②提供社会多元化的公共服务机制,以政府为导向,发挥消费者组织、市校联盟组织、商会等社会性组织的作用。保障社会弱势群体的切实利益,鼓励形成以社区为单位的志愿者组织,对有需要人士进行送温暖服务。投资培养社工、医护人员,为社区养老服务提供便利。第三,保障城市生命线系统安全性,建立完善城市安全法律机制。实施智能精细管理,确保故障下最快速度的响应。明确各城市职能部门防灾减灾方面职责,完善城市灾害处理流程,完善和增加城市安全庇护所。提升食品药品监管机

---

① 职住平衡,百度百科,https://baike.baidu.com/item/职住平衡/10646488.

② 王建康.城市宜居性评价研究[D].福建:福建师范大学,2013.

制，严格落实监管责任制，加强食品药品相关安全法律机制。落实安全生产原则，对于有安全隐患的企业及工厂勒令整改。加强城市治安和交通系统的安全监管体系，提高相关人员防控管理、紧急处理能力。第四，建立可靠信息控制体系，形成特大型城市公共安全共建共享综合治理体制，依法严格打击违法犯罪行为。提高城市管理人员相关执法水平，对流动人员加强管理。第五，增强城市交通安全监管体系，确保行车安全，高效快速地对交通事故进行紧急处理。强化城市交通秩序，培养人民群众文明出行意识。第六，加强网络信息管理，防止居民个人信息泄漏，严格杜绝新型诈骗。政府相关部门应加强民众安全宣传，尤其是在中小学开展安全防范演习，强化市民公共安全意识。注重公众危机事件下媒体舆论导向，对网络平台进行适当内容监管，同时加强各级部门对于安全危机的信息发布和媒体沟通能力，确立政府在危机事件中对于信息掌握的权威性，避免引发网络公关危机。

(5) 制定相关文保政策，推进城市文化宣传

第一，制定城市历史建筑及文化相关保护政策和法规，制定规划保护范围。对于历史遗迹进行定期修缮和维护，打造美观和宜居相结合的历史文化保护建筑。对于地方性传统文化，进行再发掘与保护，并且可以适度开发特色文化业态，对于有游览价值的文化保护区，对商业渗入和人流适当控制，坚决保护历史文化的传承。第二，结合当地历史文化打造城市品牌，树立特色文化形象，加大宣传力度。投资建设历史文化保护机构、文化宣传组织，组织策划相关文化传播活动，加强对居民的文化意识，构建和谐社区氛围。扩大城市公共文化空间，带动上下游文化产业链，定期举办公益或收费的文化相关活动。调动市民参与文化活动积极性，探索创新文化新模式，因地制宜。积极承办各类文体活动及赛事，如国际会议会展、产业博览会等，提升城市文化内涵和知名度。第三，充分利用目前各大互联网平台的对外宣传功能，做好城市文化宣传。根据各城市人口年龄结构和消费习惯等因素，规划建设适当的文化场所。第四，确保市民的文化教育水平，提倡包容精神，丰富城市文化多样性，提高居民城市认同感及归属感。增进长三角地区城市文化交流，促进长三角文化一体化发展。

6.2.3　科学编制规划

定制宜居城市专项规划编制。在我国高速发展追求城镇化的进程中，宜居城市规划编制工作往往被忽视或者不受重视，各个宜居要素相关职能部门未能有效协调处理各要素的综合发展，也未能完全考虑不同社会群体的利益纠纷，导致宜居城市建设的实践过程相对滞后。目前，《上海市养老服务设施布局专项规划（2022—2035 年）》《上海市住房发展“十四五”规划》《杭州市国土空间总体规划（2021—2035 年）》《南京市美丽宜居城市建设指引与实践案例集》等城市规划政策均已在养老保障、住房、环境等方面提出了宜居城市的建设要求。因此要统筹发展各市各部门，开展长三角地区总体宜居城市专项规划。

首先要对宜居城市进行科学有效的规划编制，明晰建设宜居城市所面临的机遇与挑战，明确宜居建设的基本目标，制定实现宜居城市的计划步骤，提出现实路径，为宜居城市建设提出长期发展指引，多部门协调分工合作，强化管理水平和执行力度，真实有效地贯彻落实宜居城市规划。

而宜居城市规划落实中，也应注意因地制宜，在长三角城市群宜居性排名中，各个城市间的要素升级并非全然一致。对于上海、杭州、南京等人口和产业类型集聚的城市，更多的是要提升城市的人文温度，降低社会隔离。增加城市开敞空间，在安全舒适的前提下建立有层次的城市公共空间系统。社会设施设计人性化，软件基础设施建设完备。丰富城市的文化交流，让城市居民更具有归属感。同时积极改善外来人口目前生活现状，破解因户口等问题带来的子女就学、购房等问题。而在降低社会隔离方面，这些城市应在社区范围内尽可能做到多元化处理，将不同人群的社会价值观整合，培养共同的社会观念，保障居民生活的安全性。而对于宁波、无锡、合肥等经济发展相对较快的城市，应在历史文脉、城市品牌的探索上积极努力，结合自身的地域文化和时代背景，打造属于自己的城市亮点。对外可以树立城市形象，对内则凝聚市民向心力。同时这些正在扩张中的城市也应注意不用过度开发利用自然资源，在宜居城市规划编制中应构建绿色经济发展模式，大面积建设绿色公共空间。国家发改委在 2019 年颁布的《长三角生态绿色一体化发展示范区总体方案》中提出要实现绿色经济、高品质生活、可持续发展有机统一，建设人与自然和谐发展新典范。宜居城市规划的制定要以此为前提，进行科学合理的规划编制。

不能以破坏自然基底为代价推动城市快速发展，要对未来的资源开发进行合理的规划。对于宜居性排名靠后的部分城市，其发展速度往往较慢，生活节奏相对适宜。需要在规划中注意提升公共服务配套设施，建立社区生活圈，配备充足的便利店、餐饮等生活配套。加强社区生活圈理念，进行便民和谐的规划。完善医疗、教育体系，增加甲等医院建设，保证公共医疗服务及教育可以覆盖所有常住人口。注重城市社会公平性，这些城市市场化程度较为落后，整体素质教育水平偏低，应提升城市社会文明度。重视城市低收入群体及老龄人口的住房、养老问题，注重养老设施的建设，改善居住环境。建立完善的法律服务体系，确保弱势群体的权益和公平诉求。

坚持以人为本，尊重居民群体或个体差异，杜绝在编制宜居城市规划时搞一刀切。不同社会属性的居民对于宜居城市的建设需求不同，而宜居城市的建设基本目的就是要服务于城市居民。对于规划和执行部门，在建设宜居城市的过程中就需要因地因人制宜，考虑居民需求的差异性，全方位满足各类人群。首先，建立大众都可参与的建设意见表达机制，不同社会阶层的全体市民都有权利通过渠道表达自身对于城市宜居建设的诉求。通过调查访问，电话热线等一系列形式，鼓励居民对于城市目前现状进行评价，对于未来城市规划的发展方向给出建议。切实落实基层人民的基本诉求，把握不同地域不同类人群的宜居城市需求。同时可根据调查的人群反馈数量、完成难易程度、落实紧急度等，综合评价意见体系，最终由政府及专家决定宜居建设的发展方向。其次，坚持宜居城市建设的社会公正性，保障不同社会阶层的居民都可以享受到宜居城市建设带来的成果。通过人均收入、人口年龄结构、人口户籍调查等可以筛选出低收入、老龄化或是外来人口等人群，这类社会群体的居住环境、社会保障甚至生活安全健康等都往往处于弱势，且发声容易被边缘化。因此，在城市宜居性建设的探索中，他们的需求应得到充分地表达及优先地考虑，进而可以减少社会分化，体现城市发展进程中的文明和谐。

6.3 新形势下长三角宜居城市建设重点

6.3.1 后疫情时代宜居城市建设重点

2019 年底新冠疫情全球性暴发，这是新中国成立以来传播速度最快、防控难度最大、感染覆盖面积最广的一次重大公共卫生事件。此次疫情至今都还在不同程度上影响着各个地区的发展进程，也对城市发展的各个维度产生了不同程度的打击。此次疫情暴露出了许多城市建设中以往不曾重视的问题，也为城市发展提供了新的思路。疫情的产生让许多人对于城市宜居性有了新的想法与评价标准，城市建设的重点也将因为此次疫情的发生而有所转型。疫情的席卷不仅在经济发展、健康安全、社会安定等方面带来负面影响，其对于宜居城市建设带来的全面革新的启示同样不容忽视。

（1）提高城市韧性

韧性城市高度重视城市治理系统的调适、修复和学习能力，倡导与复杂外部环境共生共存，已经成为应对重大风险挑战和实现可持续发展的新模式。①韧性城市概念内涵不断丰富，其所关注的重点更集中于城市在突发事件中自我迅速调整适应并化解风险的能力。②新冠疫情对于城市自我修复性是一项严峻的考验，同时也为城市宜居性的建设重点带来思考。

① 信息时代突发灾害时，新闻传播主要通过电视台、互联网等设备，因此应加强城市的网络基础建设的安全性与稳固性，确保居民对于信息掌握的及时性与准确性。国内学者华智亚主张以不确定的思维进行基础设施安全研究，避免原先确定性思维造成的基础设施系统脆弱性和反应滞后性。对于道路、水电等居民必需的城市基础设施，也应做到定期维护建设。疫情封控下，居民对于水电煤气等更加依赖，要确保资源的正常供应。疫情常态化管理措施下，确保郊区、乡镇居民有更快速、更便捷、更安全的道路交通，增强中心城区可达性，加大公共交通和跨区域交通的投资建设力度，确保四通八达的物流网络。加强医疗卫生等公共建设卫生体系的建设，保障城市污水排放、管网改造和环卫设施。总体而言，疫情对城市基础建设的安全性和质量是一大考验。这要求城市生命线工程和基础建设具有一定的安全裕度和抗逆能力，在重大事件发生时，要能够确保其保持有效、正常的运转。

② 对于空间布局韧性，城市空间布局分为城市本身密度和城市形态两个层面。城市社会空间中合理的生活服务设施布局、区域资源共享和调配

① 任远.后疫情时代的社会韧性建设[J].南京社会科学，2021(01)：49—56.

② 万佳琦，梁昕.疫情常态化下城市韧性建设之思[J].经济师，2022(03)：38—41.

体系以及功能混合度等，可以为抵御危险性因素提供“空间阻隔”或增强功能转换与替代力。①关于城市密度，主要关注人口密度。对于人口密度较大的城市，合理布局人口居住活动空间。其次，疫情下不定期的封控对于居住空间的合理规划是一个很大的考验。考虑居住环境的宜人性，规划布局空间，保证合理的人均居住面积。同时要考虑居住空间的安全性，首先是居住空间本身的防火防震合规，其次是考虑通风和消杀的安全性，最后还要考虑居住社区的环境良好，保证安全距离的楼间距。对于居民确保公共交通资源合理配置，做好公共交通合理布局，保证定时定点消杀和安全距离。对于长期防疫政策下的安全社交距离需要，要加强适应性的合理布局规划。对于城市形态，保证各社区单位的生活便利性，在合理范围内定点设置日常生活所需的小型商业，包括菜市场、便利店等。注重管控垃圾处理，由于疫情下医疗废物的巨额增长，故而垃圾站点的合理布局和垃圾分类政策至关重要。合理启动留白空间，对城市空间结构和土地利用方式进行适应性调整。

③ 对于经济韧性，此次疫情在全球范围暴发，对于世界经济格局是一次新的大洗牌。对于城市产业结构，提供了产业转型升级的新机会，也开辟了新的市场空间。疫情造成的空间壁垒对二、三产业具有较大冲击，疫情之下的隔离管控机制对于服务业、旅游业打击较大，因此服务业、旅游业占比较大的城市在此次疫情下出现经济韧性较差的情况。同时，过于依赖经济开放的城市对于全球供应链有着强依赖性，在本次疫情下经济韧性也不容乐观。因此，城市经济发展应关注当下新兴产业，如5G建设、互联网、物联网等，包括疫情加大了城市对于新兴医疗产业的需求。加快新兴产业体系形成，带动新兴业态形成新兴产业链。同时，在疫情封控中明显体现出城市物流产业的发展瓶颈，应加速建设新兴产业园区，包括物流园区、冷链运输保存等。建设仓储物流，确保食品、物品供应充足。疫情防控进一步推进了远程医疗、服务类机器人的应用及推广，加大力度发展新科技产品的生产与研发产业。受到疫情管控的影响，造成复工复产难的问题。不少传统产业也选择了远程办公。通过管控期间的线上办公，很多企业逐渐意识到这不失

① 于水，杨杨.重大风险应对中的城市复合韧性建设——基于上海疫情防控行动的考察[J].南京社会科学，2022(08)：67—74.

为减少企业支出的好方法，远程协助办公、共享办公的发展将是经济发展的新路线。传统产业为了适应科技抗疫服务与双循环市场需求的新形势、新要求，在战略管理、组织架构、办公模式、生产方式、营销模式等方面将加速转型升级①，以求带来快速的经济增长。

④ 对于技术韧性，疫情期间无论是对居民个体的生活轨迹追踪，还是片区的疫情相关数据统计汇总，都要求数据信息的处理准确、及时、稳定，大数据为区域人口流动动态监控调查作出了巨大的贡献。同时，基于数字模型所设置的大数据监测系统，基于人工智能和云计算开发的软件实时同步地区疫情感染信息以及收集居民位置信息，实时跟进居民所在片区的医疗资源状况。因此未来的宜居城市建设中，要注重智能化建设的发展，充分应用到居民的生活场景中，用数据的力量切实保障居民生活生产安全。以上海为例，在疫情过程中，“上海发布”“随申办”等政府门户网站和媒体平台是公众了解最新疫情资讯、防控政策、防疫知识、复工复产等相关信息的重要渠道，也为民众表达诉求、提出建议提供了数字化支撑。这一举措有效提高了全域静态管理下的信息沟通与反馈。同时“核酸码”“健康码”等数字化应用对于健康核验、精准防控、医疗服务与管理等提供了支持。然而在着力建设信息化、数字化、强技术韧性的宜居城市的同时，也要关注居民的信息安全，一定要在保障居民隐私和重要信息不被轻易泄漏和利用的前提下，发展全面数字化。数字技术的应用打破了疫情下信息资源交换的壁垒和限制，促进了信息全面共享，从医疗救助到行动轨迹，实时控制安全范围保障居民健康。同时也增强了公众对于信息的掌控感和自信，为城市整体行动力提供了智能高效的解决方案，对于未来宜居城市的建设提供了发展建设方向。

⑤ 对于社会韧性，通过社会力量协同发展以及社会形态转化增强社会的包容性、稳定性、联结性，加强社会对于公众的关注度和责任感，增强公共信任，凝聚社会力量，保证社会高适应性的良好发展，提高社会维护居民健康安全的综合能力。关注弱势群体，提高城市的公平性和包容度。此次疫情暴露出了不同程度的社会阶层矛盾，而因为疫情所导致的对弱势群体（高龄人群、失业者、贫困者）不平等现象在未来将会进一步加剧。近些年，由于

---

① 隋映辉.科技抗疫：服务创新与产业转型[J].科技中国，2021(01)：94—97.

疫情的影响，各行业经济发展受阻，以体力劳动技术为主的工作人群更是大批量失业，因此在未来宜居城市建设过程中，应对该类人群进行一定的扶持，提供社会保障，在工作、生活、医疗方面给予补助。同时，宜居城市建设应积极回应弱势群体的教育需求。抗疫的过程让社会逐渐意识到数字技术的发展，而其为城市管理提供便利的同时却为部分群体带来了知识技术壁垒，很多老年人或贫困人口没有使用过智能机等科技产品，这为他们的核酸检测、健康码查询都带了一定的困扰。采取智慧助老等行动，为老人适应数字化智能时代提供帮助，推进学习型城市网络建设，解决社会各个阶层群体尤其是弱势群体的学习障碍，帮助其更好地适应和融入目前的社会发展。与此同时，帮助弱势群体融入不只是单方面协助他们接受教育，政府及社会应加强利民手段，如核酸检测不止可以手机扫描核酸码，也可以用身份证进行大数据识别。加强居民健康意识，组织社区、志愿者等培养居民具备适应突发事件或未来发展趋势所需要的认知和能力，注重知识传递、技能培训、生命教育等，提升民众的参与度。加强居民城市文化教育，努力挖掘城市内涵，让居民在疫情危机下仍对城市保持本土自信和归属感，增强社会凝聚力。

对于疫情下宜居城市的建设，绝不是单一城市的责任与发展方向，而是需要长三角地区城市群协同发展、共同关注的一大课题。由于长三角地区内部人员流动较大，以上海、南京、杭州等为首的核心都市应起到带头作用，在发展本地的宜居建设的同时，与周边城市协作共赢。推进长三角地区的道路可达性，增强卫生、交通、公安等部门的多地协同发展，为疫情下的大数据网络提供支撑。对于智能化、智慧产业园等发展做到区域一体化，为长三角整体经济提升赋能。同时实现医疗资源的共享，后疫情时代居民的关注重点将逐渐向身心健康转移，核心都市区往往有较优质的医疗设备和人员，长三角地区应协同发展，确保核心区的合理辐射范围，通过数字化平台实现线上医疗服务、智能化医疗管理。着力建设新兴技术产业园区，合理规划城市空间布局，加强区域间物流流通，确保产业资源、物资资源共享。由于疫情的地区限制因素，旅游业的发展受阻，长三角在未来的宜居性建设中共同探索区域内旅游发展新方向，合理利用现存旅游资源做到协同共生，如实施长三角旅游景点一卡通等措施，在保障疫情下区域卫生安全的情况下，逐步复苏旅游经济。提升城市韧性不只是注重建筑、街道、基础建设等有形硬件设施，更要关注立法政策、规划教育、民生服务、文化风俗等无形软件环境。加强城市韧性不止可以让城市对于灾害有更强的应对能力，更可以为未来宜居城市建设打下良好的基础。

(2) 完善和推动智慧城市建设

早在 2008 年，智慧城市的概念就已经诞生，2009 年中国开始对于智慧城市进行发展与建设。智慧城市是运用信息和通信技术手段感测、分析、整合城市运行核心系统的各项关键信息，从而对包括民生、环保、公共安全、城市服务、工商业活动在内的各种需求做出智能响应。其实质是利用先进的信息技术，实现城市智慧式管理和运行，进而为城市中的人创造更美好的生活，促进城市的和谐和可持续成长。[①]“十四五”规划纲要指出，建设智慧城市和数字乡村，以数字化助推城乡发展和治理模式创新，全面提高运行效率和宜居度。[②]长三角地区中，上海、宁波、杭州、南京等地都已制定或实施智慧城市发展的专项规划，目前均已处在第一、第二梯队。在新冠疫情常态化管理期间，智慧城市在流调动调查、封控管理、交通管理等方面发挥了至关重要的作用。通过大数据分析，实时更新居民位置与人员流动迁徙轨迹，“健康码”“行程码”的推出也便于有关部门对实时检测人员健康情况进行疫情管控。无接触式服务也一定程度上解决了安全距离等问题，淘宝、美团等电商平台的“无接触式经济”缓解了疫情线下传播的风险。在医疗、物流方面疫情期间出现人员不足的情况，智能机器人承担了一部分工作，提供了节约人力、快速高效的解决办法。而对于疫情期间的封控管理，政府部门上线网络平台办理机制，保障基本公共服务照常运行。线上网络课堂、远程协作办公等功能也缓解了停产停工等问题。

尽管智慧城市的建设进程已经为宜居城市建设带来了便利，但疫情期间的智能化算得上是智慧城市首次全面的发展推广，在后疫情时代仍有许多方面需要重点建设。

---

① 后疫情时代的智慧城市建设启示录[C]//清研智库系列研究报告(2021 年第 4 期).[出版者不详],2021:3—7.

② 胡雨薇，王洋，叶玉瑶.新冠疫情防控需求下中国智慧城市建设的 SWOT 分析[J].智能建筑与智慧城市，2022(07):35—37.

首先，在信息采集方面，不断完善智能平台，在现有基础上研发新技术，将平台不止应用于疫情防控，如更加精确的人脸识别功能可以运用到公安体系中，或者应用于养老医疗当中，准确找出有需求的老人等。智能系统应不断完善，最终运用到各个场景中。

其次，在数据共享方面，政府各部门以及政府和企业间数据缺少共享性，即使是同一城市，跨区域数据共享目前还尚未完善。跨部门、跨城市的信息共享不及时，对于人口流动信息的掌握就更有难度。因此，要推动政府、企业、居民信息一体化发展，加强数据融合构建“一网通办”，实现居民足不出户即可办理相关市民业务。在医疗数据共享方面，注重“健康云”“医疗小程序”等的建设，实现医疗数据全面联网，便于预约、诊疗、开处方等流程线上进行。

同时促进城市间的智慧城市建设信息一体化，技术领先城市带动后发展地区，助力局部智能化城市全面覆盖，实现便民的长三角地区市民服务一体化。同时在平台建设方面，应打通平台屏障，加大力度将基础信息融合，形成城市全域感知体系，打造智慧社区、智慧校园等更多的智慧建设平台，合理的将科技手段切实运用到各类生活场景中。组织高校进行线上讲堂，在疫情封控期间不少高校和机构都开启了线上直播公益授课，丰富了居民的文化生活，提高居民文化内涵，让市民都能够享受到信息时代下的教育福利。

最后，尽管大数据收集推进了智慧城市的建设与发展，进而加速了城市宜居性建设，但对于数据的保密及安全性考量不可忽视。居民对于数据保护的意识较为薄弱，政府相关部门需出台相关的保护政策与机制，同时加大力度对居民宣传数据安全的重要性，严厉打击相关信息泄漏及错误利用，确立有关部门对于数据安全性的监管。

智慧城市建设虽早有提及并不断推进，但不得不说新冠疫情的发生加速了智慧城市的发展，同时这也是智慧城市的一次大面积推广应用，是智慧城市建设重要的转折与契机。而在宜居城市的大前提下，智慧城市绝不仅仅是关注如何大力发展，也应将关注点聚焦于智慧城市如何运营。建设只是搭好了骨架，而政府部门的正确运用才是为以居民宜居为目标的智慧城市发展注入了血液。因此，要合理的规划考量智慧城市的机制如何更好地融入城市生产生活中。

智慧城市为城市经济发展带来新的产业机遇，为社会保障带来了公平公正性，提高了政府对于民生保障的效率，而智慧城市的居民办公生活场景化也为未来社区建设、工作环境、养老福利等带来了高效、智能的发展，这些都将使得城市更加适宜居住。因此无论是在目前新冠疫情的防治背景下，还是未来对于城市的发展建设过程中，智慧城市建设对于提升城市宜居性都是不可或缺的环节。

(3) 城市绿色空间建设

城市的公共空间尤其是绿色空间对于居民身体健康、心理健康、城市环境健康等都有着十分重要的作用。近年来在城市发展逐步完善的前提下，不少城市已经意识到了绿色空间对于城市宜居性的重要性，开始逐步注重绿色城市、健康城市的发展。在后疫情时代，无论是城市还是居民对于绿色空间的需求都将大幅增长。各地居家自我隔离的相关政策在一定程度上影响了居民对于城市绿色公共空间的接触，如今政策开放，居民由于不定期的居家隔离，将逐渐意识到户外空间所带来的身体和心理上的益处，进而对于户外空间有着更多的渴望。而绿色空间体系对于城市环境、局部微气候、城市整体形象均会有所改善。城市绿色空间的建设将从环境、社会、人文等多方面为城市宜居性建设带来贡献。

首先要建立完善的绿地规划体系，做到层次分明。各个层级之间灵活配合，保障各层级之间各司其职。在城市整体层面，加强郊野公园等周边绿地系统建设，同时保证大型绿地在有需要时可以发挥城市应急功能。从区域、社区、居民组团逐级完善绿地功能，增加微型绿地、口袋公园等绿地数量，确保居民尤其是中心城区居民可以有合理的人均绿地面积，并方便可达。在防疫措施持续执行的情况下，随处可达的绿地空间成为居民放松身心、休闲娱乐的重要选择。强调设计上的健康理念，对不同类型的绿地空间进行合理分类的空间设计、功能设施、空间形态。注重健康的社会关系营造，促进居民社会交往，形成健康和谐的社会氛围，为居民带来更好的城市宜居体验感。

其次，建立智能化的绿色空间管理平台。大数据可以有效提高绿色空间的管理效率，通过数据传感对绿色空间内部的湿度、温度、二氧化碳数据等进行实时监控,确保绿色空间内部的优良环境状况,调节城市微环境。在疫情防控状态下,对于人员管控也可实施智能化人员识别,做到安全防疫。通过数据可视化可以有效规划居民游览行进路线,增强居民户外体验。及时更新园区人数,合理控制人流,降低拥堵概率。同时,线上线下的协作模式也大大提升了园区的安全管理。

最后,要健全绿色空间建设的健康标准。在建设绿色空间时,不只是要从绿地覆盖率、绿地面积等维度考虑建设标准,更要深度挖掘其社会内涵、文化价值以及物种多样性。增强绿地空间的社会属性、人文属性,从多功能设计的角度满足居民需求,优化城市环境,促进和谐社会的构建。增强绿地空间的功能性,保障其内部的配套设施需求,同时,城市绿色空间的功能完善应当从防疫需求、居民活动、城市应急需求等多个角度考虑。[①]具体而言,在绿色空间内部预留应急场地,根据不同时期防疫要求制定管理办法。扩大居民活动空间,增加健身设施,增加居民室外强身健体机会。

总体而言,在之前的绿色空间建设中,存在空间布局不均衡、配套设施质量差、可达性欠缺等问题。在疫情防控期间更是缺少合理的改建和修缮,导致部分绿色空间不仅没有起到为居民提供良好的身心放松场所和改善环境的作用,更增加了管理上的新风险。合理的规划管理和新技术的引用,可以为城市绿色空间建设添砖加瓦,进而增强城市在环境宜居、社会保障方面的功能属性。

6.3.2 长三角高质量发展宜居建设重点

长三角城市群作为我国经济值贡献量占比最大的城市群,有着强有力的政策扶持、科研力量和市场潜力。以上海为首的核心都市,拥有着全面而完整的产业体系、人才结构、社会保障,现代先进制造业和服务业发展迅猛,对整个长三角地区都有溢出效应。在国内外经济政治形势逐渐复杂,产业链急需重构的当下,长三角城市首先要把握好经济的发展方向。以区域一

① 阳正华,买昱恺,王傲.后疫情时代下城市绿色空间建设策略[C]//面向高质量发展的空间治理 中国城市规划年会论文集 2021(08 城市生态规划).北京:中国建筑工业出版社,2021:703—708.

体化为发展准则，推动长三角地区制造业、服务业产业集群发展，提升区域整体经济竞争力，深化和细化不同区域进行专业化分工合作。通过科学规划可实现长三角区域内部产业有序转移，苏北、安徽等地承接上海、苏南地区的基础原材料产业、装备工业、轻工食品、纺织服装等传统产业，尽快融入长三角产业链，带动区域经济高质量发展，提供更多就业机会，提升收入水平。①同时加速区域物理空间的联通性，长三角地区要素流动、专业化分工离不开区域间的互通与联系。加强轨道交通建设，实现都市圈组团内部地铁可达，远距离城市高铁全覆盖。通过长三角地区经济协调发展来保障地区基本经济的发达的同时，也要注重区域内部的社会保障联通性。通过财政预算一体化，为区域税收补偿、跨区域合作创新、医疗资源共享、异地养老等项目提供支持，推动跨区域深度融合。②

6.3.3　人民城市理论下的宜居城市建设重点

城市为人民提供了生活工作空间，居民是一个城市发展的主体。人民城市理论的提出无疑更加强调了城市发展必须以人为本的前提。落实到具体，即城市的安全保障、文化底蕴、居住品质、归属认同都要围绕着居民需求来切实发展。人民是宜居城市建设的主要保障对象，从居民的利益与感受出发才能更好地发展宜居城市。

加强民众参与度，对于社区建设、公共保障等与居民生产生活息息相关的类目，给予居民表达意愿诉求的机制通道。作为城市功能的使用者，居民对于需发展的方向有着切实的感受。打造人人都能有序参与治理的城市，发挥人民群众的主人翁精神。

提升公共服务配套品质，对于老年人、残疾人给予更多的关注。积极解决就医难、养老难、入学难等问题。以社区为单位，对于城市小组团公共进行合理改造，落实社区十五分钟生活圈等便民政策。解决新市民、年轻人的住房难问题，对于人口结构偏向老龄化的城市加强医疗养老措施。打造有

---

① 李丹凝.长三角产业集群的高质量发展策略研究[D].南京：东南大学，2021.

② 韩坚，熊璇.新发展格局下长三角区域高质量发展的新机制和路径研究[J].苏州大学学报(哲学社会科学版)，2021，42(02)：103—112.

人文关怀、有温度的宜居城市。将更多的城市公共空间归还给居民，将更好的社会公共服务提供于居民。

经济学界一些专家认为人们的幸福感等于经济力乘以文化力，也就是说当经济发展到一定程度时，经济力和人们幸福感的正相关度就减弱了，人们的幸福感更多来源于文化力。[①]保障城市具有高质量的文化配套，增强城市居民的文化水平，打造居民有归属感有认同感的城市。

① 陈叙.厚植高品质宜居优势 打造“人民城市”的幸福样本[J].先锋，2021(01)，29—30.

附　　录

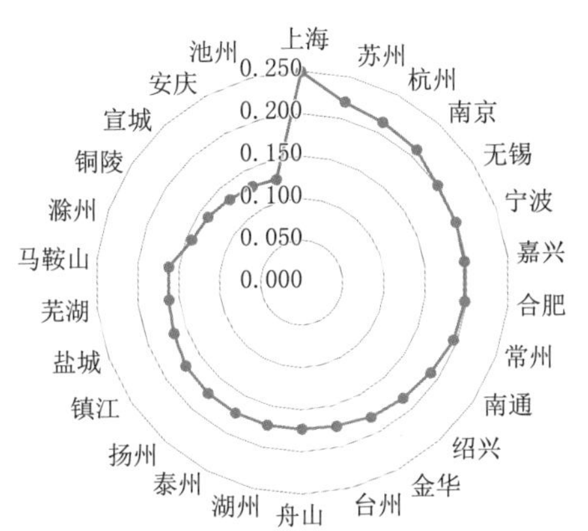

图 5.1　各市经济富裕度分值

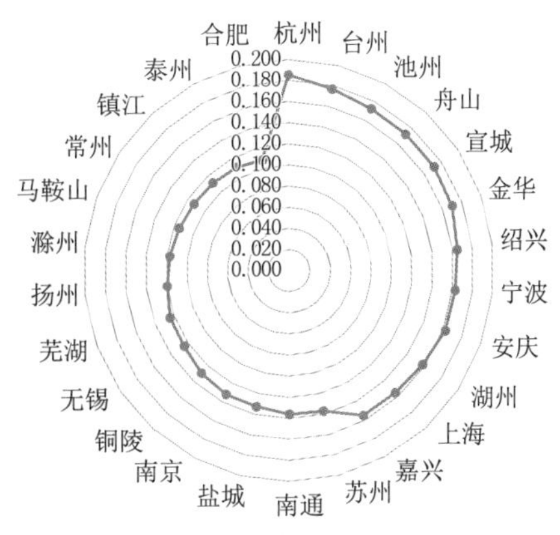

图 5.2　各市环境优美度分值

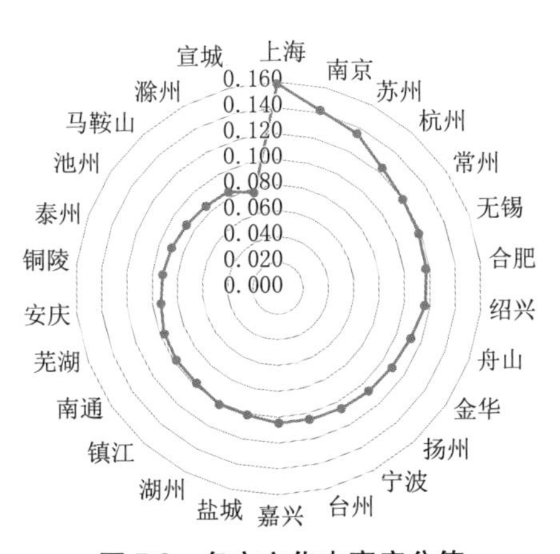

图 5.3　各市文化丰富度分值

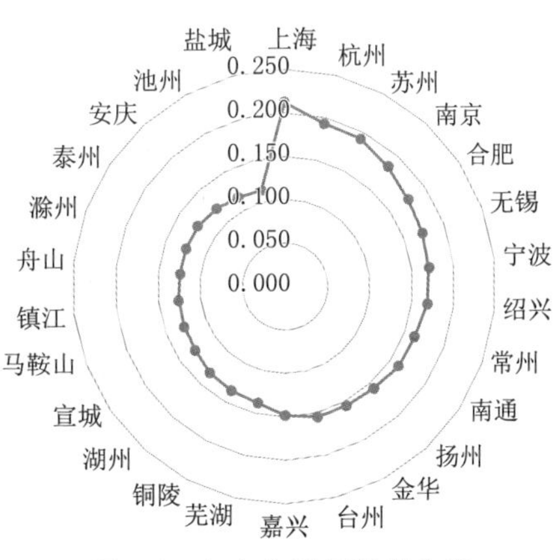

图 5.4　各市生活便利度分值

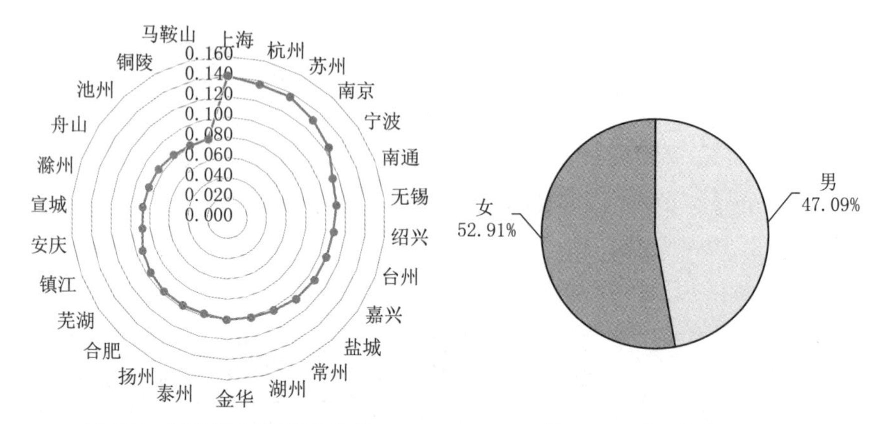

图 5.5 各市安全保障度分值

图 5.6 居民男女比例

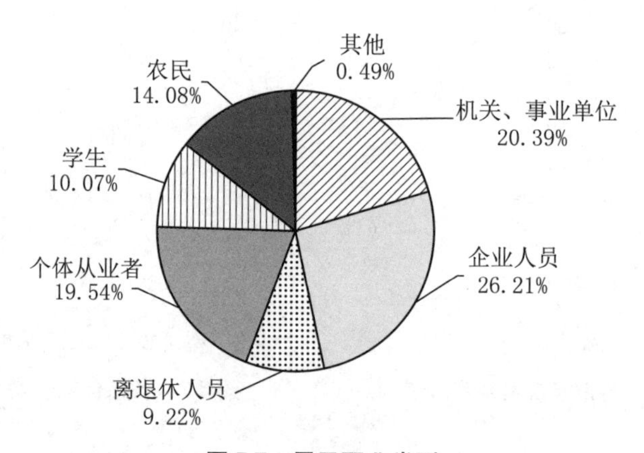

图 5.7 居民职业类型

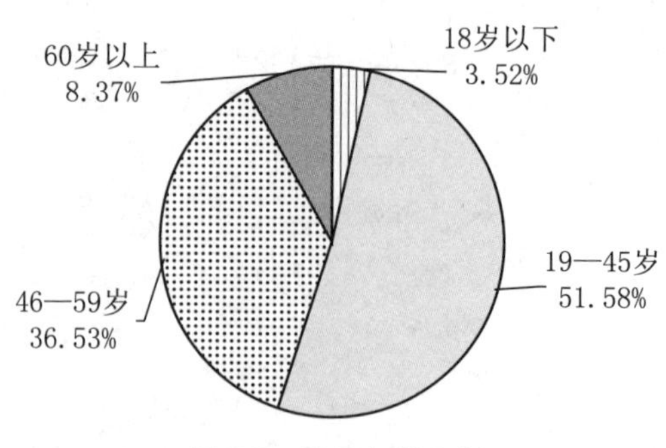

图 5.8 居民年龄比例

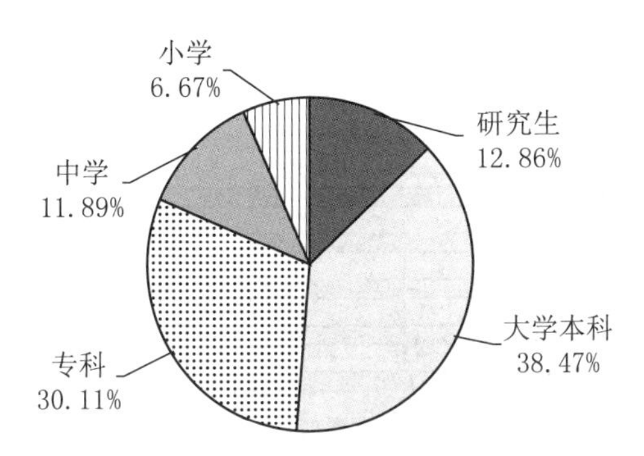

图 5.9　居民学历水平

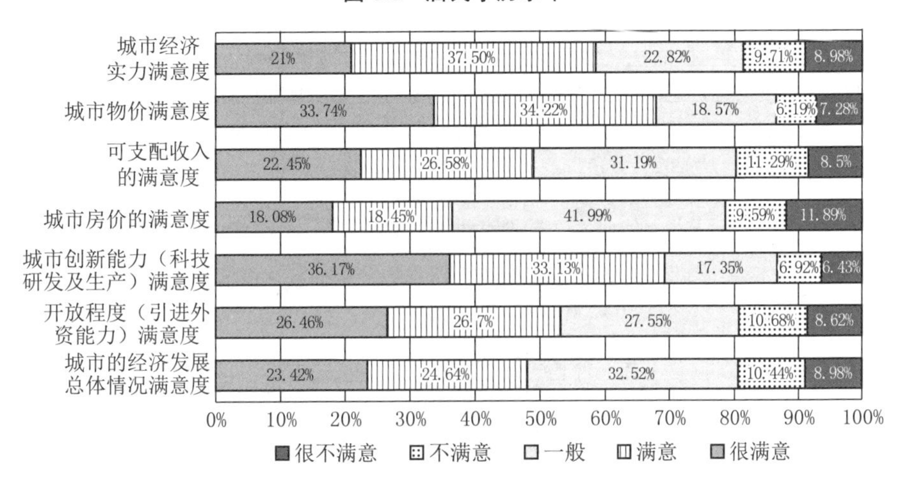

图 5.10　长三角整体经济发展满意度情况

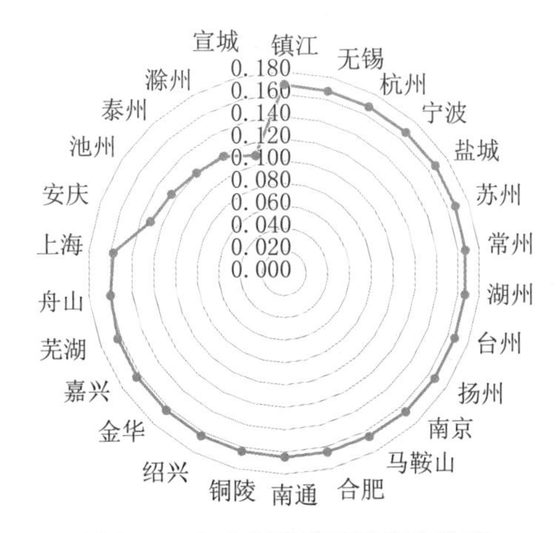

图 5.11　各市经济发展满意度分值

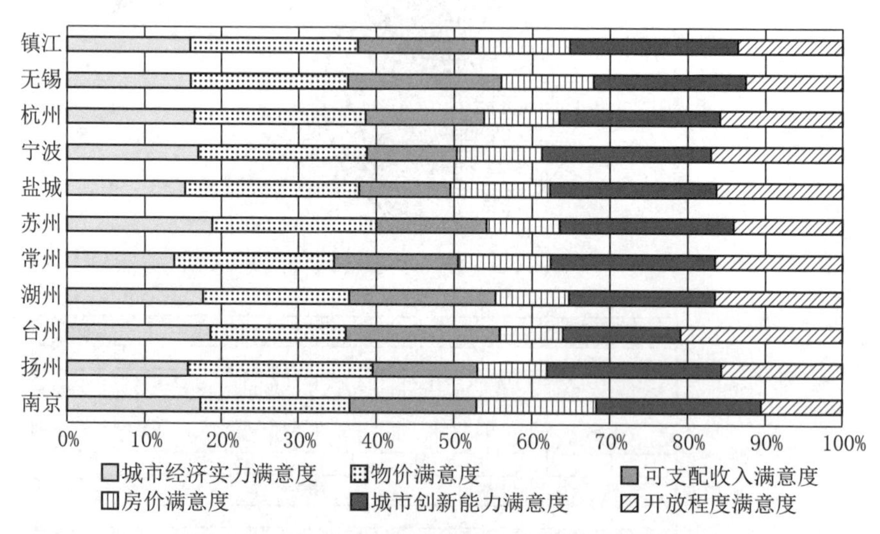

图 5.12　第一梯队城市经济发展分指标满意度情况

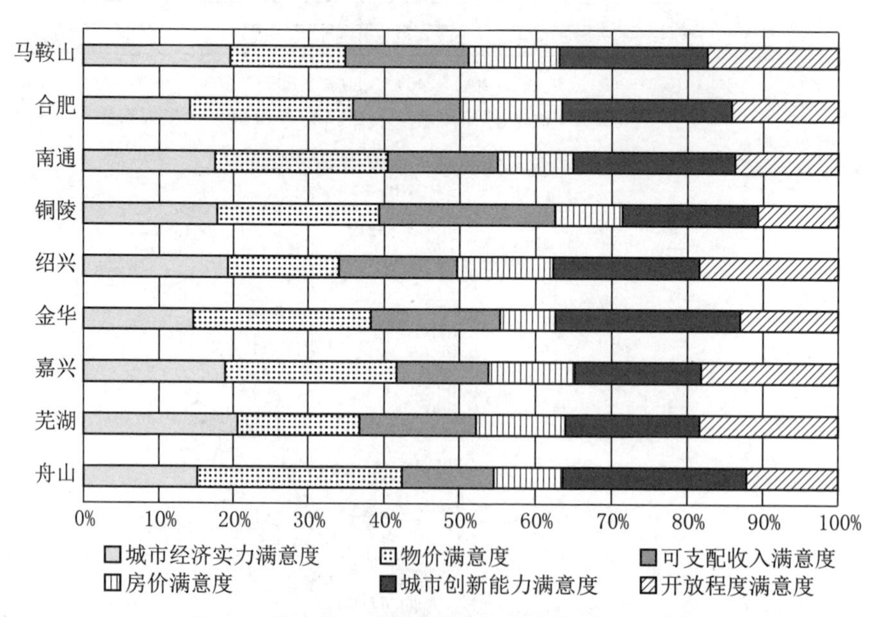

图 5.13　第二梯队城市经济发展分指标满意度情况

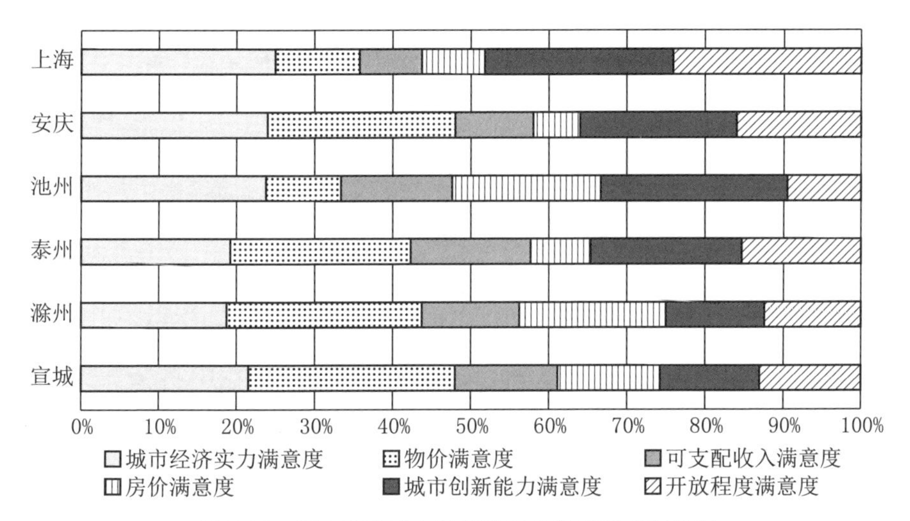

图 5.14　第三梯队城市经济发展分指标满意度情况

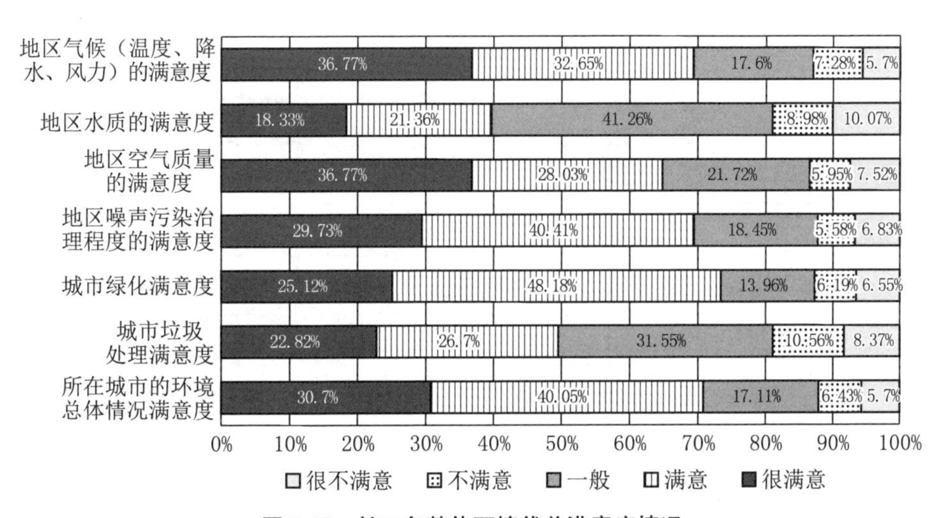

图 5.15　长三角整体环境优美满意度情况

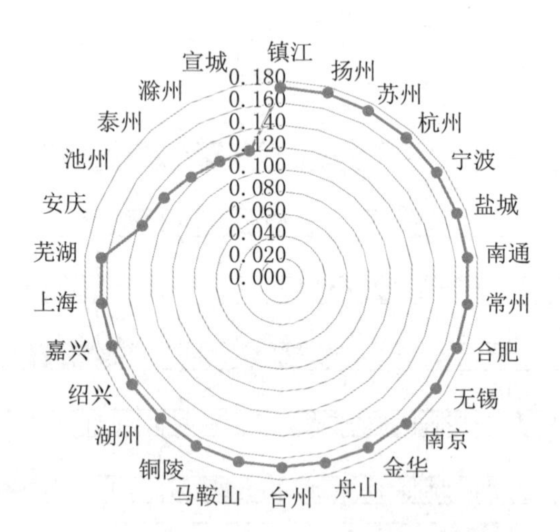

图 5.16　各市环境优美满意度分值

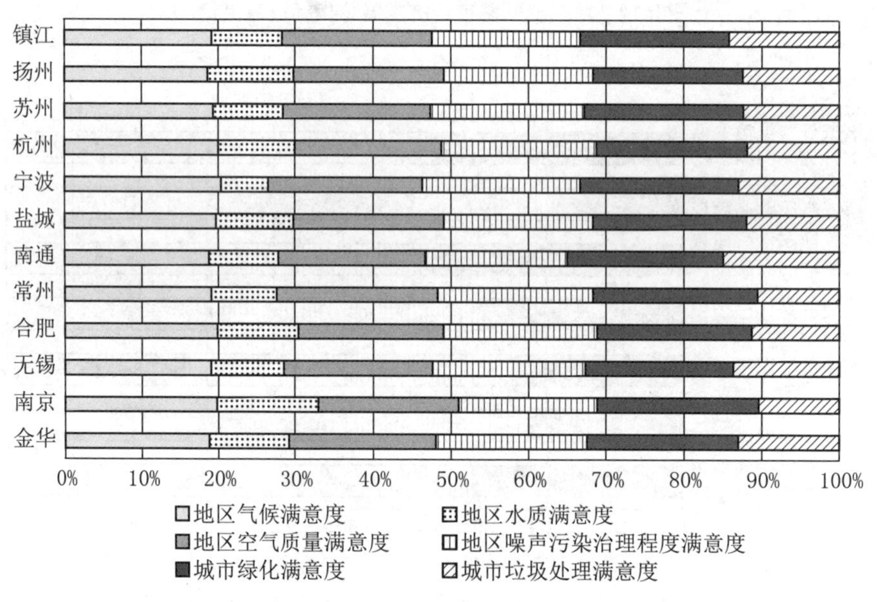

图 5.17　第一梯队城市环境优美分指标满意度情况

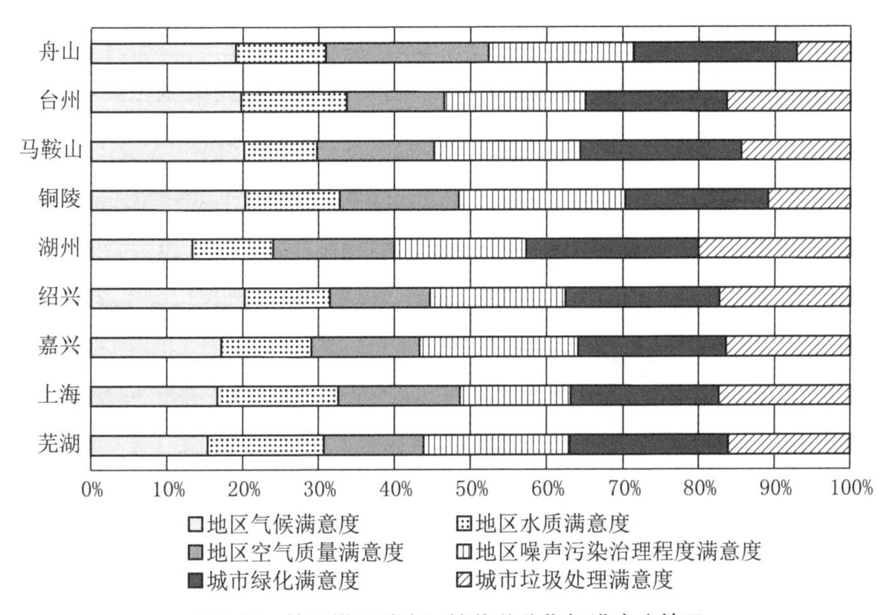

图 5.18 第二梯队城市环境优美分指标满意度情况

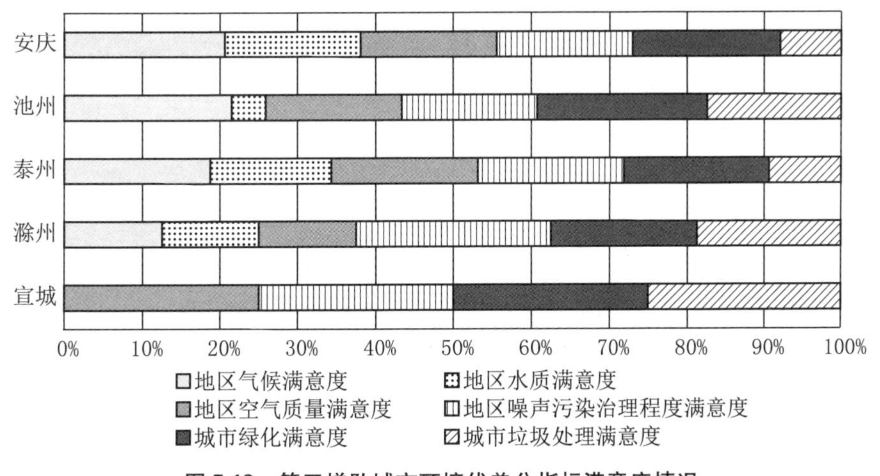

图 5.19 第三梯队城市环境优美分指标满意度情况

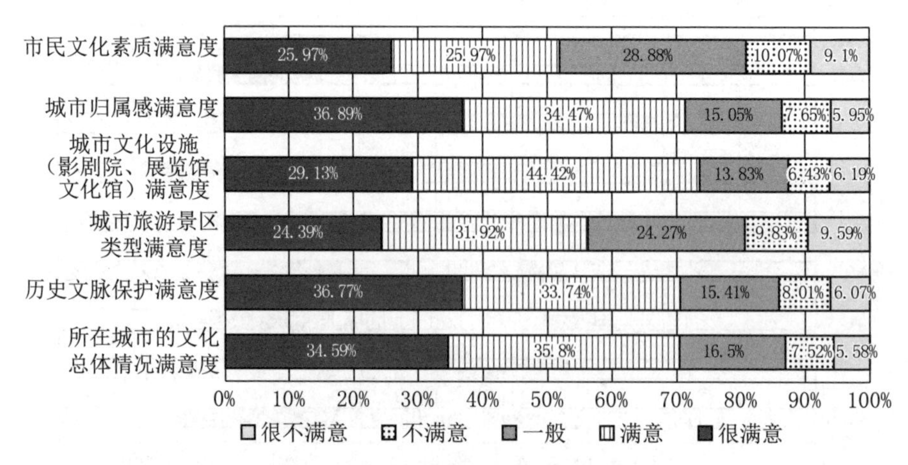

图 5.20　长三角整体文化丰富满意度情况

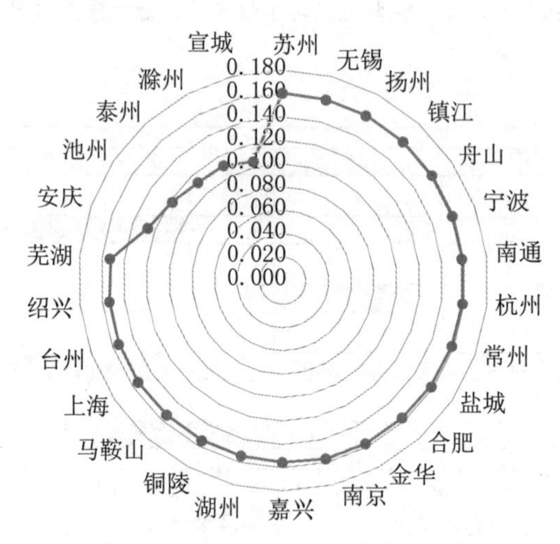

图 5.21　各市文化丰富满意度分值

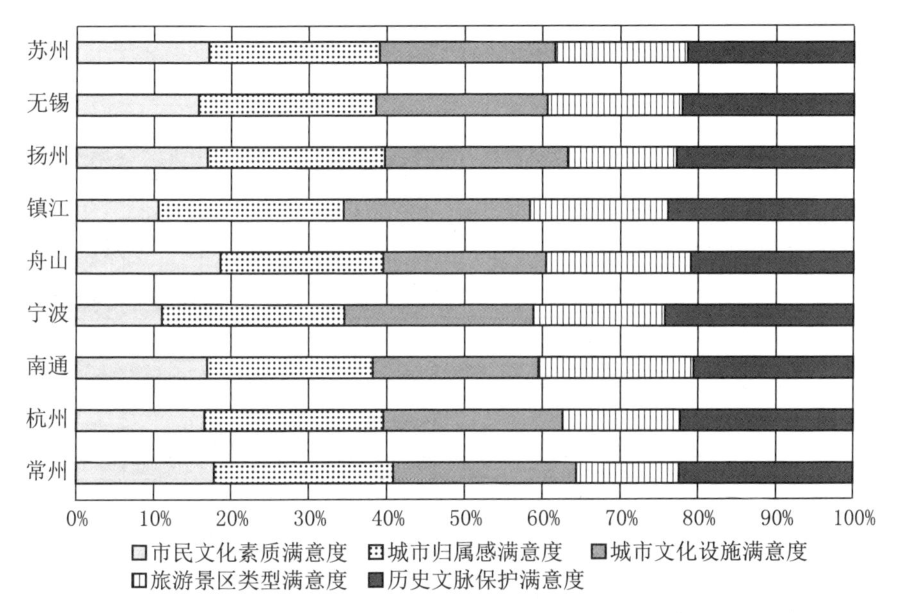

图 5.22　第一梯队城市文化丰富分指标满意度情况

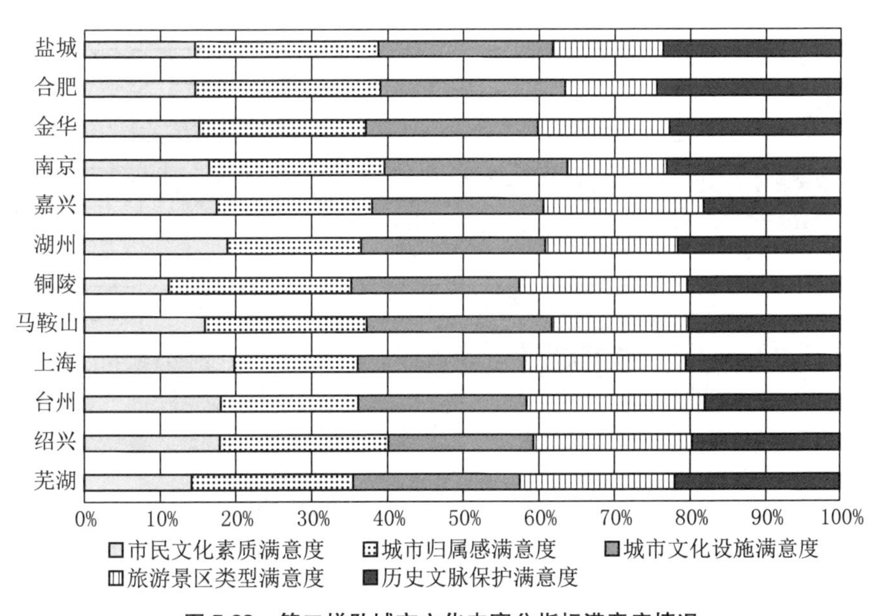

图 5.23　第二梯队城市文化丰富分指标满意度情况

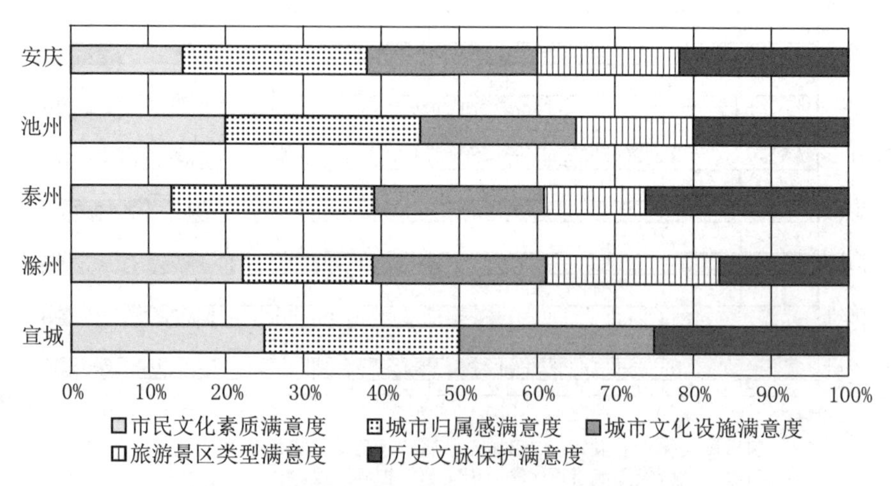

图 5.24 第三梯队城市文化丰富分指标满意度情况

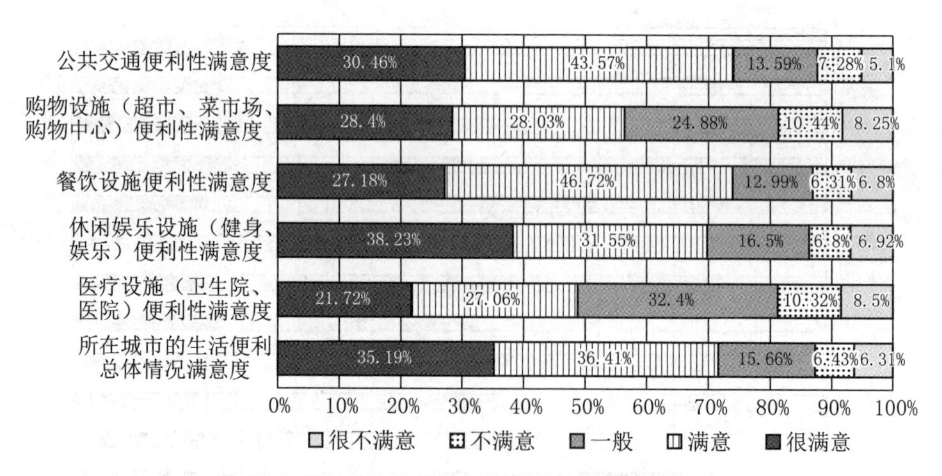

图 5.25 长三角整体生活便利性满意度情况

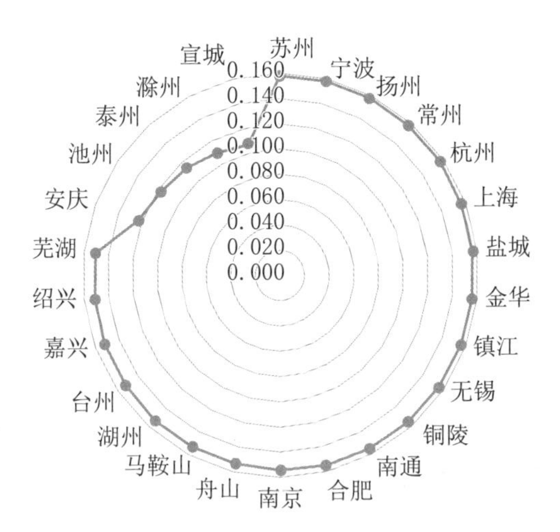

图 5.26　各市生活便利性满意度分值

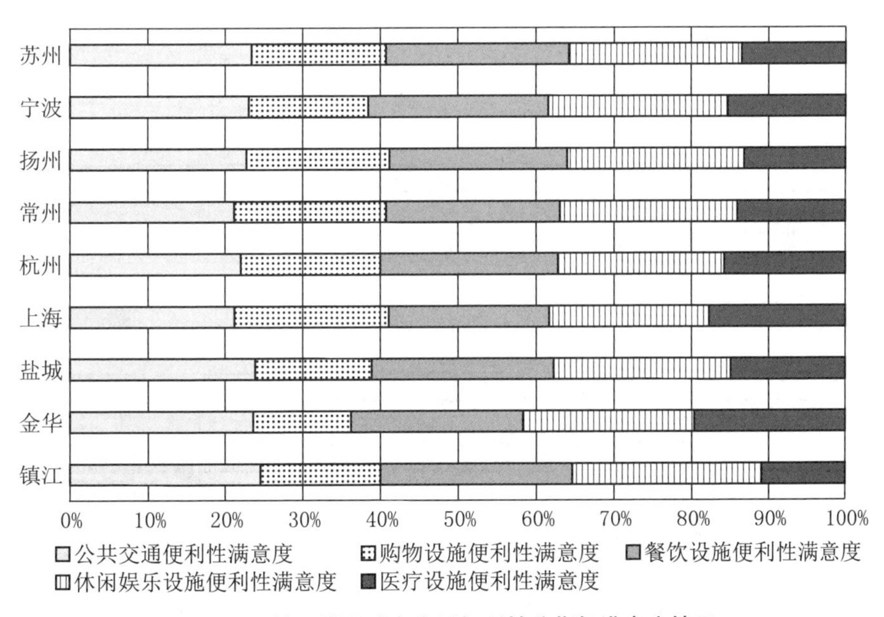

图 5.27　第一梯队城市生活便利性分指标满意度情况

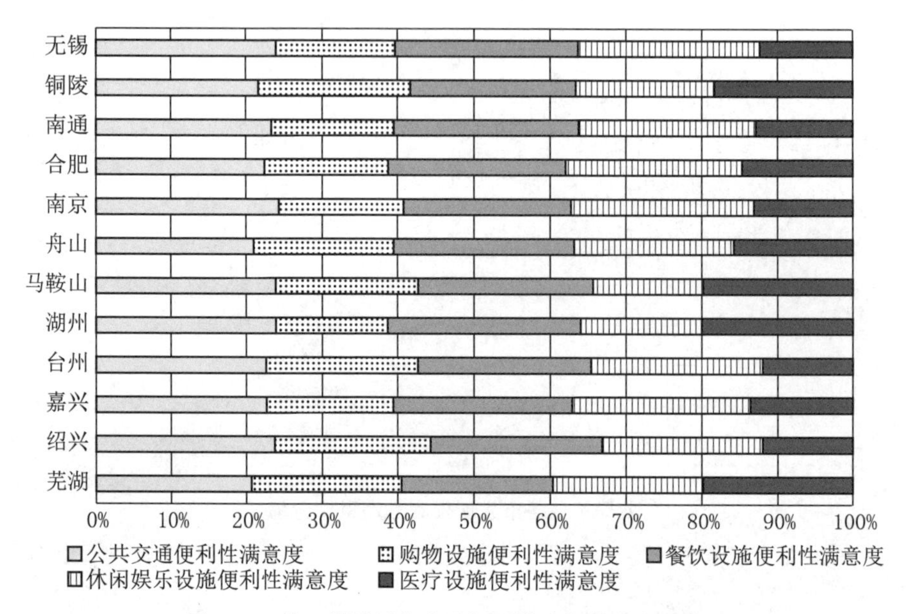

图 5.28　第二梯队城市生活便利性分指标满意度情况

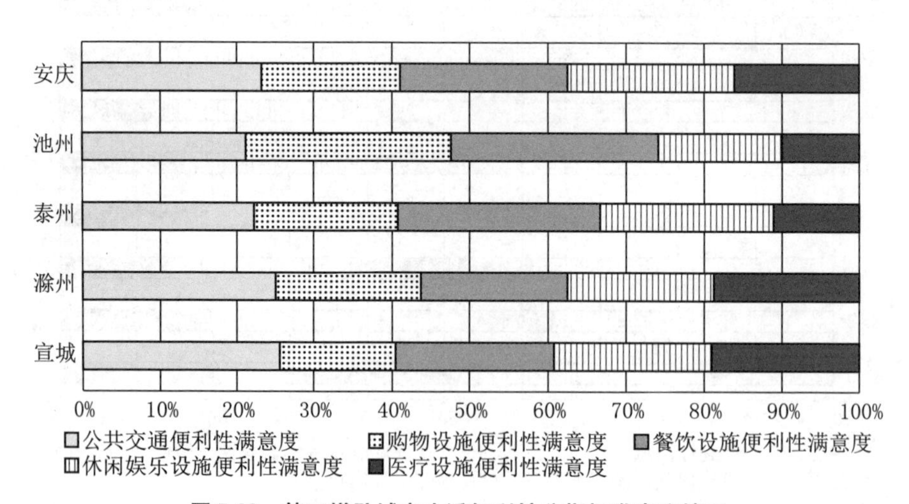

图 5.29　第三梯队城市生活便利性分指标满意度情况

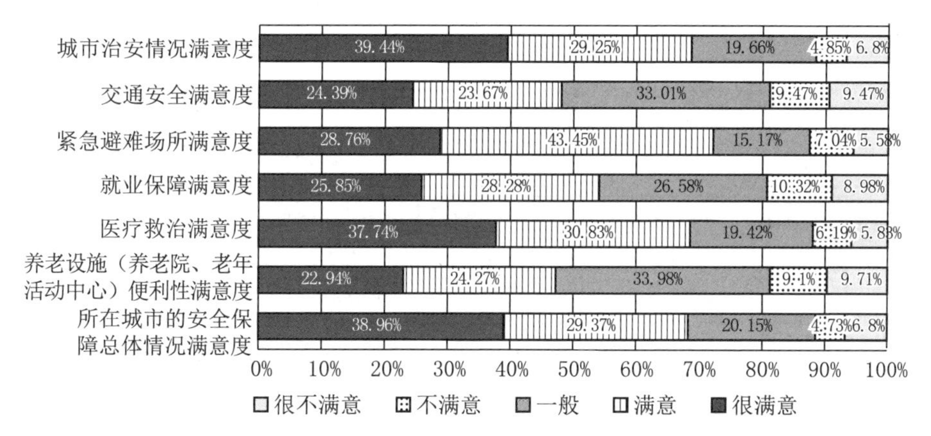

图 5.30　长三角整体安全保障满意度情况

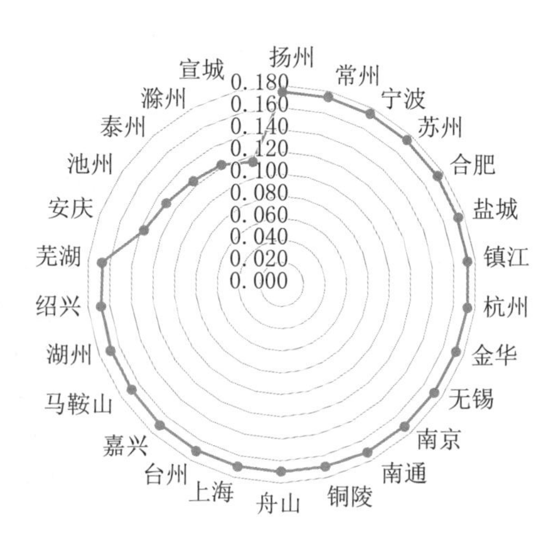

图 5.31　各市安全保障满意度分值

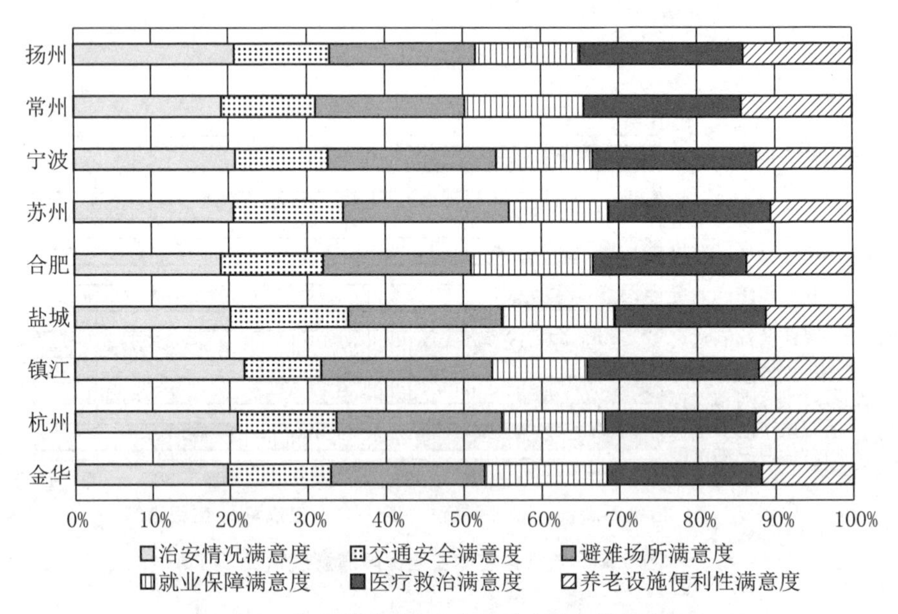

图 5.32　第一梯队城市安全保障分指标满意度情况

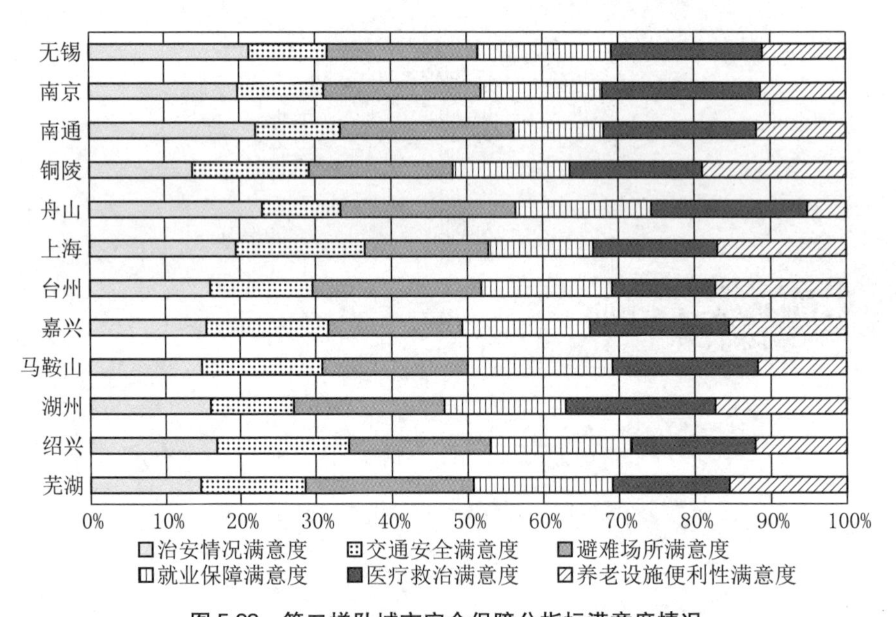

图 5.33　第二梯队城市安全保障分指标满意度情况

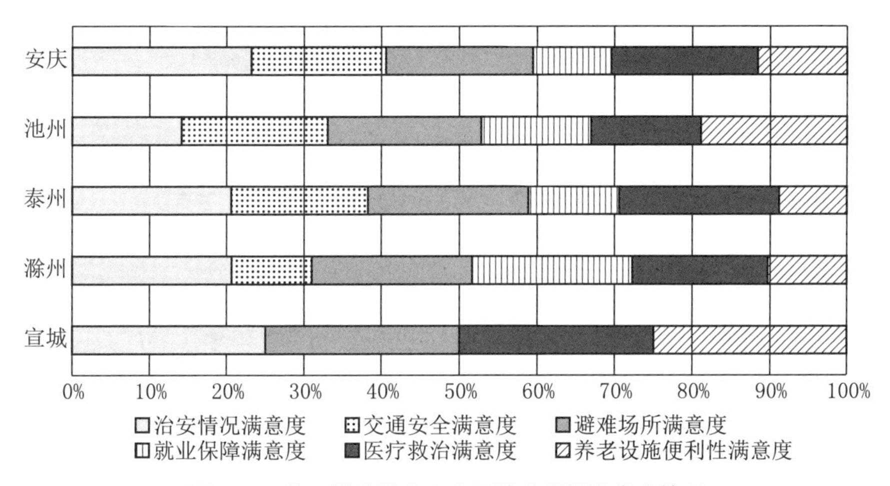

图 5.34　第三梯队城市安全保障分指标满意度情况

后　记

本课题由当代上海研究所主持编著，当代上海研究所所长宋仲琤负责实施，由宋仲琤、石岩飞、梁晓梅负责书稿的总体策划与设计、定稿和统稿。编辑和校对工作由当代上海研究所承担。

《长江三角洲城市宜居性研究》一直得到当代上海研究所、上海外国语大学贤达经济人文学院的关心与帮助。本书采用社会科学和技术经济研究的思维与方法，借鉴了国内外大量科研成果，同时重视数据应用，重视理论成果与实践案例相结合、客观数据与主观评价相结合。

石岩飞、梁晓梅、张莉、张乐、张姝君、陈晓颖、位甜甜、石燕军等人参与了本书涉及的部分课题研究工作并撰写了相应章节。本书在撰写过程中参考引用了国内外很多学者的研究成果，在此对所有文献的作者表示衷心的感谢。

图书在版编目(CIP)数据

长江三角洲城市宜居性研究 / 宋仲琤主编；石岩飞，梁晓梅副主编；当代上海研究所编. —上海：上海辞书出版社，2023

ISBN 978-7-5326-6125-1

Ⅰ.①长… Ⅱ.①宋… ②石… ③梁… ④当… Ⅲ.①长江三角洲-城市环境-居住环境-研究-中国 Ⅳ.①X321.25

中国国家版本馆 CIP 数据核字(2023)第 179015 号

CHANG JIANG SANJIAOZHOU CHENGSHI YIJUXING YANJIU

长江三角洲城市宜居性研究

宋仲琤 主编 石岩飞 梁晓梅 副主编 当代上海研究所 编

责任编辑 侯立华
装帧设计 梁业礼
责任印制 曹洪玲

出版发行 上海世纪出版集团
上海辞书出版社®（www.cishu.com.cn）
地　　址 上海市闵行区号景路 159 弄 B 座(邮政编码：201101)
印　　刷 上海盛通时代印刷有限公司
开　　本 720 毫米×1000 毫米 1/16
印　　张 14.75
字　　数 222 000
版　　次 2023 年 11 月第 1 版 2023 年 11 月第 1 次印刷
书　　号 ISBN 978-7-5326-6125-1/X·5
定　　价 58.00 元

本书如有质量问题，请与承印厂联系。电话：021-37910000